高等学校电子信息类专业系列教材

半导体物理与器件

吕淑媛　刘崇琪　罗文峰　编著

西安电子科技大学出版社

内容简介

本书涵盖了量子力学、固体物理及半导体器件等内容。全书包括 8 章内容，可以分为三部分。第一部分为半导体基本属性，包括第 1 章晶体中的电子运动状态、第 2 章平衡半导体中的载流子浓度、第 3 章载流子的输运、第 4 章过剩载流子。第二部分为半导体器件基础，包括第 5 章 PN 结、第 6 章金属半导体接触和异质结、第 7 章 MOS 结构及 MOSFET 器件。第三部分讨论专用半导体器件，只有一章，即第 8 章半导体中的光器件。本书突出物理概念、物理过程和物理图像，在重点内容后均有例题，并编写了一些利用计算机仿真实现的例题和习题。

本书既可作为高等学校电子科学与技术、光电信息工程、微电子技术等专业本科生的教材，也可作为相关领域工程技术人员的参考资料。

图书在版编目(CIP)数据

半导体物理与器件/吕淑媛,刘崇琪,罗文峰编著.
—西安：西安电子科技大学出版社，2017.1(2024.11 重印)
ISBN 978 - 7 - 5606 - 4392 - 2

Ⅰ. ① 半…　Ⅱ. ① 吕… ② 刘… ③ 罗…　Ⅲ. ① 半导体物理 ② 半导体器件
Ⅳ. ① O47 ② TN303

中国版本图书馆 CIP 数据核字(2017)第 013995 号

责任编辑　杨　璠　明政珠
出版发行　西安电子科技大学出版社(西安市太白南路 2 号)
电　　话　(029)88202421　88201467　　　邮　　编　710071
网　　址　www.xduph.com　　　　　　电子邮箱　xdupfxb001@163.com
经　　销　新华书店
印刷单位　陕西精工印务有限公司
版　　次　2017 年 2 月第 1 版　2024 年 11 月第 5 次印刷
开　　本　787 毫米×1092 毫米　1/16　印张 14.5
字　　数　341 千字
定　　价　38.00 元
ISBN 978 - 7 - 5606 - 4392 - 2
XDUP 4684001－5

＊＊＊如有印装问题可调换＊＊＊

前　　言

在过去的六十多年里，以半导体集成电路为基础的微电子技术的迅速发展，使人类进入信息时代，影响和改变着我们生活的各个方面，微电子技术越来越受到人们的重视。半导体物理和半导体器件是微电子技术的基础知识，也是电子科学与技术、微电子学、光电信息工程等专业的重要基础课。本书是作者在多年的教学实践基础上编写而成的，编写中，作者力图使整个内容系统化。

本书既讲述了半导体物理的基础知识，也分析讨论了半导体基本器件的工作原理及工作特性，具有一定的深度和广度。本书力求突出器件的物理概念、物理过程和物理图像，理论分析透彻，重点突出。本书在重点内容后均有例题，在每章最后均有习题，并提供了大量利用计算机实现的例题与练习题。

本书共分三部分。第一部分介绍了晶体中的电子状态，包括半导体材料的种类、半导体的晶格结构、半导体的能带、半导体中的载流子、平衡半导体的载流子浓度、载流子的输运及非平衡半导体。第二部分介绍了半导体器件基础，包括 PN 结、金属半导体接触、异质结、MOS 结构及 MOSFET 器件。第三部分专门介绍半导体中的光器件，包括光电检测器和太阳能电池等。

本书由吕淑媛、刘崇琪和罗文峰共同编写。其中第 1 章和第 4 章由刘崇琪编写；第 2 章、第 3 章、第 5 章、第 6 章和第 7 章由吕淑媛编写，第 8 章由罗文峰编写，全书由吕淑媛统稿。

由于编者水平有限，书中难免存在疏漏之处，热切希望读者批评指正。

编　者
2017 年 1 月

目　　录

第 1 章　晶体中的电子运动状态

从物质形态上分，半导体属于固体。固体的结构决定了其性质，所以首先考虑固体中原子排列规律，即固体的晶格结构。其次，半导体中的电子运动状态难以用经典力学来描述，而量子力学波理论却能很好地描述半导体中电子的运动状态，所以需要对量子力学有初步了解，并学习它的分析方法。最后，用量子力学方法对晶体中的电子运动状态进行分析，得到晶体的 $E-k$ 关系图，利用 $E-k$ 关系图讨论电子的有效质量，并引入空穴的概念，同时也为计算晶体中电子的量子态密度打下基础。

1.1　固体的晶格结构

半导体所具有的电学特性与组成半导体材料的元素或化合物有关，也与原子或分子的排列规律有关，所以需要对半导体材料和其晶格结构有一定了解。

1.1.1　半导体材料

物质按导电性能可分为导体、半导体和绝缘体。用电导率(电阻率的倒数)来表示物质的导电性能，导体、半导体和绝缘体的电阻率、电导率如图 1.1 所示。半导体材料的电阻率一般为 $10^{-3} \sim 10^{6}$ $\Omega \cdot cm$，介于导体(10^{-6} $\Omega \cdot cm$)与绝缘体(10^{12} $\Omega \cdot cm$)之间。从图 1.1 可以看出，导体和绝缘体材料的电阻率是确定的，如银的电阻率约为 10^{-6} $\Omega \cdot cm$，而半导体材料的电阻率是在一定范围内，如硅的电阻率为 $10^{-3} \sim 10^{4}$ $\Omega \cdot cm$。正是由于半导体导电性能的这种弹性，才使其得到更广泛的应用。

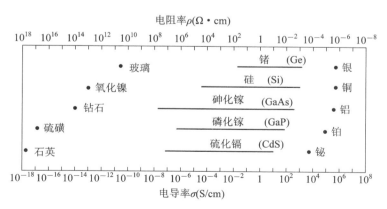

图 1.1　部分材料的电导率和电阻率

材料的物理性质与组成材料的元素或化合物有关，也与由这些元素组成的结构有关。半导体材料包括元素半导体和化合物半导体。元素半导体是由单一元素构成的。元素半导体主要包括硅、锗等四族元素，它们的微观结构决定了由它们组成单质时可能形成半导体材料。除此之外，材料结构的形成，还受其形成过程中的外部因素，例如温度等的影响。石墨和金刚石都是由碳元素组成的单质，但二者的原子排列结构却完全不同，当然，表现出的物理性质也相去甚远。

化合物半导体是由两种及两种以上的元素组成的。化合物包括二元（即两种元素）、三元（即三种元素）和多元化合物。二元化合物半导体可以是由三族元素与五族元素组成化合物，如 GaAs 或 GaP。二族元素与六族元素也可以组成二元化合物半导体。三元化合物半导体由三种元素组成，如 $Al_xGa_{1-x}As$，其中下标 x 是原子序数低的元素的组分。当然还可以制造更复杂的半导体材料。

物质按形态可以分为固体、液体和气体。目前使用的半导体材料主要是固体。

按照原子排列的有序化程度，固体可以分为单晶、多晶和无定形三种类型。无定形材料仅在几个原子或分子的尺度内呈现出周期性的排列结构。多晶材料则由若干个在很多个原子或分子尺度内呈现出周期性排列结构的区域组成，且各区域的大小和排列结构各不相同。单晶材料在整个区域呈现出周期性的排列结构。图 1.2 是单晶、无定形和多晶材料的结构示意图。

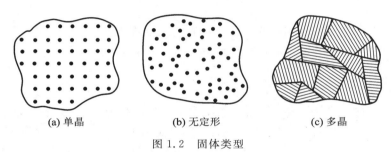

(a) 单晶　　　　　　(b) 无定形　　　　　　(c) 多晶

图 1.2　固体类型

固体材料的性质主要由组成材料的元素及其原子或分子的排列结构所决定，而排列的周期性是描述单晶材料结构的核心。

1.1.2　固体晶格

为了描述具有周期排列的晶格的特征，可以用下面的一些方法来描述晶体结构。

1. 格点和晶格

若用一点来描述原子所在的平衡位置，则晶体的结构就可用点阵来表示。这些点被称为格点。对单晶材料而言，其整个点阵结构（称为晶格）呈现周期性，因此，可以用能反映其周期性的部分点阵（对应于一小块晶体）来复制整个晶体。从数学描述晶体的排列结构上来看，所谓的晶格，就是这些格点组成的点阵结构。从物理上看，晶格是对应的这些原子按格点位置排列的实体。

2. 格矢与格基矢

如果在晶格中选择一个格点作为坐标原点，则晶格中的每一个格点都可以用一个矢量来描述，这个矢量被称为格矢量，简称格矢，用 r 来表示：

$$r = sa + tb + pc \qquad (1.1)$$

式中：s、t 和 p 为常数；a、b 和 c 为三个基矢量。基矢量的方向为选择的坐标方向，大小为相应方向的最小格点间距，因此，基矢量又称格基矢。确定了所有格点的格矢，就确定了整个晶格的格点分布情况。因此，完全可以用格矢来描述晶格，只不过这种描述格矢太多，太过复杂，而且不能直观反映格点的排列规律，在实际中，不用格矢对晶格进行整体描述。

3. 晶胞与原胞

对于单晶晶格，原子在整个晶体中排列有序，这种有序可以用晶格空间中各方向上的周期性来描述。通常选取能反映周期性的部分格点作为对象进行描述，选取的这部分格点，可以通过平移的方法复制出整个晶格。这一小部分格点对应一小部分晶体，并被称为晶胞。所以，用晶胞可以复制出整个晶体。对于一个晶格，其晶胞选择并不唯一，但都要反映其周期性。通常，先选择一组基矢量，每一基矢量的大小为各自方向上格点的排列周期，然后用这一组基矢量围成一个空间，该空间即为晶胞，晶胞内分布的格点反映了晶胞的结构。显然，选择不同的基矢量组，就有不同的晶胞结构。二维晶格的晶胞对应的二维空间，形状为一平行四边形。如图 1.3 所示，晶胞 A、B 和 C 由 $(\boldsymbol{a}_1,\boldsymbol{b}_1)$、$(\boldsymbol{a}_1,\boldsymbol{b}_2)$ 和 $(\boldsymbol{a}_2,\boldsymbol{b}_3)$ 三组基矢量分别围成。

对三维晶格的晶胞，基矢量组中包含三个三维空间的基矢量，围成的空间为平行六面体，如图 1.4 所示。$\boldsymbol{a}$、$\boldsymbol{b}$ 和 $\boldsymbol{c}$ 为三维空间一组基矢量，它们可以是正交基矢量，也可以不是正交基矢量。晶胞的三个边长分别为 $\boldsymbol{a}$、$\boldsymbol{b}$、$\boldsymbol{c}$ 的长度 a、b 和 c，它们称为晶格常数。除了这三个晶格常数之外，三个基矢量之间的夹角也是描述晶格的常数。

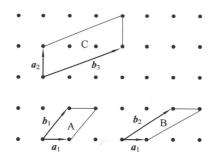

图 1.3　几个可能的二维晶胞

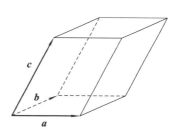

图 1.4　三维晶胞示意图

原胞是用于复制整个晶体的最小晶胞。原胞的结构也不唯一，图 1.3 中的晶胞 A 和 B 都是原胞。由于原胞是最小的晶胞，选出正交边原胞的可能性要小于选出正交边晶胞的可能性。所以，在很多时候，使用晶胞比原胞更为方便。

4. 基本晶格结构

当晶格的晶胞为立方体时，晶格属于立方晶系。晶格可以用直角坐标系来描述，且有

$$a = b = c \tag{1.2}$$

即描述晶格的三个晶格常数大小相同。立方晶系有三个基本的晶格结构，分别是简立方、体心立方和面心立方。

简立方的晶格结构如图 1.5(a)所示，在立方体晶胞的八个顶角各有一个格点。体心立方的晶格结构如图 1.5(b)所示，立方晶胞除八个顶角各有一个格点外，立方体的中心，即四个体对角线的交点处还有一格点。面心立方的晶格结构如图 1.5(c)所示，立方晶胞除八个顶角各有一个格点外，立方体的六个表面中心处还各有一个格点。

根据晶格的结构和晶格常数可以计算晶体的原子体密度。原子体密度是指单位体积内原子的数目，可以用一个晶胞内所含原子数除以晶胞的体积来计算。在计算过程中，原子的个

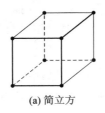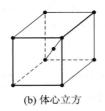

(a) 简立方　　　　　(b) 体心立方　　　　　(c) 面心立方

图 1.5　基本晶格结构

数是以原子体积的百分比来计算的。如位于晶胞顶角格点对应的原子，其体积的 1/8 在该晶胞内，所以计算时，只能计算为 1/8 个原子。

[例 1.1]　计算简立方、体心立方和面心立方的原子体密度。

解：若晶格常数为 a，则简立方、体心立方和面心立方的一个晶胞所含的原子数分别为

简立方：$8 \times \dfrac{1}{8} = 1$

体心立方：$8 \times \dfrac{1}{8} + 1 = 2$

面心立方：$8 \times \dfrac{1}{8} + 6 \times \dfrac{1}{2} = 4$

所以，简立方、体心立方和面心立方的原子体密度分别为 $1/a^3$、$2/a^3$ 和 $4/a^3$。

5. 晶面和米勒指数

晶体的晶格既可以看成是由一个个点组成的点阵结构，也可以看成是由分布在一系列平行平面上的点组成的，这些平面被称为晶面。平行平面可以有不同的取法，即表示有不同的晶面。

为了区分不同的晶面，可以对其进行命名。用平面与描述晶格的坐标轴的截距来表示就是其命名方法之一。

[例 1.2]　用截距描述如图 1.6 所示的阴影平面。

解：如图 1.6 所示的阴影平面与三个坐标轴的截距分别是 3、2、5，所以可以用 3、2、5 这一组数表示这个平面。

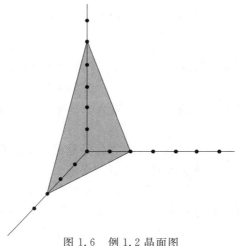

图 1.6　例 1.2 晶面图

[**例 1.3**]   用截距描述如图 1.7 所示的阴影面。

解：如图 1.7 所示的阴影平面与三个坐标轴的截距分别是∞ 、4、∞，所以可以用∞ 、4、∞这一组数表示这个平面。

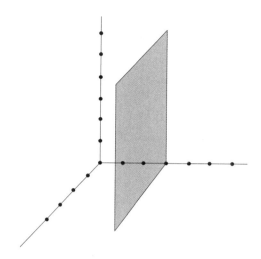

图 1.7   例 1.3 晶面图

由例 1.3 可以看出，用截距描述平面时，若平面与某一轴平行，则与该轴的截距为无穷大。

为了避免描述中出现无穷大，可以用米勒指数来描述平面。对平面的三个截距取倒数，再乘以分母的最小公倍数，得到的三个数，即米勒指数。最后，把这三个数用圆括号括起来作为平面的名称。米勒指数是命名平面的通用方法。

[**例 1.4**]   用米勒指数描述例 1.3 所要描述的平面。

解：（1）图 1.7 阴影面在坐标轴的三个截距分别是∞ 、4、∞。

（2）分别取三个截距的倒数，得

$$0、1/4、0$$

（3）乘以分母的最小公倍数，得

$$0、1、0$$

（4）用圆括号将（3）中的三个数括起来，即

$$(0 \quad 1 \quad 0)$$

所以，图 1.7 中阴影面的米勒指数为（0   1   0）。

[**例 1.5**]   试证明平行平面的米勒指数是相同的。

证明：设任意两平行平面在坐标轴的截距分别为 m、n、p 和 sm、sn、sp，其中 m、n、p、s 均为整数。

（1）两个平面截距的倒数分别为

$$1/m、1/n、1/p \text{ 和 } 1/sm、1/sn、1/sp$$

（2）分别乘以分母的最小公倍数，得

$$np、mp、mn \text{ 和 } np、mp、mn$$

（3）用圆括号将（2）中的三个数括起来，即

$$(np \quad mp \quad mn) \text{ 和 } (np \quad mp \quad mn)$$

所以，两平行平面的米勒指数是相同的。

若某平面通过某轴，则在该轴的截距数目不唯一，此时，可以通过另一平行平面来确定米勒指数。同样，当某平面通过原点时，也可选择另一平行平面来确定其米勒指数。

原子的面密度是晶体的一个重要特征参数。原子面密度是单位面积内原子的个数，可以用晶胞中一个晶面内所含原子数除以晶胞中晶面的面积来计算。在计算过程中，原子的个数是以原子切面的百分比来计算的。

［例1.6］ 计算晶格常数为 a 的简立方(100)晶面的原子面密度。

解：该晶胞的(100)晶面为一正方形，如图1.8所示。

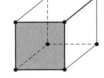

位于晶面顶角格点对应的原子，其面积的1/4在该晶胞的(100)晶面内，所以计算时，只能计算为1/4个原子。正方形面积为 a^3。

原子的面密度为

$$\frac{4\times 1/4}{a^2}=\frac{1}{a^2}$$

图1.8 例1.6晶面图

6. 晶向

晶体的晶格还可以看成是由分布在一系列平行线上的点组成的。平行线可以有不同的取法，即平行线有不同的取向。平行线的取向被称为晶向。晶体的晶向，可以用该方向的一矢量来描述。通常，把矢量在坐标轴的三个分量 h、k、l（整数）用中括号括起来作为晶向的标记，即 $[hkl]$，该标记也称晶向指数。若三个分量不为整数，则可乘以分母的最小公倍数，化为整数。

［例1.7］ 试确定简立方晶胞体对角线晶向的晶向指数。

解：简立方体的对角线在坐标轴的分量为1、1、1，则其晶向指数为 $[111]$。

1.1.3 金刚石结构

硅是最常用的半导体材料，具有金刚石结构，其晶格结构比前述的基本晶格结构要复杂得多。如图1.9所示，硅的晶胞为立方体，格点分布是在面心立方的基础上又增加了晶胞内的四个格点。晶胞内的四个格点的位置确定方法为：把晶胞分割成八个相同的小正方体，上层和下层各四个小正方体，若上层一个对角方向的两个小正方体中心各有一个格点，则下层另一对角方向的两个小正方体中心也各分布一个格点。

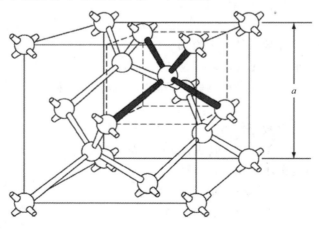

图1.9 金刚石结构晶胞

金刚石的晶胞结构也可以看做是由面心立方通过适当平移叠加重构而成的，即面心立方按统一方法平移时，其中四个格点会移入晶胞体内，为晶胞内四个格点，其余的格点则被移出晶胞，这样原面心立方及其移入的四个格点就构成了金刚石的晶胞结构。平移的方法是：沿晶胞三个边依次平移 1/4 晶胞边长，即沿对角线方向平移 1/4 对角线长度。

［例 1.8］　面心立方晶胞依次向右、向后和向上各平移 1/4 晶胞边长，则

（1）平移的面心立方的哪些格点会离开原晶胞？哪些格点进入原晶胞内部？

（2）移入原晶胞的格点的位置在哪里？

解： 如图 1.9 所示金刚石晶胞涉及的原子为面心立方的八个顶角原子和六个面心原子，再加上体内四个原子，总共 18 个原子。面心立方涉及的原子数目为 14 个。

（1）如图 1.5(c) 所示面心立方，当向右平移 1/4 晶胞边长时，晶胞右表面五个原子离开原晶胞；当向后平移 1/4 晶胞边长时，晶胞后表面三个原子离开原晶胞；当向上平移 1/4 晶胞边长时，晶胞上表面两个原子离开原晶胞。这样总共有 10 个原子离开原晶胞。移入原子的数目为 14－10＝4，即四个原子移入原晶胞体内。

（2）移入原晶胞体内的原子是原面心立方的左下前顶角原子和前表面、左表面及下底面的三个面心原子。把原晶胞等分成八个小的立方体，边长为 $a/2$，上层四个，下层四个。原晶胞左下角原子位于下层左前方小正方体的左下前角，平移后进入下层左前小正方体内的中心；原晶胞下底面中心原子位于下层右后方小正方体的左下前角，平移后进入下层右后小正方体内的中心；原晶胞左表面中心原子位于上层左后方小正方体的左下前角，平移后进入上层左后小正方体内的中心；原晶胞前表面中心原子位于上层右前方小正方体的左下前角，平移后进入上层右前小正方体内的中心。

金刚石中每一个原子都有四个与它最近的原子，并构成缺四个顶角原子的体心立方结构，如图 1.10 所示，中心原子与四个顶角原子距离最近。这也是金刚石晶格的一种基本结构，按这种方式扩展出每个原子最近的四个原子就可以构造出整个晶格。

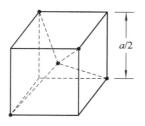

图 1.10　金刚石结构

［例 1.9］　试确定金刚石一个晶胞所含原子数目。

解： 面心立方晶胞所含原子为 8×1/8＋6×1/2＝4，再加体内 4 个原子，所以，金刚石一个晶胞所含原子数目为 8 个。

闪锌矿结构与金刚石结构相同，区别在于其晶格中有两类原子。如 GaAs，为闪锌矿结构。在闪锌矿晶胞中，晶胞内为一种原子，晶胞顶角和面心则为另一种原子；闪锌矿中任一个原子，离它最近的原子一定是四个另一类原子，即每一个原子都被另一类原子包围着。

1.1.4 固体的缺陷与杂质

理想的晶体结构是由特定的原子或分子按照理想的结构排列而成的。在实际的晶体中，一是实际结构与理想结构存在差异，即存在结构缺陷，二是构成晶体的原子混入其他杂质，即存在杂质缺陷。结构缺陷或杂质缺陷改变了晶体的组成结构，也必然改变晶体的性质，因此，也可以人为地通过它们实现所需要的某些晶体特性。

1. 固体中的结构缺陷

晶体中实际原子的位置与理想结构中的格点分布不一致都属于结构缺陷。热振动使原子无规则运动，从而导致原子排列规律性的破坏，这种结构缺陷是始终存在的。当然，也可以把热振动导致的缺陷当作晶体的热特性来处理。除此之外，晶体的结构缺陷都是由晶体生长过程中的各种因素造成的。按照形成缺陷的维度不同可以分为点缺陷、线缺陷和面缺陷三大类。

点缺陷可以分成两类：一类是原子空位缺失，即格点位置原子缺失，如图1.11(a)所示；另一类是填隙缺陷，即非格点位置有原子填充，如图1.11(b)所示。无论是空位还是填隙，可以是一个原子，也可以是多个原子。

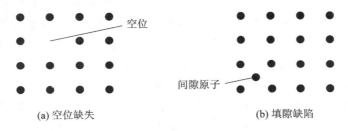

(a) 空位缺失　　　　　　　　　　　(b) 填隙缺陷

图 1.11　晶体中的点缺陷

图1.12是二维晶体的线缺陷的示意图，另外，还有错位、扭转等结构变形。

图 1.12　二维晶体中的线缺陷

2. 固体中的杂质缺陷

实际晶体中，杂质原子可以占据正常格点位置，也可以填充在非正常格点位置，前一种称为替位杂质，后一种称为填隙杂质，如图1.13(a)、(b)所示。

杂质的出现会改变晶体的结构，从而改变晶体的性质。一般来说，当杂质原子的半径比半导体材料的基本原子小得多时，杂质会以填隙的形式存在于半导体中；当杂质原子的半径和半导体材料的基本原子相当时，会以替位的形式存在于半导体中。晶体中的杂质有人为有意掺入的，也有工艺过程中其他因素产生的。半导体中用来改变其电学特性的杂质均是有意掺入的。

(a) 替位杂质　　　　　(b) 填隙杂质

图 1.13　半导体中的杂质

1.2　量子力学初步

半导体的电特性与晶体中的电子运动状态有关。描述电子运动状态所用的理论是量子力学，所以量子力学也是半导体物理与器件的基础之一。

1.2.1　量子力学的基本原理

量子力学的三个基本原理的具体内容如下。

1. 能量量子化

1900 年，普朗克提出热辐射能量不连续的假设，即热辐射能量是以所谓的量子的能量为单位的，辐射能量是量子能量的整数倍。量子的能量为 $E = h\nu$，其中 ν 为辐射的频率，$h = 6.626 \times 10^{-34}$ J·s 为普朗克常数。根据这一假设，普朗克成功地解决了热辐射问题。

1905 年，爱因斯坦提出了光波也是由分立粒子组成的，即光波的能量也是以光量子（简称光子）能量为单位的，光能量也是光量子能量的整数倍。光子的能量也为 $E = h\nu$。根据这一假设，爱因斯坦成功地解释了光电效应。光的能量量子化，揭示了光的粒子性。

2. 波粒二象性

1924 年，德布罗意提出了物质波这一概念，认为一切微观粒子均伴随着一个波，即一个微观粒子的行为也可以看做是波的传播。这种波就是所谓的德布罗意波，其波长为

$$\lambda = \frac{h}{p} \tag{1.3}$$

式中：h 为普朗克常数；p 为粒子动量。式(1.3)描述了微观粒子的动量和其对应的德布罗意波的波长之间的关系，即反映了微观粒子的粒子性和波动性的联系，这就是所谓的波粒二象性。

对于光波，光子的动量也可表示为

$$p = \frac{h}{\lambda} \tag{1.4}$$

式中，λ 为光波的波长。式(1.4)反映的是光的波粒二象性。

[例 1.10]　电子的速度为 10^6 cm/s，计算其对应的德布罗意波长。

解：电子的动量为

$$p = mv = 9.11 \times 10^{-31} \times 10^6 = 9.11 \times 10^{-25} (\text{kg·m/s})$$

德布罗意波长为

$$\lambda = \frac{h}{p} = \frac{6.626 \times 10^{-34}}{9.11 \times 10^{-25}} = 7.27 \times 10^{-10} (\text{m})$$

利用波粒二象性可以对微观粒子进行波的描述，所以，它是用波来表示电子的运动状态的基础。

3. 不确定原理

描述微观粒子粒子性的物理量包括位置坐标、时间、动量和能量等。对于那些高速的微观粒子，不能精确确定这些物理量，所以也不能精确描述其运动状态。1927 年，海森堡提出了不确定原理，给出了这些物理量不确定性的关系。用不确定关系表示的一对物理量称为共轭量。

同一粒子的坐标和动量为一对共轭量，它们的不确定度之间的关系为

$$\Delta p \Delta x \geqslant \hbar \tag{1.5}$$

式中：Δp、Δx 分别为粒子动量的不确定度和粒子坐标的不确定度；$\hbar = h/2\pi = 1.054 \times 10^{-34}$ J·s，称为修正普朗克常数。式(1.5)表明，对同一粒子不可能同时确定其动量和坐标。

同一粒子的能量和有此能量的时间也为一对共轭量，它们的不确定度之间的关系为

$$\Delta E \Delta t \geqslant \hbar \tag{1.6}$$

式中，ΔE、Δt 分别为粒子能量的不确定度和粒子有此能量的时间不确定度。式(1.6)表明，对同一粒子不可能同时确定其能量和有此能量的时间。

[例 1.11] 某电子的坐标不确定度为 1×10^{-9} m 试求其动量不确定度。

解：电子动量的不确定度为

$$\Delta p \geqslant \frac{\hbar}{\Delta x} = \frac{1.054 \times 10^{-34}}{10 \times 10^{-10}} = 1.054 \times 10^{-25} (\text{kg·m/s})$$

如果从测量的角度来理解不确定原理，这意味着测量粒子动量的误差越小，则同时测量粒子的位置坐标的误差就越大。对其他共轭量也可以这样理解。

1.2.2　薛定谔方程及其波函数的意义

波粒二象性只确定了德布罗意波的波长（或频率），德布罗意波用什么量来表示？它怎样描述波的传播（波的表达式）？如何得到波的表达式（即波满足什么样的方程式）？这些都是量子力学需要解决的基本问题。

1. 波函数与波方程

经典的波都可用明确的物理量来表示。如表示机械波所用的物理量为位移，表示电磁波所用的物理量为电场强度和磁场强度。这些表示波的物理量随时间和空间的变化，可用时间和空间的函数（描述波的波函数）来描述。对德布罗意波，虽没有确定的物理量与之对应，但可以用一函数来表示，这一函数即所谓的波函数。

1926 年，薛定谔用这种波函数来描述电子的运动，并推出了这种波的波动方程，即所谓的薛定谔方程。

一维非相对论薛定谔方程可表示为

$$-\frac{\hbar}{2m} \frac{\partial^2 \Psi(x, t)}{\partial x^2} + V(x) \Psi(x, t) = \mathrm{j}\hbar \frac{\partial \Psi(x, t)}{\partial t} \tag{1.7}$$

式中：$\Psi(x, t)$ 为波函数；$V(x)$ 为势函数；j 为虚数单位；m 为粒子质量；x 和 t 分别为一维空间变量和时间变量。

对式(1.7)进行分离变量，并设

$$\Psi(x, t) = \psi(x) \varphi(t) \tag{1.8}$$

将式(1.8)代入式(1.7)得到

$$-\frac{\hbar^2}{2m}\varphi(t)\frac{\partial^2\psi(x)}{\partial x^2}+V(x)\psi(x)\varphi(t)=\mathrm{j}\hbar\psi(x)\frac{\partial\varphi(t)}{\partial t} \tag{1.9}$$

对式(1.9)两边同除以波函数,有

$$-\frac{\hbar^2}{2m}\frac{1}{\psi(x)}\frac{\partial^2\psi(x)}{\partial x^2}+V(x)=\mathrm{j}\hbar\frac{1}{\varphi(t)}\frac{\partial\varphi(t)}{\partial t} \tag{1.10}$$

式(1.10)左边和右边分别是空间和时间的函数,所以它们必须等于一个常数。令

$$\begin{cases} -\dfrac{\hbar^2}{2m}\dfrac{1}{\psi(x)}\dfrac{\partial^2\psi(x)}{\partial x^2}+V(x)=\eta & \text{(1.11a)}\\[3mm] \mathrm{j}\hbar\dfrac{1}{\varphi(t)}\dfrac{\partial\varphi(t)}{\partial t}=\eta & \text{(1.11b)} \end{cases}$$

式中,η 为常数。式(1.11b)的解为

$$\varphi(t)=\mathrm{e}^{-\mathrm{j}\frac{\eta}{\hbar}t} \tag{1.12}$$

式(1.12)是复数形式简谐波随时间变化的因子 $\mathrm{e}^{-\mathrm{j}\omega t}$,$\omega$ 为简谐波的角频率。因此有

$$\frac{\eta}{\hbar}=\omega=2\pi f\Rightarrow\eta=hf=E \tag{1.13}$$

所以 η 是粒子的总能量 E,则式(1.12)变为

$$\varphi(t)=\mathrm{e}^{-\mathrm{j}\frac{\eta}{\hbar}t}=\mathrm{e}^{-\mathrm{j}\omega t}=\mathrm{e}^{-\mathrm{j}\frac{E}{\hbar}t} \tag{1.14}$$

同时,式(1.11a)变为

$$-\frac{\hbar^2}{2m}\frac{1}{\psi(x)}\frac{\partial^2\psi(x)}{\partial x^2}+V(x)=E \tag{1.15}$$

式(1.15)是与时间无关的波函数部分满足的方程,被称为定态薛定谔方程。由定态薛定谔方程可以求解出定态波函数,从而得到描述粒子状态的波函数。

2. 波函数的物理意义——概率波

波函数本身并不代表一个实际的物理量,那么波函数有什么意义? 1926 年,马克斯·波恩提出了一个假设:认为 $|\Psi(x,t)|^2$ 为在 x 处发现粒子的概率密度函数,且

$$|\Psi(x,t)|^2=\Psi(x,t)\cdot\Psi^*(x,t) \tag{1.16}$$

式中,$\Psi^*(x,t)$ 为波函数的复共轭,即

$$\Psi^*(x,t)=\psi^*(x)\varphi^*(t)=\psi^*(x)\mathrm{e}^{\mathrm{j}\frac{E}{\hbar}t} \tag{1.17}$$

于是可得

$$|\Psi(x,t)|^2=\Psi(x,t)\Psi^*(x,t)=\psi(x)\mathrm{e}^{-\mathrm{j}\frac{E}{\hbar}t}\psi^*(x)\mathrm{e}^{\mathrm{j}\frac{E}{\hbar}t}=\psi(x)\psi^*(x) \tag{1.18}$$

式(1.18)表示概率密度函数与时间无关。这正反映了不能在确定的时间确定粒子的位置(不确定原理),而只能用概率密度函数确定粒子在整个时间段内在确定位置出现的概率。

波函数虽然不是实际物理量,但由它可确定发现粒子的概率密度,所以,用波函数可以表示粒子的一种状态。不同的波函数代表粒子的不同状态,用波函数表示的这种状态称为量子态。

3. 归一化条件和边界条件

1) 归一化条件

对于在一维空间中的粒子而言,它必定在一维空间之中,所以有

$$\int_{-\infty}^{+\infty} \psi(x)\psi^*(x)\mathrm{d}x = 1 \tag{1.19}$$

利用式(1.19)可以对波函数进行归一化。同时,它也是确定波函数中待定系数的一个条件。

2) 边界条件

对于能量有限、势函数也有限的粒子,其波函数及其一阶导数还应满足单值、有限和连续的条件,即有

$$\psi_1 \Big|_{x=x_1} = \psi_2 \Big|_{x=x_1} \tag{1.20}$$

和

$$\frac{\partial \psi_1}{\partial x}\Big|_{x=x_1} = \frac{\partial \psi_2}{\partial x}\Big|_{x=x_1} \tag{1.21}$$

式(1.20)和式(1.21)中,x_1 为边界处。

因为粒子在确定位置的概率是确定的,不可能出现两个概率,所以波函数必须单值;由概率的意义可知,概率不可能无限,所以波函数是有限的;波函数必须连续是因为其一阶导数必须存在,且单值、有限和连续。

由式(1.15)可知,因为 E 和 V 有限,波函数的二阶导数必有限,所以要求波函数的一阶导数连续;波函数的一阶导数与粒子动量有关,所以波函数一阶导数也必须单值、有限。

在求解薛定谔方程时,可以利用边界条件确定波函数中的待定系数。用波函数描述的粒子已经不是经典意义上的粒子,用波函数可以表示粒子的状态并揭示粒子的量子特性。

1.2.3　自由电子与束缚态电子

处于不同势函数的电子表现出不同的状态,通过求解薛定谔方程,并利用边界条件可以求出描述电子运动状态的波函数。

1. 自由电子的状态

在一维空间中运动的电子,没有受到任何外力,其势函数为常量。为简单起见可设 $V=0$,这样,能量为 E 的电子满足的定态薛定谔方程变为

$$\frac{\partial^2 \psi(x)}{\partial x^2} + \frac{2mE}{\hbar^2}\psi(x) = 0 \tag{1.22}$$

其解为

$$\psi(x) = A\exp\left[\frac{\mathrm{j}x\sqrt{2mE}}{\hbar}\right] + B\exp\left[\frac{-\mathrm{j}x\sqrt{2mE}}{\hbar}\right] \tag{1.23}$$

令

$$k = \frac{\sqrt{2mE}}{\hbar} \tag{1.24}$$

称为波数,且

$$k = \frac{2\pi}{\lambda}$$

式中,λ为波长。这样,式(1.23)可写成

$$\psi(x) = A\exp[\mathrm{j}kx] + B\exp[-\mathrm{j}kx] \tag{1.25}$$

式中,A、B 为待定常数,加上与时间有关因子 $\varphi(t)=\mathrm{e}^{-\mathrm{j}\omega t}$ 后,整个波函数成为

$$\Psi(x,\,t) = A\exp[\mathrm{j}(kx - \omega t)] + B\exp[-\mathrm{j}(kx + \omega t)] \tag{1.26}$$

若 $B=0$，则式(1.26)简化为

$$\Psi(x,\,t) = A\exp[\mathrm{j}(kx - \omega t)] \tag{1.27}$$

式(1.27)为沿 $+x$ 方向传播的行波，对应于沿 $+x$ 方向运动的电子。波的波数为 k，电子的能量为 E、动量为 P，能量和动量与波数的关系分别为

$$\begin{cases} E = \dfrac{\hbar^2 k^2}{2m} \\[2mm] p = m\,\dfrac{2E}{p} = \sqrt{2mE} = \hbar k \end{cases} \tag{1.28}$$

当自由电子的状态用波函数来描述时，对应于行波。式(1.28)中波数 k 不同，代表不同的波函数，即代表不同的电子状态。由于波数可以连续取值，相应的电子能量也可以连续取值，所以意味着电子允许的状态是连续的。

同样，若 $A=0$，则式(1.26)简化为

$$\Psi(x,\,t) = B\exp[-\mathrm{j}(kx + \omega t)] \tag{1.29}$$

式(1.29)为沿 $-x$ 方向传播的行波，代表沿 $-x$ 方向运动的电子的状态。式(1.29)中波数 k 不同，代表不同的波函数，即代表不同的电子状态。同样，波数和电子能量连续取值，所以电子允许的状态是连续的。

对于自由电子，其波函数为式(1.27)或式(1.29)。若只是区分不同的状态，而不关心每一个状态的细节，即不关心每一个状态的波函数或者概率密度，则可以用 k 的值来表示电子的状态，不同的 k 代表不同的状态。显然，同一个 k，波函数可以是式(1.27)，也可以是式(1.29)，一个是沿 $+x$ 方向传播的行波，一个是沿 $-x$ 方向传输的行波，代表两个状态。这意味着同一个 k，可以表示两个行波状态，这两个状态只是传输方向相反。

[例 1.12]　某自由电子在一维空间中运动，其速度为 10^7 m/s，试确定：

(1) 电子的能量 E；

(2) 波数 k、波长 λ 和角频率 ω，并写出其波函数。

解：(1) 该电子的能量为

$$E = \frac{1}{2}mv^2 = \frac{1}{2} \times 9.11 \times 10^{-31} \times (10^7)^2 = 4.555 \times 10^{-17}\,(\text{J})$$

(2) 该自由电子的波数为

$$k = \frac{\sqrt{2mE}}{\hbar} = \frac{\sqrt{2 \times 9.11 \times 10^{-31} \times 4.555 \times 10^{-17}}}{1.054 \times 10^{-34}} = 8.643 \times 10^{10}\,(\text{m}^{-1})$$

对应的波长为

$$\lambda = \frac{2\pi}{k} = \frac{2\pi}{8.643 \times 10^{10}} = 0.727 \times 10^{-10}\,(\text{m})$$

角频率为

$$\omega = \frac{E}{\hbar} = \frac{4.555 \times 10^{-17}}{1.054 \times 10^{-34}} = 4.322 \times 10^{17}\,(\text{s}^{-1})$$

当电子沿 $+x$ 方向运动时，其波函数为

$$\Psi(x,\,t) = A\exp[\mathrm{j}(8.643 \times 10^{10}x - 4.322 \times 10^{17}t)]$$

当电子沿一x方向运动时，其波函数为

$$\Psi(x,\ t) = B\exp\left[-j(8.643\times10^{10}x+4.322\times10^{17}t)\right]$$

从例1.12可以看出，自由电子的波函数为行波，波数确定，波函数确定，且对应两个波函数，即两个状态。换句话说，自由电子的两个状态对应同一个波数k，也对应同一个能量E。这种电子能量确定的状态，称为能量本征态，波函数是能量本征态的波函数，能量值称为能量本征值。

2. 束缚态电子的状态

一维无限深势阱中的电子，其运动空间被限制在一维无限深势阱内，所以属于受束缚的电子。

若电子处在如图1.14所示的一维无限深势阱中，Ⅱ区的势函数为零，Ⅰ区、Ⅲ区的势函数为∞，由于电子能量有限，电子不能在Ⅰ区和Ⅲ区存在，电子处在Ⅱ区，所以Ⅰ区和Ⅲ区的波函数为0。这样，只需求出Ⅱ区中的波函数，并利用边界条件即可求出波函数，从而确定电子的状态。

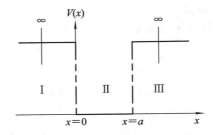

图1.14　一维无限深势阱势函数

因Ⅱ区的势函数$V=0$，则一维定态薛定谔方程变为

$$\frac{\partial^{2}\psi(x)}{\partial x^{2}}+\frac{2mE}{\hbar^{2}}\psi(x)=0 \tag{1.30}$$

其通解可以写成

$$\psi(x)=A\cos(kx)+B\sin(kx) \tag{1.31}$$

式中，A、B为待定常数，且

$$k=\frac{\sqrt{2mE}}{\hbar}=\frac{2\pi}{\lambda} \tag{1.32}$$

式中：k为波数；λ为波长。

在$x=0$处波函数的边界条件有

$$\psi(x)\big|_{x=0}=0 \tag{1.33}$$

将式(1.31)代入式(1.33)可得

$$\psi(0)=A\cos(0k)+B\sin(0k)=A=0 \tag{1.34}$$

这样，式(1.31)变为

$$\psi(x)=B\sin(kx) \tag{1.35}$$

式(1.35)为驻波，它是一维无限深势阱中电子的能量本征状态的定态波函数。

在$x=a$处波函数的边界条件有

$$\psi(x)\big|_{x=a} = 0 \tag{1.36}$$

将式(1.35)代入式(1.36)，有

$$\psi(a) = B\sin(ak) = 0 \tag{1.37}$$

因为 $B \neq 0$，所以有

$$ka = n\pi, \quad n = 1, 2, 3, \cdots \tag{1.38}$$

即

$$k = \frac{n\pi}{a}, \quad n = 1, 2, 3, \cdots \tag{1.39}$$

显然，k 为离散取值。

利用式(1.19)的归一化条件，对式(1.35)的波函数进行归一化，有

$$\int_{-\infty}^{+\infty} \psi(x)\psi^*(x)\,dx = \int_0^a B\sin(kx) \cdot B^*\sin(kx)\,dx = 1 \tag{1.40}$$

积分后，得到

$$B = \sqrt{\frac{2}{a}} \tag{1.41}$$

这样，一维无限深势阱中电子的波函数被完全确定，即

$$\psi(x) = \sqrt{\frac{2}{a}}\sin kx = \sqrt{\frac{2}{a}}\sin\frac{n\pi}{a}x \tag{1.42}$$

一维无限深势阱中的电子用式(1.42)所表示的驻波来描述，其概率密度函数为

$$\psi(x)\psi^*(x) = \sqrt{\frac{2}{a}}\sin\frac{n\pi}{a}x \cdot \sqrt{\frac{2}{a}}\sin\frac{n\pi}{a}x = \frac{2}{a}\sin^2\frac{n\pi}{a}x \tag{1.43}$$

式(1.43)表明，一维无限深势阱中的电子在不同位置的概率密度是不同的。

一维无限深势阱中电子的行为是受势阱限制的，所以其状态属于束缚态，以此区别于自由电子的状态。式(1.42)是一维无限深势阱中电子的波函数，其中的波数数值不同就代表不同的束缚态，且波数是离散取值的。

对于一维无限深势阱中的电子，其波函数为式(1.42)，若只是区分不同的状态，则可以用 k 的取值来表示，不同的 k 值代表不同的状态。因为 k 是离散的，且其取值与一整数 n 相关，所以，也可以用 n 的取值来表示电子的状态，这一整数 n 也被称为量子数。所以，一维无限深势阱中电子状态可以用一个量子数来表述。

利用式(1.32)和式(1.39)可以得到

$$E = \frac{\hbar^2 k^2}{2m} = \frac{\hbar^2 n^2 \pi^2}{2ma^2} = \frac{h^2 n^2}{8ma^2}, \quad n = 1, 2, 3, \cdots \tag{1.44}$$

可见，一维无限深势阱中的电子处于束缚态，其能量也是量子化的，即其能量也与量子数 n 有关。

[例 1.13]　一维无限深势阱的宽度为 8×10^{-10} m，试求能量最低的五个量子态的波数和能量。

解：一维无限深势阱中电子的能量为

$$E = \frac{\hbar^2 k^2}{2m} = \frac{\hbar^2 (n\pi)^2}{2ma^2} = \frac{\hbar^2 n^2 \pi^2}{2ma^2}, \quad n = 1, 2, 3, \cdots$$

当 $n=1$，2，3，4，5 时，分别对应能量最低的五个量子态，其能量为

$$E = \frac{h^2 n^2}{8ma^2} = \frac{(6.626 \times 10^{-34})^2 n^2}{8 \times 9.11 \times 10^{-31} \times (8 \times 10^{-10})^2}$$

$$= 9.41 \times 10^{-20} n^2$$

$$= \begin{cases} 9.41 \times 10^{-20} \text{ J} & , \quad n=1 \\ 3.76 \times 10^{-19} \text{ J} & , \quad n=2 \\ 8.47 \times 10^{-19} \text{ J} & , \quad n=3 \\ 1.51 \times 10^{-18} \text{ J} & , \quad n=4 \\ 2.35 \times 10^{-18} \text{ J} & , \quad n=5 \end{cases}$$

对应的波数为

$$k = \frac{n\pi}{a} = \begin{cases} \dfrac{\pi}{8} \times 10^{10} \text{ m}^{-1}, & \text{当 } n=1 \text{ 时} \\[2mm] \dfrac{\pi}{4} \times 10^{10} \text{ m}^{-1}, & \text{当 } n=2 \text{ 时} \\[2mm] \dfrac{3\pi}{8} \times 10^{10} \text{ m}^{-1}, & \text{当 } n=3 \text{ 时} \\[2mm] \dfrac{\pi}{2} \times 10^{10} \text{ m}^{-1}, & \text{当 } n=4 \text{ 时} \\[2mm] \dfrac{5\pi}{8} \times 10^{10} \text{ m}^{-1}, & \text{当 } n=5 \text{ 时} \end{cases}$$

对于一维无限深势阱中的电子，一个量子态用一个量子数来表示。量子数不同代表不同的量子态。

[例 1.14] 试确定一维无限深势阱中量子数 $n=8$ 的量子态的波函数。

解：量子数 $n=8$ 的量子态的波数为

$$k = \frac{n\pi}{a} = \frac{8\pi}{a}$$

所以，其波函数为

$$\psi(x) = \sqrt{\frac{2}{a}} \sin \frac{8\pi}{a} x$$

对于二维无限深矩形势阱，其波函数可以通过解二维定态薛定谔方程来确定，但根据一维无限深势阱的波函数可以猜测出二维无限深矩形势阱的波函数为

$$\psi(x, y) = A \sin \frac{n\pi}{a} x \sin \frac{m\pi}{b} y \tag{1.45}$$

式中：A 为待定常数，可用归一化条件来确定；a 和 b 分别为矩形无限深势阱的长和宽；n、m 分别为正整数。式(1.45)中一组 n、m 就确定了一个波函数，对应了一个量子态，n、m 称为量子数。所以，二维无限深势阱中电子的量子态可以用两个量子数组成的量子数组来表示。如(2，3)表示一个量子态，其波函数为式(1.45)，其中的 $n=2$，$m=3$。当然，波数和能量的取值也与量子数有关，所以能量和波数也是量子化的，这也是电子处于束缚态的特性。

同样，可以猜测出三维无限深长方体势阱的波函数，在此不再列出。但其波函数中一定包含三个正整数，即三个量子数。所以，也可以用由三个量子数组成的量子数组表示三维无限深势阱中的量子态。

　　总之，处于束缚态的电子，其能量和波数都是量子化的，波函数中也含有量子数，所以可以用波函数来表示量子态，也可以用量子数组来表示量子态。只不过用波函数表示的量子态反映了量子态的细节，如可确定每一位置的概率密度；而用量子数表示时，没有反应量子态的细节，但从区分量子态的角度看，这种表示更简洁。同样，也可以用波数或能量来区分不同的量子态，这种区分方法会更粗糙，因为存在这样的情况：一些不同的量子态具有相同的能量或波数，这些量子态就不能用能量或波数来区分，但这种表示方法比用量子数表示的方法更简单。

1.2.4　单电子原子中电子的状态

　　最简单的原子是单电子原子，即氢原子，它只包含一个电子。确定其势函数后，原则上可以解出其波函数，确定电子可能的运动状态。为了方便，在此并不去具体求出波函数，而只关注表示其量子态的量子数及其量子数之间的关系。

1. 单电子原子的势函数

　　单电子原子由一个带正电的质子和一个电子组成。电子在质子的势场中所形成的势函数为

$$V(r) = \frac{-e^2}{4\pi\varepsilon_0 r} \tag{1.46}$$

式中：e 为电子电量；ε_0 为真空介电常数。由于势函数是球对称的，因此，可在球坐标系下解薛定谔方程，从而得到球坐标系下的波函数。

2. 波函数、量子态、量子数与原子轨道

　　单电子原子的势函数为球对称，在球坐标系下表示更简单，也方便在求解薛定谔方程时用边界条件，所以，求解波函数用球坐标系下的三维薛定谔方程。

　　球坐标系下三维定态薛定谔方程为

$$\frac{1}{r^2}\cdot\frac{\partial}{\partial r}\left(r^2\frac{\partial\psi}{\partial r}\right)+\frac{1}{r^2\sin^2\theta}\cdot\frac{\partial^2\psi}{\partial\phi^2}+\frac{1}{r^2\sin\theta}\cdot\frac{\partial}{\partial\theta}\left(\sin\theta\cdot\frac{\partial\psi}{\partial\theta}\right)+\frac{2m_0}{\hbar^2}[E-V(r)]=0$$

　　用球坐标系下三维定态薛定谔方程求解波函数的意义在于区分电子的状态。一个确定的波函数对应于一个确定的电子运动状态，即量子态。如果波函数的形式或者其中的参数不同，即不同的波函数，那么，它们表示不同的电子运动状态（量子态）。波函数的表达式为

$$\psi(r, \Theta, \phi) = R(r)\Theta(\theta)\Phi(\phi) \tag{1.47}$$

由前面的分析可知，电子在三维空间中受限，因此波函数中必含三个整数，即三个量子数。在球对称势函数情况下，波函数中的三个整数 m、l、n 分别与 Φ、Θ、R 相关。这三个量子数的关系为

$$\begin{aligned}
&n = 1, 2, 3, \cdots\\
&l = 0, 1, 2, \cdots, n-3, n-2, n-1\\
&|m| = 0, 1, \cdots, l-3, l-2, l-1, l
\end{aligned} \tag{1.48}$$

这样，就可以用一组量子数对应一个波函数，也对应一个量子态。不同的量子数组对应不同的波函数和量子态。

　　[**例 1.15**]　试分别计算 $n=1$，$n=2$，$n=3$ 时的量子态数。

　　解：(1) 当 $n=1$ 时，$l=0$，$m=0$。所以，只有一组量子数(1, 0, 0)，对应一个量子态。

（2）当 $n=2$ 时，$l=0$ 或 1。当 $l=0$ 时，$m=0$；当 $l=1$ 时，$m=0$，-1，1。所以有（2，0，0）、（2，1，0）、（2，1，-1）、（2，1，1）四组量子数，对应四个量子态。

（3）当 $n=3$ 时，$l=0$ 或 1 或 2。当 $l=0$ 时，$m=0$；当 $l=1$ 时，$m=0$，-1，1；当 $l=2$ 时，$m=-2$，-1，0，1，2。所以有（3，0，0）、（3，1，0）、（3，1，-1）、（3，1，1）、（3，2，-2）、（3，2，-1）、（3，2，0）、（3，2，1）、（3，2，2）9 组量子数，对应九个量子态。

例 1.15 中的每一个量子态对应一个波函数。

原子中单个电子的空间运动状态，叫做原子轨道。原子轨道可由三个量子数 $(n，l，m)$ 来描述。

主量子数（电子层数）n 可以与表 1.1 中的符号相对应，表示电子层数，如 K 层的主量子数 $n=1$。通常，主量子数越大，轨道离原子核越远。

表 1.1 主量子数的符号表示

n	1	2	3	4	5	6	7
符号	K	L	M	N	O	P	Q

角量子数 l 对应电子亚层数，即每一个电子层中可分为几个电子亚层。电子亚层的命名如表 1.2 所示。

表 1.2 电子亚层数的符号表示

l	0	1	2	3
符号	s	p	d	f

[例 1.16] 试分别确定 K、L 和 M 电子层中所含的电子亚层数。

解：根据主量子数与角量子数的关系 $l=0$，1，2，$\cdots$，$n-3$，$n-2$，$n-1$ 有

（1）K 电子层 $n=1$：$l=0$，一个取值，所以 K 层含一个 s 电子亚层。

（2）L 电子层 $n=2$：$l=1$，0，两个取值，对应 s、p 电子亚层，所以 L 层含两个电子亚层。

（3）M 电子层 $n=3$：$l=2$，1，0，三个取值，对应 s、p、d 电子亚层，所以 M 层含三个电子亚层。

磁量子数 m 对应轨道的空间伸展方向。每一个电子亚层中根据磁量子数的取值，可以有不同的空间伸展方向，从而确定不同的轨道数。

[例 1.17] 试分别确定 s、p、d、f 电子亚层的轨道数。

解：根据角量子数与磁量子数的关系 $|m|=0$，1，$\cdots$，$l-3$，$l-2$，$l-1$，l 有

（1）s 电子亚层 $l=0$：$m=0$，一个取值，所以 s 电子亚层有一个轨道。

（2）p 电子亚层 $l=1$：$m=+1$，0，-1，三个取值，所以 p 电子亚层有三个轨道。

（3）d 电子亚层 $l=2$：$m=+2$，$+1$，0，-1，-2，五个取值，所以 d 电子亚层有五个轨道。

（4）f 电子亚层 $l=3$：$m=+3$，$+2$，$+1$，0，-1，-2，-3，七个取值，所以 f 电子亚层有七个轨道。

由三个量子数 $(n，l，m)$ 确定一个轨道。所以，每一层的每一个轨道都可以用三个量子数来表示。

[例 1.18] 试确定 M 层的轨道数，并用三个量子数来表示每一个轨道。

解：M 电子层 $n=3$：$l=2$，1，0，三个取值，对应 s、p、d 电子亚层。

（1）s 电子亚层 $l=0$：$m=0$，一个取值，所以 s 电子亚层有一个轨道。

（2）p 电子亚层 $l=1$：$m=+1$，0，-1，三个取值，所以 p 电子亚层有三个轨道。

（3）d 电子亚层 $l=2$：$m=+2$，$+1$，0，-1，-2，五个取值，所以 d 电子亚层有五个轨道。

综上可得 M 层共有九个轨道。这九个轨道分别是：$(3,0,0)$、$(3,1,+1)$、$(3,1,0)$、$(3,1,-1)$、$(3,2,2)$、$(3,2,1)$、$(3,2,0)$、$(3,2,-1)$、$(3,2,-2)$。

3. 电子的能量

电子的能量可表示成

$$E_n = \frac{-m_0 e^4}{(4\pi\varepsilon_0)^2 2\hbar^2 n^2} \tag{1.49}$$

式中，n 为主量子数。

由式（1.49）可以看出：

（1）单电子原子中，电子的能量为负值。这表示电子被束缚在核的周围，如果能量变正，那么电子就不再受原子核的束缚，变为自由粒子。

（2）能量与主量子数相关。这说明能量离散化，能量离散化也是束缚态的标志。

（3）能量取决于主量子数，而与其他量子数无关。这说明同一电子层中所有轨道的能量是不变的，意味着同一能量状态下包含多个量子态。或者说多个量子态有相同的能量本征值。这种一个能量包含多个量子态的情况被称为能量简并，即不同的量子态无法用能量值来区分。同一能量值包含的量子态数目被称为能量简并度。如 $n=3$，包含九个轨道，这九个轨道能量相同，简并度为 9。

［例 1.19］ 计算单电子原子中电子分别处在 $n=1$，$n=2$，$n=3$ 的量子态时所具有的能量。

解：电子的能量为

$$E_n = \frac{-m_0 e^4}{(4\pi\varepsilon_0)^2 2\hbar^2 n^2} = \frac{-9.11 \times 10^{-31} \times (1.6 \times 10^{-19})^4}{(4\pi \times 8.85 \times 10^{-12})^2 \times 2 \times (1.054 \times 10^{-34})^2 n^2} = \frac{-2.17 \times 10^{-18}}{n^2}$$

$$= \begin{cases} -2.17 \times 10^{-18}\ \text{J} & ，当\ n=1\ 时 \\ -5.43 \times 10^{-19}\ \text{J} & ，当\ n=2\ 时 \\ -2.41 \times 10^{-19}\ \text{J} & ，当\ n=3\ 时 \end{cases}$$

4. 电子自旋和自旋量子数

电子的角动量也是量子化的，有两个可能的值，用自旋量子数 s 表示，它的值为 $s=+1/2$ 或 $s=-1/2$。这样，包含自旋后描述电子量子态的量子数就变为四个，即 n、l、m、s。包含自旋的量子态数目是不包含自旋时量子态数目的两倍。

［例 1.20］ 若包含自旋量子数，试计算单电子原子 $n=3$ 时的量子态数。

解：$n=3$：$l=2$，1，0，三个取值，对应 s、p、d 电子亚层。

（1）s 电子亚层 $l=0$：$m=0$，一个取值，所以 s 电子亚层有一个轨道。

（2）p 电子亚层 $l=1$：$m=+1$，0，-1，三个取值，所以 p 电子亚层有三个轨道。

（3）d 电子亚层 $l=2$：$m=+2$，$+1$，0，-1，-2，五个取值，所以 d 电子亚层有五个轨道。

综上可得 M 层共有 9 个轨道，即不包含自旋的量子态数为 9。包含自旋的量子态数是不包含自旋的量子态数的两倍，所以包含自旋时，$n=3$ 电子层的量子态数为 18 个。

5. 泡利不相容原理

泡利不相容原理指出，在任意给定的系统中，不可能有两个电子处于同一量子态。这意味着包含自旋的量子态最多只能容纳一个电子，或者说不包含自旋的量子态最多只能容纳两个自旋方向相反的电子。通常，在计算量子态数目时，先求出不包含自旋的量子态数目，然后再乘以 2，就得到包含自旋的量子态数目。

6. 能量最低原理

自然界的一个基本定律是热平衡系统的总能量趋于或达到某个最小值，这就是能量最低原理。对于单电子原子，只有一个电子，按能量最低原理，电子应占据 $n=1$ 的两个量子态之一。但如果电子获得一定的能量，它可以占据任意一个量子态，只不过处于高能量量子态的电子是不稳定的，因为它不符合能量最低原理，所以会以一定的方式转移能量，最终到达最低能量的量子态。

1.2.5　多电子原子中电子的状态

1. 多电子原子中的波函数求解的困难

多电子原子的质子数目和电子数目都比单电子原子的多。所以其势场包括原子中质子的势场和多电子的势场。因此，要求解其波函数就需要得到它们的势函数，这本身就很困难，即便确定了其势函数，求解也很复杂。另外，因为每一种原子的质子数和电子数都不相同，所以，求波函数对每一种原子都要进行各自独立但同样复杂的过程。

在此，波函数本身是怎样一种分布并不是最重要的，最重要的是有哪些量子态和怎样区分这些量子态。

2. 多电子原子中的量子态和量子数

把单电子原子模型应用到讨论多电子原子的量子态问题可以省去许多困难和麻烦，只要对其进行合理的修正就可以直接应用单电子原子模型得到的结果。

在单电子原子中，量子态可以用量子数组来表示。量子数组包括 n、l、m 和 s 四个量子数。对多电子原子，量子态同样可以用这些量子数组成的数组来表示，因为多电子原子的势场中电子也是在三维空间中受限的，量子态必然是离散的，且与三个量子数相关。另外，也同样有自旋量子数存在。所以，多电子原子中的量子态也用那四个量子数组成的数组来表示，且几个量子数的关系仍满足式(1.48)。不同的数组对应不同的量子态。

多电子原子量子态的波函数与相应单电子原子波函数会有差异，这是由于质子数和电子数变化造成的。另一方面的差异就是能量简并度的降低，即同一能量的量子态数目减小，这也是电子数目增加造成的。

3. 多电子原子中电子的能量

用四个量子数组成的数组表示一个量子态。例如$(5,4,-2,1/2)$表示一个量子态。在单电子原子中存在这个量子态，在多电子原子中也存在这个量子态。

在单电子原子中，各量子态能量由式(1.49)表示，能量只与主量子数 n 相关。但在多电子原子中,各量子态的能量不仅与主量子数 n 相关,也与角量子数 l 相关。各量子态的能量按 $(n+0.7l)$ 值的大小来比较的,即该值越大,对应的量子态的能级也越大。

[例 1.21] 试计算多电子原子中 $n=3$ 对应的量子态能量的个数,并给出各能量上对应的量子态(不含自旋)。

解:当 $n=3$ 时,$l=0$ 或 1 或 2,所以能量个数为 3。当 $l=0$ 时,$m=0$,一个量子态,对应一个能级;当 $l=1$ 时,$m=-1$,0,1,三个量子态,对应一个能级;当 $l=2$ 时,$m=-2$,-1,0,1,2,五个量子态,对应一个能级。

对比例 1.18 和例 1.21,单电子原子在 $n=3$ 时,有九个不含自旋的量子态,它们的能量只与主量子数有关,所以这九个量子同属一个能级。而多电子原子在 $n=3$ 时,也有九个不含自旋的量子态,但它们的能量却按 l 分成三个能级,这三个能级分别包含 1、3、5 个不含自旋的量子态,即其能量简并度分别为 1、3 和 5。

4. 元素周期表

元素周期表是按电子数目排序的。这些电子是根据能量最低原理、泡利不相容原理占据各量子态的,量子态的数目可利用式(1.48)得到。需要指出的是,随着电子数目的增加,电子之间的相互影响增强,每一个量子态的波函数会随之发生变化,能级和能级数量也会发生变化。电子占据是按能量由低到高进行的,高层量子态的能量有可能比底层量子态的能量低。如,不包含自旋的量子态 $(4,0,0)$ 的 $(n+0.7l)=4$,而 $(3,2,0)$ 的 $(n+0.7l)=4.4$,所以量子态 $(4,0,0)$ 的能量比量子态 $(3,2,0)$ 的能量低。

1.3 晶体中电子的运动状态

由多原子按一定排列规律组成晶体时,原子中电子的运动状态除了受自身原子核和电子所形成的势场影响外,也会受到其他原子的势场影响。先定性讨论能带的形成和建立能带的概念,再用量子力学定量确定电子的运动状态,得到其 E-k 关系图。

1.3.1 能带的形成

单个原子中电子的状态由其与原子核和其他电子的作用来确定。单个原子构成一个孤立系统,这个孤立系统包括原子核和其所有电子。固体是多个原子按一定结构组合而成的,固体中电子的状态会受到所有原子的原子核和电子的作用,它们共同构成一个系统,电子是这个系统的电子,而不再是那个原子的电子,这就是所谓的电子共有化。原子形成固体过程中,电子的运动由孤立原子中的运动变成固体中的共有化运动,对共有化可从如下角度理解:

(1)从每一个电子的个体角度来看,由于与其他原子的作用,电子的状态会发生改变,即处在独立原子中与处在固体中,电子状态是不一样的。

(2)从单个电子与固体的关系来看,电子属于固体,而不再完全属于某个原子。但也不意味着电子可以在固体中自由运动,其运动由系统整体决定。从系统角度看,组成固体的所有原子形成一个系统,固体中的所有电子处在这个系统中。

尽管共有化运动会改变电子的运动状态,但不会改变量子态数目,即固体系统的量子态数目等于单个原子的量子态数乘以原子数目。

[**例 1.22**] 计算 10^4 个原子组成的固体对应单个原子 1s、2s、3s 和 3p 轨道上的量子态数。

解：单个原子 1s、2s、3s 和 3p 轨道上的量子态数分别是 2、2、2、6。

10^4 个原子对应 1s、2s、3s 和 3p 轨道上的量子态数分别是 2×10^4、2×10^4、2×10^4、6×10^4。

[**例 1.23**] 计算 10^4 个硅原子组成的固体中所有电子占据的量子态数。

解：按照泡利不相容原理一个电子只能占据 1 个量子态，一个硅原子有 14 个电子，10^4 个硅原子则有 1.4×10^5 个电子，所以占据的量子态数为 1.4×10^5 个。

从例 1.22 中可以看出，10^4 个原子对应 1s 轨道共有 2×10^4 个量子态。根据泡利不相容原理，形成固体时，就需要 2×10^4 个不同的量子态。根据泡利不相容原理，在一个系统中，不可能出现两个完全一样的量子态，所以，不同原子的同一量子态在形成固体时仍然保持原来的量子态是不符合泡利不相容原理的，只有通过分裂成不同的能级来区分原来不同原子中的相同量子态，这样单原子的一个能级就会分裂成多个相差很小的能级，把这些分裂出的能量相差很小的能级，称为允带。允带是由多原子相互作用引起的能级分裂形成的。一般情况下，同一能级分裂形成同一允带，不同能级分裂形成不同允带。相邻允带之间的能量带被称为禁带。

允带是由能级分裂形成的，在允带中，能级仍然是分立的能级，只不过是能级差很小的分立能级，通常可以看成是准连续的。原子间距越小，共有化运动的程度越大，能带分裂程度越大。原子外层轨道的电子受到其他原子的影响较大，而处于内层轨道的电子受到的影响则要小。因此，能级越高的允带能级分裂越大，能级越小的允带能级分裂越小。

实际晶体中能带的分裂更为复杂。例如，对于硅晶体，硅的 1s 能级分裂成一个允带，2s 能级分裂成一个允带，3s 能级和 3p 能级共同分裂出两个允带，这两个允带被称为 sp 杂化轨道。

所谓杂化，是指这两个允带中的任何一个允带都不是由 s 轨道或 p 轨道单独分裂而形成的。对 N 个硅原子而言，sp 杂化轨道中能量低的允带含有 $4N$ 个量子态，被称为价带；能量高的允带也含有 $4N$ 个量子态，被称为导带。导带和价带之间是一禁带，其能量宽度用 E_g 表示，如图 1.15 所示。N 个硅原子，对应 3s 的量子态数为 $2N$ 个，对应 3p 的量子态数为 $6N$

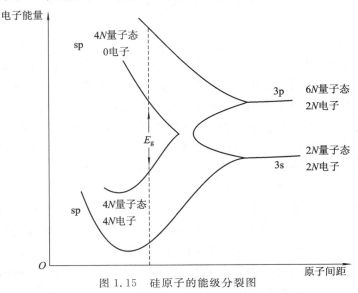

图 1.15 硅原子的能级分裂图

个。所以，这两个允带是 3s 和 3p 杂化的结果，如图 1.15 所示。N 个硅原子，具有 $4N$ 个价电子，需要 $4N$ 个量子态，价带正好有 $4N$ 个量子态。当价电子全部占据价带的量子态时，导带的量子态全部空着，此时，所有价电子都形成共价键。当 $T = 0$ K 时，所有价电子都在价带，即处于共价键状态。

如果 N 个硅原子组成晶体，3s 和 3p 不杂化，则 3s 分裂的允带中包含 $2N$ 个量子态，3p 分裂的允带中包含 $6N$ 个量子态。N 个硅原子的价电子总数为 $4N$ 个，其中 $2N$ 个电子占据 3s 分裂的允带，该允带所有量子态被占据，该允带被完全占据。另外，$2N$ 个电子占据 3p 分裂的允带中 $6N$ 个量子态中的 $2N$ 个量子态，该允带是被部分占据的。这两个允带中两个 $2N$ 电子的地位是不相同的，显然和实际情况不符。

能带是能级分裂的结果，每个允带中所包含的量子态数与能级、原子数目和是否杂化有关。若晶体无限大，即构成晶体的原子数目是无限的，则每个允带的量子态数目也是无限的。对一个能量范围确定的允带，这意味着能量是连续的。

1.3.2　一维无限晶体的能带

对于一维无限晶体，由于原子数目无限，所以在允带中能量是连续的。另外，电子的共有化运动是在一维空间进行的，所以，描述电子共有化运动的波矢量是一维空间上的波矢量。前面定性地讨论了晶体的能带形成，下面利用量子力学对一维无限晶体的能带进行定量表示。

1. 克龙尼克-潘纳模型

求解薛定谔方程，首先要确定势函数。单个原子的势函数如图 1.16(a)所示。将多个原子在一维空间上近距离等距排列，各个原子的势函数会发生交叠，如图 1.16(b)所示。对图 1.16(b)交叠的势函数叠加后，得到如图 1.16(c)所示的一维晶体的势函数。

对如图 1.16(c)所示的周期性势函数进行简化处理后，可以得到所谓的克龙尼克-潘纳模型，如图 1.16(d)所示。

2. 薛定谔方程及其解

根据布洛赫数学定理可知，所有周期性势函数的波函数具有如下形式：

$$\psi(x) = u(x)\mathrm{e}^{\mathrm{j}kx} \tag{1.50}$$

式中：k 为波数；$u(x)$ 为与势函数同周期的周期函数。

I 区的势函数 $V = 0$，定态薛定谔方程为

$$\frac{\partial^2 \psi_1(x)}{\partial x^2} + \frac{2mE}{\hbar^2}\psi_1(x) = 0 \tag{1.51}$$

II 区的势函数 $V = V_0$，定态薛定谔方程为

$$\frac{\partial^2 \psi_2(x)}{\partial x^2} + \frac{2m}{\hbar^2}(E - V_0)\psi_2(x) = 0 \tag{1.52}$$

将式(1.50)代入式(1.51)和式(1.52)，可得

$$\frac{\mathrm{d}^2 u_1(x)}{\mathrm{d}x^2} + 2\mathrm{j}k\frac{\mathrm{d}u_1(x)}{\mathrm{d}x} - \left(k^2 - \frac{2mE}{\hbar^2}\right)u_1(x) = 0 \tag{1.53}$$

$$\frac{\mathrm{d}^2 u_2(x)}{\mathrm{d}x^2} + 2\mathrm{j}k\frac{\mathrm{d}u_2(x)}{\mathrm{d}x} - \left(k^2 - \frac{2mE}{\hbar^2} + \frac{2mV_0}{\hbar^2}\right)u_2(x) = 0 \tag{1.54}$$

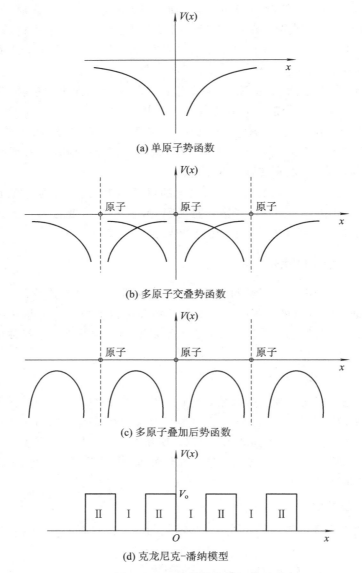

(a) 单原子势函数

(b) 多原子交叠势函数

(c) 多原子叠加后势函数

(d) 克龙尼克-潘纳模型

图 1.16　一维晶体的势函数

定义

$$\begin{cases} \alpha^2 = \dfrac{2mE}{\hbar^2} \\ \beta^2 = \dfrac{2m(E-V_0)}{\hbar^2} \end{cases} \tag{1.55}$$

则 I 区定态薛定谔方程的解为

$$u_1(x) = A\mathrm{e}^{\mathrm{j}(\alpha-k)x} + B\mathrm{e}^{-\mathrm{j}(\alpha+k)x} \tag{1.56}$$

II 区定态薛定谔方程的解为

$$u_2(x) = C\mathrm{e}^{\mathrm{j}(\beta-k)x} + D\mathrm{e}^{-\mathrm{j}(\beta+k)x} \tag{1.57}$$

3. 边界条件及其非零解条件

在 $x=0$ 处的两个边界条件分别是

$$\begin{cases} u_1(0) = u_2(0) \\ \dfrac{\mathrm{d}u_1}{\mathrm{d}x}\bigg|_{x=0} = \dfrac{\mathrm{d}u_2}{\mathrm{d}x}\bigg|_{x=0} \end{cases} \tag{1.58}$$

分别应用这两个边界条件可得

$$\begin{cases} A + B - C - D = 0 \\ (\alpha-k)A - (\alpha+k)B - (\beta-k)C + (\beta+k)D = 0 \end{cases} \tag{1.59}$$

周期性边界条件也可表示为

$$\begin{cases} u_1(a) = u_2(-b) \\ \dfrac{\mathrm{d}u_1}{\mathrm{d}x}\bigg|_{x=a} = \dfrac{\mathrm{d}u_2}{\mathrm{d}x}\bigg|_{x=-b} \end{cases} \tag{1.60}$$

分别应用两个周期性边界条件可得

$$\begin{cases} Ae^{j(\alpha-k)a} + Be^{-j(\alpha+k)a} - Ce^{-j(\beta-k)b} - De^{j(\beta+k)b} = 0 \\ (\alpha-k)Ae^{j(\alpha-k)a} - (\alpha+k)Be^{-j(\alpha+k)a} - (\beta-k)Ce^{-j(\beta-k)b} + (\beta+k)De^{j(\beta+k)b} = 0 \end{cases} \tag{1.61}$$

薛定谔方程的非零解对应着电子的相应量子态,这意味着 A、B、C、D 不全为零。由式 (1.59)和式(1.61)可知,A、B、C、D 的系数行列式应为零,即

$$\begin{vmatrix} 1 & 1 & -1 & -1 \\ \alpha-k & -(\alpha+k) & -(\beta-k) & (\beta+k) \\ e^{j(\alpha-k)a} & e^{-j(\alpha+k)a} & -e^{-j(\beta-k)b} & -e^{j(\beta+k)b} \\ (\alpha-k)e^{j(\alpha-k)a} & -(\alpha+k)e^{-j(\alpha+k)a} & -(\beta-k)e^{-j(\beta-k)b} & (\beta+k)e^{j(\beta+k)b} \end{vmatrix} = 0 \tag{1.62}$$

经过复杂运算,可得

$$\frac{-(\alpha^2+\beta^2)}{2\alpha\beta}\sin(\alpha a)\sin(\beta b) + \cos(\alpha a)\cos(\beta b) = \cos k(a+b) \tag{1.63}$$

式中:α 中含有电子能量 E;β 中含有 V_0。所以,式(1.63)把能量 E 和波数 k 联系起来。如果仅从能量的角度看,电子的能量 E 必须满足式(1.63)。不满足式(1.63)的能量范围是禁带。

4. k 空间能带图

满足式(1.63)的能量范围是固体的允带。可以从式(1.63)得到取不同能量值时的 k,所以,对于固体中的一个量子态,可以用一组 E、k 表示。可以绘制出能量 E 和波数 k 的关系图,被称做 k 空间的能带图。能带图上的一个点就代表固体中的一个量子态。

E 和 k 的关系隐含在式(1.63)中。为了得到它们的关系,先简化式(1.63)。假设 $b\rightarrow0$,$V_0\rightarrow\infty$,但 bV_0 有限。先让 $b\rightarrow0$,且 bV_0 有限,对式(1.63)两边取极限,有

$$\frac{-(\alpha^2+\beta^2)b}{2\alpha}\sin(\alpha a) + \cos(\alpha a) = \cos ka \tag{1.64}$$

再让 $V_0\rightarrow\infty$,但 bV_0 有限,经过运算可得

$$\frac{mV_0ab}{\hbar^2}\frac{\sin\alpha a}{\alpha a} + \cos\alpha a = \cos ka$$

即

$$P\frac{\sin\alpha a}{\alpha a} + \cos\alpha a = \cos ka \tag{1.65}$$

其中

$$P = \frac{m V_0 ab}{\hbar^2} \qquad (1.66)$$

式(1.65)是一维无限固体中电子能量和波数的关系式，能量 E 包含在 α 中。

［例 1.24］ 试由式(1.65)求自由电子的 k 空间能带图。

解： 对自由电子 $V_0 = 0$，则 $P = 0$，所以式(1.65)变为

$$\cos \alpha a = \cos k a$$

即

$$k = \alpha = \frac{\sqrt{2mE}}{\hbar}$$

与式(1.24)一致。

通过例 1.24 可以看出，当固体中的周期性势场不存在时，电子就是自由电子，这说明式(1.24)是式(1.65)的特例。在一般情况下，式(1.65)不可能像自由电子那样得到 E 和 k 的显式。所以，通常用图解或数值解法得到 E 和 k 的关系。

［例 1.25］ 试图解式(1.65)，绘制出固体中的 E 和 k 的关系图。

解： 式(1.65)左边为 αa 的函数，令

$$f(\alpha a) = P \frac{\sin \alpha a}{\alpha a} + \cos \alpha a \qquad (1.67)$$

分别绘制出第一项、第二项和二者之和随 αa 变化的函数图，如图 1.17(a)、(b)和(c)所示。

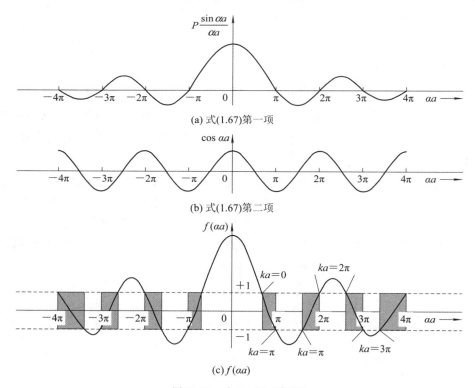

(a) 式(1.67)第一项

(b) 式(1.67)第二项

(c) $f(\alpha a)$

图 1.17 式(1.67)的图形

从图 1.17(c)可以看出，$f(\alpha a)$取值在$-1 \sim +1$之间是有效的，因为式(1.65)右边为余弦函数，取值在$-1 \sim +1$之间。所以，图 1.17(c)中阴影部分 αa 是允许的取值，每一段阴影部分的 αa 取值，对应一个允带，即对应一段能量 E 的取值范围。不同的阴影区，对应不同的允带。各阴影区中间间隔的 αa 段，对应相应的禁带。确定每一允带的 αa 值，并转化为 E 的取值范围，就确定了对应允带能量范围，如图 1.18(b)中的允带。图 1.18(a)为 $\cos ka$ 的图形。将图 1.17(c)的允带与 k 对应起来，即每一允带的每一个 αa(对应 E)值对应一 $f(\alpha a)$ 取值，让 $\cos ka = f(\alpha a)$，可以求出对应的 k 值，即可得到 $E-k$ 关系图，如图 1.18(b)所示。

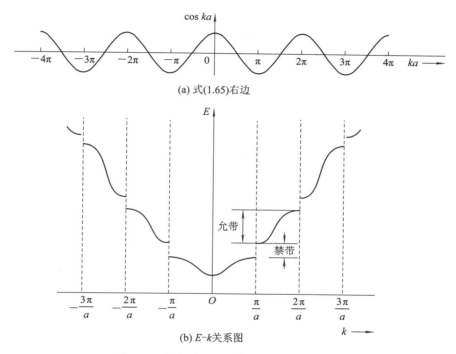

(a) 式(1.65)右边

(b) $E-k$ 关系图

图 1.18　图解式(1.65)得到的 $E-k$ 关系图

将图 1.18(b)中的曲线进行周期性平移，使每一个允带的 k 在$-\pi/a \sim +\pi/a$之间，平移后如图 1.19 所示。该图代表简约 k 空间曲线，或称简约布里渊区。

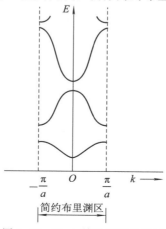

图 1.19　$E-k$ 关系的布里渊区

k 空间能带图反映了电子在所有原子和其他电子的势场作用下可能存在的状态。在外力作用下，可使电子的状态发生改变，从原来的状态变成新的可能的状态，所有的状态都在 k 空间的能带图，即 E-k 关系图上。

1.3.3 半导体中的载流子

电子在外力作用下定向运动会形成电流。晶体中不同允带的电子对电流的贡献不同，导带中电子是半导体中的一种载流子，价带中电子对电流的贡献用半导体中的另一种载流子，即空穴来描述。

1. 键模型与能带

固体中的电子都在占据相应的量子态，对应于 E-k 曲线上的一个点。对于每一个硅原子，有 14 个电子，其中有四个价电子，分别处在不同的量子态上。

当 $T = 0$ K 时，每一个硅原子和周围四个硅原子形成四个共价键，如图 1.20(a) 所示。形成共价键的价电子所占据的允带，被称为价带。价带的量子态全部被价电子所占据，此时价带为满带。价带之上的那一个允带如果有电子，则电子脱离了共价键束缚，成为固体中相对自由的电子，所以，把该允带称为导带。当 $T = 0$ K 时，导带没有电子，是个空带。通常把价带和导带之间的禁带的能量范围称为禁带宽度，用 E_g 表示。在画能带简图时，价带只画出价带顶，用 E_v 表示，导带只画导带底，用 E_c 表示，如图 1.20(b) 所示。

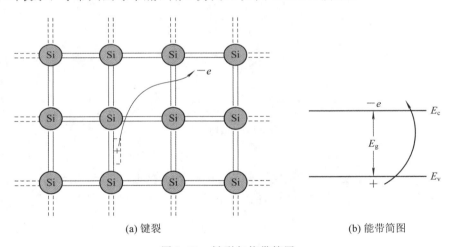

(a) 键裂   (b) 能带简图

图 1.20　键裂与能带简图

当 $T > 0$ K 时，价带的部分电子获得足够的热能，可以跃迁到导带。跃迁到导带的电子不再受共价键的束缚，其能量比价带电子大，运动能力也比价带电子强。从价键角度看，这一跃迁过程，破坏了共价键，被称为键裂，如图 1.20(a) 中箭头所示。处在价带的电子形成共价键，处在导带的电子是键裂的电子。键裂后，导带不再是空带，价带也不再是满带，如图 1.20(b) 中箭头所示。

2. 漂移电流

固体中电子的定向运动形成电流。在热平衡状态下，半导体中没有电流形成，这可以从 E-k 的关系图中得到很好的解释。

按照电子占据量子态的情况，可将允带分成四类：满带、空带、不满的带和不空的带，如图 1.21所示。其中不满的带和不空的带只是电子占据程度上的差异，也可以归为一类，即非满非空带。

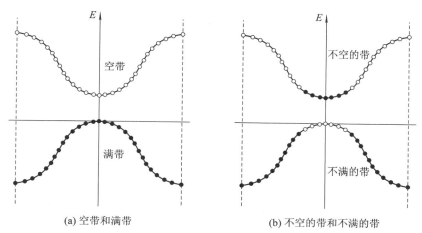

(a) 空带和满带　　　　　　　　　(b) 不空的带和不满的带

图 1.21　电子占据能带图

对于空带，如图 1.21(a)中上部允带，由于没有电子占据，所以对电流没有贡献。

对于满带，如图 1.21(a)中下部允带，所有量子态被占据，且在 $E-k$ 关系图中呈现对称分布，即有一个 $+k$ 的电子，对应就有一个 $-k$ 的电子。每一对电子运动方向相反，运动速度相同，所以它们运动形成的电流总和为零。所以，在 $E-k$ 关系图中，当电子占据情况呈现对称分布时，这些电子对电流的总贡献为零。满带电子在 $E-k$ 图中对称分布，所以对电流的贡献为零。

对于非满非空的允带，如图 1.21(b)中上部和下部两个允带，在无外力作用时，电子在 $E-k$ 关系图中也呈现对称分布，这样允带中的电子也对电流无贡献。但是，若有外力存在，如对半导体施加外场，则可能破坏这种对称性。如图 1.22 所示，在电场作用下，电子在 $E-k$ 关系图中出现非对称的电子，它们定向运动对电流有贡献，电流的大小取决于非对称分布电子的数目和它们的速度。

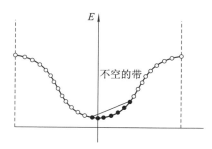

图 1.22　外力作用下允带的电子分布

由此可以看出，满带和空带电子即使有外力作用，也不会对电流有贡献。所以，讨论电流的形成，只需关注那些非满非空能带中的电子即可。对于半导体，例如硅，当 $T=0$ K 时，其能带要么是满带，要么是空带，此时，无论有无外力作用，都不会对电流的形成有帮助。当 $T>0$ K 时，价带电子吸收热能后，跃迁到导带，价带变成不满的带，导带也因为电子的跃入而变成不空的带；在没有外力作用时，两个能带也不会形成电流，但在外力作用下一定会形成电流，而且两个能带的电子对电流皆有贡献。

3. 电子的有效质量

在外力作用下，电子运动形成电流密度可以用外力作用下所有电子在确定方向的速度来计算，即

$$J = -e \sum_i v'_i = -e \sum_i (v_i + \Delta v_i) \tag{1.68}$$

式中：v_i 为无外力作用时，各电子在确定方向的速度；v'_i 为在外力作用下，各电子在确定方向的速度，且

$$\Delta v_i = v'_i - v_i \tag{1.69}$$

为在外力作用下电子在确定方向获得的速度增量。

由于无外力作用时电流为零，有

$$J = -e \sum_i v_i = 0 \tag{1.70}$$

由式(1.68)和式(1.70)可得

$$J = -e \sum_i v'_i = -e \sum_i (v_i + \Delta v_i) = -e \sum_i v_i - e \sum_i \Delta v_i = -e \sum_i \Delta v_i \tag{1.71}$$

所以，也可以用式(1.71)来计算外力作用下电子运动形成的电流密度。

用式(1.71)计算电子在外力作用下的电流密度，需要获得外力作用下的速度增量，所以需要确定外力作用下的加速度。在此，所谓的外力，是指对半导体中电子施加的作用，如外加电场，电子在电场作用下受到电场力作用，这个外力就是电场力。对电子而言，除了受到外力作用，还受到晶格、电子等固体自身的作用，把这种作用力，称为内力。

电子所受的合力与加速度的关系为

$$F = F_{ext} + F_{int} = ma \tag{1.72}$$

式中：m 为电子质量；a 为加速度；F_{ext} 和 F_{int} 分别为外力和内力。电子的质量和所加外力是已知的，要求出加速度，还需知道内力。为了避开求内力的麻烦，对式(1.72)做变换，有

$$F_{ext} = \left(m - \frac{F_{int}}{a} \right) a = m_n^* a \tag{1.73}$$

式中，m_n^* 被称为电子的有效质量。显然，电子的有效质量包含了电子质量和内力的作用，也可以说是把内力的作用作为质量的一部分和电子质量共同构成了有效质量。

从式(1.73)可以看出，有效质量把外力和加速度直接联系起来，只要知道有效质量和外力就可求出加速度。当把内力作用归于有效质量后，固体中的电子就类似于自由电子，可以利用自由电子的 E、k 和质量的关系。

对自由电子，有

$$E = \frac{\hbar^2 k^2}{2m} \tag{1.74}$$

求 E 对 k 的两阶导数，有

$$\frac{d^2 E}{dk^2} = \frac{\hbar^2}{m} \tag{1.75}$$

可见自由电子的质量可用其 $E - k$ 关系来确定。

对固体中的电子，用有效质量代替其质量后，也相当于自由电子。内力的作用体现在固体的 $E-k$ 关系上，也体现在有效质量中，当用固体的 $E-k$ 关系时，式(1.75)中的质量应为电子的有效质量，即

$$\frac{1}{\hbar^2}\frac{\mathrm{d}^2 E}{\mathrm{d}k^2} = \frac{1}{m_\mathrm{n}^*}$$

(1.76)

显然，用式(1.76)求固体中电子的有效质量时应当用固体的 $E-k$ 关系。固体的 $E-k$ 关系中不同量子态的电子可能具有不同的有效质量，这和自由电子有很大的区别。这说明处在不同量子态的电子受到的内力作用的影响是不同的。

[例 1.26]　试比较同一个允带中，底部电子和顶部电子的有效质量。

解：在固体的 $E-k$ 关系曲线中，由于曲线的顶部和底部都是极点，一个是极大值点，一个是极小值点。

在极小值处有

$$\frac{\mathrm{d}^2 E}{\mathrm{d}k^2} > 0$$

所以

$$\frac{1}{m_\mathrm{n}^*} = \frac{1}{\hbar^2}\frac{\mathrm{d}^2 E}{\mathrm{d}k^2} > 0 \Rightarrow m_\mathrm{n}^* > 0$$

在极大值处有

$$\frac{\mathrm{d}^2 E}{\mathrm{d}k^2} < 0$$

所以

$$\frac{1}{m_\mathrm{n}^*} = \frac{1}{\hbar^2}\frac{\mathrm{d}^2 E}{\mathrm{d}k^2} < 0 \Rightarrow m_\mathrm{n}^* < 0$$

因此，在一个允带中，底部电子有效质量大于顶部电子有效质量，且底部有效质量大于零，而顶部电子有效质量小于零。

在半导体中，当 $T>0$ K 时，只有价带和导带是不满或不空的允带。价带顶部区域的量子态处于空状态(没有被电子占据)，导带电子分布在导带底部。

导带底部 $E-k$ 关系可拟合为一抛物线，有

$$E = E_\mathrm{c} + c_1 k^2$$

(1.77)

式中，$c_1 > 0$ 为常数。由式(1.76)和式(1.77)可得

$$\frac{1}{m_\mathrm{n}^*} = \frac{1}{\hbar^2}\frac{\mathrm{d}^2 E}{\mathrm{d}k^2} = \frac{2c_1}{\hbar^2} \Rightarrow m_\mathrm{n}^* = \frac{\hbar^2}{2c_1} > 0$$

(1.78)

这说明处在导带底部的电子，其有效质量相同且大于零。所以，导带底部的 $E-k$ 关系可用导带底部电子的有效质量表示，即

$$E = E_\mathrm{c} + \frac{\hbar^2 k^2}{2m_\mathrm{n}^*}$$

(1.79)

导带电子有相同的有效质量，在外力作用下可获得相同的加速度和速度增量，所以计算电流密度时，只需求出电子的数目即可。

价带顶部 $E-k$ 关系可拟合为一开口向下的抛物线，有

$$E - E_\mathrm{v} = c_2 k^2$$

(1.80)

式中，$c_2 < 0$ 为常数。由式(1.76)和式(1.80)有

$$\frac{1}{m_n^*} = \frac{1}{\hbar^2}\frac{\mathrm{d}^2 E}{\mathrm{d}k^2} = \frac{2c_2}{\hbar^2} \Rightarrow m_n^* = \frac{\hbar^2}{2c_2} < 0 \tag{1.81}$$

这说明处在价带顶部的电子，其有效质量相同且小于零。所以，价带顶部的 $E-k$ 关系可用价带顶部电子的有效质量表示，即

$$E - E_v = \frac{\hbar^2}{2m_n^*}k^2 \tag{1.82}$$

对于价带，当 $T > 0$ K 时是不空的带，在外力作用下，价带电子形成的电流密度也可用式(1.71)来计算。但需要确定每个电子的有效质量，这样才有可能在确定的外力作用下得到其加速度，进而确定其速度增量。对于价带，电子数目众多，只有顶部少量量子态空着。价带底部的电子也有相同的有效质量，但底部之外的电子质量各不相同，要算出每一个电子的有效质量，不仅麻烦，而且也不可能。

4. 空穴及其有效质量

怎么处理价带电子在外力作用下对电流的贡献？可以利用满带对电流无贡献来对价带进行处理。把价带可以等效成一个满带减去一个顶带填充的能带。外力作用下的电流可表示为

$$\boldsymbol{J} = -e\sum_{i=\text{filled}}\Delta\boldsymbol{v}_i = -e\sum_{i=\text{full}}\Delta\boldsymbol{v}_i - \left(-e\sum_{i=\text{empted}}\Delta\boldsymbol{v}_i\right) \tag{1.83}$$

由于满带对电流的贡献为零，即

$$-e\sum_{i=\text{full}}\Delta\boldsymbol{v}_i = 0 \tag{1.84}$$

所以，式(1.83)变为

$$\boldsymbol{J} = e\sum_{i=\text{empted}}\Delta\boldsymbol{v}_i \tag{1.85}$$

对比式(1.71)和式(1.85)可以看出，二者表达式差一负号。这意味着价带电子在外力作用下对电流的贡献可以等效成只在价带顶部空位置处填充电子后形成电流的负值，或者只在价带顶部空位置处填充正电荷后形成的电流。这样，把价带那些空位置填充正电荷等效为一个新粒子，该新粒子被称为空穴。空穴的数量为价带的空位置数目。

[例1.27] 试证明价带同一量子态处电子的有效质量与空穴的有效质量互为相反数，且价带顶部空穴的有效质量为正。

证明： 设外加电场

$$\boldsymbol{E} = \boldsymbol{i}_x E_x$$

电子和空穴在电场力作用下分别满足

$$-e\boldsymbol{E} = -e\boldsymbol{i}_x E_x = m_n^*\boldsymbol{a}_n = m_n^*\frac{\Delta\boldsymbol{v}_n}{\Delta t}$$

$$e\boldsymbol{E} = e\boldsymbol{i}_x E_x = m_p^*\boldsymbol{a}_p = m_p^*\frac{\Delta\boldsymbol{v}_p}{\Delta t}$$

式中，带脚标"n"、"p"的物理量分别对应电子和空穴的相应物理量。同位置的电子和空穴在

外电场作用下的电流分别为

$$\boldsymbol{J}_n = -e\sum \Delta \boldsymbol{v}_n = i_x e \sum \frac{eE_x \Delta t}{m_n^*}$$

$$\boldsymbol{J}_p = e\sum \Delta \boldsymbol{v}_p = i_x e \sum \frac{eE_x \Delta t}{m_p^*}$$

因为在同一位置处放置电子和放置空穴，二者的电流密度的关系为

$$\boldsymbol{J}_n = -\boldsymbol{J}_p$$

即

$$i_x e \sum \frac{eE_x \Delta t}{m_n^*} = -i_x e \sum \frac{eE_x \Delta t}{m_p^*} \Rightarrow m_p^* = -m_n^* \tag{1.86}$$

用价带顶部电子有效质量表示的价带顶部 $E-k$ 关系为式(1.82)。若用价带顶部空穴的有效质量来表示 $E-k$ 关系，则式(1.82)可表示为

$$E - E_v = \frac{\hbar^2 k^2}{2m_n^*} = -\frac{\hbar^2 k^2}{2m_p^*} \tag{1.87}$$

式(1.87)还可写为

$$E_v - E = \frac{\hbar^2 k^2}{2m_p^*} \tag{1.88}$$

需要强调的是，式(1.86)中的电子有效质量和空穴有效质量的关系是同一量子态分别被电子和空穴占据时的有效质量，与后面的导带电子有效质量和价带空穴有效质量不是一回事，这点要特别注意。从例 1.27 可以看出，空穴所带电量为正的电子电量，其有效质量为同位置电子有效质量的负值。

因为空穴是为表示价带所有电子对电流贡献而等效的新粒子，所以空穴的数量等于且仅等于价带的空位置数。

价带电子对电流的贡献等效为空穴对电流的贡献后，考虑的粒子数目变少了，更重要的是价带顶部的空穴具有相同的有效质量。这样，空穴对电流的贡献是相同的，只要确定一个的贡献和总的数目，就可得到价带电子对电流总的贡献。

至此，半导体中对电流有贡献的带电粒子就有两种，一种是带 $-e$ 电量的电子，另一种是带 $+e$ 电量的空穴。电子是导带的粒子，空穴是价带的粒子。导带电子主要分布在导带底部，导带底部电子的有效质量为正，用 m_n^* 表示。价带空穴主要分布在价带顶部，价带顶部电子的有效质量为负，所以，空穴有效质量为正，用 m_p^* 表示。在以后的叙述中 m_n^* 和 m_p^* 分别代表导带底部电子有效质量和价带顶部空穴有效质量。

需要说明的是，$E-k$ 关系中的能量是电子的能量，对电子而言，E 越大，电子的能量越高。但对空穴而言，E 越大，空穴的能量越低。这可以从电子的跃迁来理解，价带的电子获得能量从价带跃迁到导带，电子能量提高。如果从空穴的角度来看，空位置从导带跃迁到价带，空穴能量同样提高，所以，在 $E-k$ 关系图中，空穴位置越低，能量越高。

5. 金属、绝缘体和半导体的能带

金属、半导体和绝缘体的导电性能差异取决于其材料与结构，因此，它们具有不同的能带结构。下面通过它们简化的能带结构来理解其导电性能的差异。

绝缘体的能带结构如图 1.23 所示，它的允带要么为满带，要么为空带。其价带为满带，导带为空带，价带和导带之间的禁带宽度用 E_g 来表示。由于满带和空带对电流没有贡献，所

以，绝缘体的导电性能很差。由于绝缘体的 E_g 很宽，所以，价带电子不可能吸收热能到达导带，而使价带不满，导带不空。

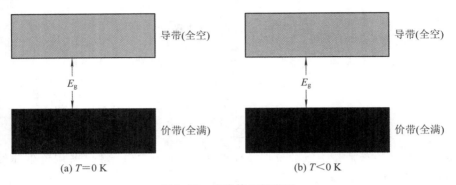

(a) $T = 0 \, \mathrm{K}$　　　　　　　　　(b) $T < 0 \, \mathrm{K}$

图 1.23　绝缘体的能带图

半导体的能带如图 1.24 所示，当 $T = 0 \, \mathrm{K}$ 时，价带是满带，导带是空带，所以此时半导体不导电。但当 $T > 0 \, \mathrm{K}$ 时，由于其 E_g 较小，价带电子吸收热能后可以到达导带，使价带不满，导带不空，所以在外力作用下，导带电子和价带空穴对电流有贡献。

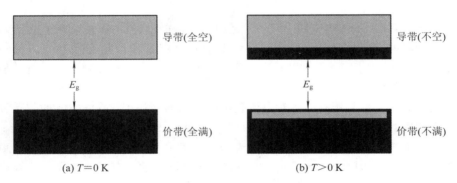

(a) $T = 0 \, \mathrm{K}$　　　　　　　　　(b) $T > 0 \, \mathrm{K}$

图 1.24　半导体的能带图

金属的能带如图 1.25 所示。无论在 $T = 0 \, \mathrm{K}$ 时还是在 $T > 0 \, \mathrm{K}$ 时，金属的导带有大量的电子，且是不满的带，在电场作用下会形成很大电流。所以，金属具有良好的导电性能。

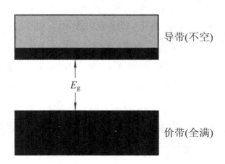

图 1.25　金属的能带图

1.3.4　三维无限晶体的能带

实际的晶体是由原子或分子在三维空间中按照一定的规律排列的，电子在晶体中的运动也是在三维空间中进行的。所以，在三维空间中电子的运动可以看做是三个一维空间运动的合成。相应地，电子在不同方向运动时，所经历势场的周期是不同的，所以，在不同晶向，电子的 E-k 关系就会不同。如图 1.26 所示，简立方 [１００]、[１１０] 和 [１００] 晶向的原子排列周期分别是 a、$\sqrt{2}a$ 和 $\sqrt{3}a$，所以两个方向的势场周期也不相同。

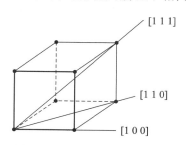

图 1.26　晶向与原子排列周期

图 1.27 是砷化镓和硅的 k 空间的能带图。对于一维空间而言，E-k 关系曲线是对称的，所以用半边 E-k 关系就可以反映一维空间 E-k 关系。图 1.27 中 $+k$ 半边是 [１００] 方向的 E-k 关系，$-k$ 半边是 [111] 方向的 E-k 关系。

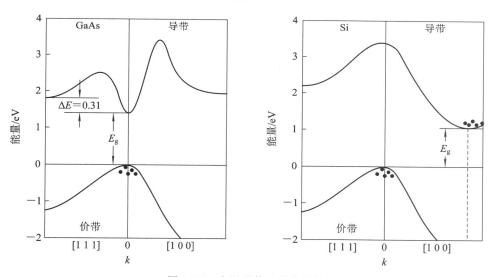

图 1.27　实际晶体的能带结构

E-k 关系反映了电子的量子状态，可以通过它确定电子的有效质量。同时，也可通过它确定电子的动量。

对自由电子，有

$$E = \frac{\hbar^2 k^2}{2m} \tag{1.89}$$

求 E 对 k 的一阶导数，有

$$\frac{\mathrm{d}E}{\mathrm{d}k} = \frac{\hbar k}{m} = \frac{p}{m} \tag{1.90}$$

同理，对固体中电子，也有

$$\frac{dE}{dk} = \frac{\hbar k}{m_n^*} = \frac{p}{m_n^*} \tag{1.91}$$

其中

$$p = \hbar k \tag{1.92}$$

当电子的量子态发生改变时，若仅能量发生改变，而动量不变，则动量守恒。若能量和动量都发生改变，则电子动量不再守恒。动量不守恒，意味着外力作用存在。所以，在半导体中，当价带顶部和导带底部之间发生能量变化最小的电子跃迁时，存在着两种情况：一种是导带底部与价带顶部在同一 k 处，在它们之间的跃迁，电子动量守恒，把具有这种能带结构的材料称做直接带隙材料；另一种是导带底部与价带顶部不在同一 k 处，在它们之间的跃迁，电子动量不守恒，把具有这种能带结构的材料称做间接带隙材料。

无论是哪种半导体材料，不同的晶向有不同的 $E-k$ 关系，那么载流子就有不同的有效质量。这样，对同一半导体材料，载流子的有效质量与在能带中所处的位置和在不同晶向运动时都有关系。对于载流子在不同晶向上有不同的有效质量，可以分别确定其有效质量，也可以用统计的平均有效质量来替代。

习　题

1．某面心立方单晶材料，晶格常数为 5.4×10^{-10} m，试计算晶体中的原子体密度。

2．锗的晶格常数为 5.65×10^{-10} m，试计算锗的原子体密度。

3．砷化镓的晶格常数为 5.65×10^{-10} m，试分别计算砷原子和镓原子的原子体密度。

4．试计算硅（１００）晶面的原子面密度，硅的晶格常数为 5.43×10^{-10} m。

5．某晶面在三个坐标轴的截距分别为 1、3、5，试确定该晶面的密勒指数。

6．某晶面的密勒指数为（１３５），试画出该晶面。

7．某体心立方单晶材料的晶格常数为 5.65×10^{-10} m，试分别计算锗单晶材料［１００］、［１１０］和［１１１］晶向上原子间距。

8．电子的速度为 10^9 cm/s，计算其对应的德布罗意波长。

9．某电子的坐标不确定度为 2×10^{-10} m，试求其动量不确定度。

10．某自由电子在一维空间中运动，其速度为 10^8 m/s，试确定

（1）电子的能量 E；

（2）波数 k、波长 λ 和角频率 ω，并写出其波函数。

11．一维无限深势阱的宽度为 6×10^{-10} m，试求能量最低的 3 个量子态的波数和能量。

12．试确定一维无限深势阱中量子数 $n=3$ 的量子态的波函数。

13．试计算单电子原子中 $n=2$ 时的量子态数（不包含自旋）。

14．试分别确定 s、p、d、f 电子亚层的量子态数。

15．试确定 L 层的轨道数，并用 3 个量子数来表示每一轨道。

16．计算单电子原子中电子处在 $n=4$ 对应的量子态时所具有的能量。

17．若包含自旋量子数，计算 $n=2$ 时的量子态数。

18．试计算多电子原子中 $n=2$ 对应的量子态能量的个数，并给出各能量上对应的量子态（不含自旋）。

19. 计算 10^8 个原子组成的固体对应单个原子 3p 轨道上的量子态数。

20. 计算 10^8 个硅原子组成的固体中所有电子占据的量子态数。

21. 试比较不同允带中，底部电子有效质量的大小。

22. 试用 $E-k$ 关系解释满带、空带和部分填充允带在外场作用下对电流的贡献。

23. 什么是电子的有效质量？它有什么意义？试写出有效质量的表达式。

24. 什么是空穴？试说明引入空穴的意义。

25. 两种材料导带底部的 $E-k$ 关系可近似表示成一条抛物线，材料 A 的 $E-k$ 关系的抛物线开口比材料 B 的 $E-k$ 关系的抛物线开口大，试比较两种材料导带底部电子有效质量的大小。

26. 试用价带顶部空穴有效质量表示价带顶部的 $E-k$ 关系，并说明价带顶部空穴有效质量的大小对 $E-k$ 关系的影响。

第 2 章 平衡半导体中的载流子浓度

要想掌握任何半导体器件的工作原理，推导出它的电流-电压特性，必须首先能计算出半导体在平衡状态下的电子和空穴两种载流子的浓度，因为电流是由载流子的定向运动产生的。这就是这一章主要要解决的问题。

2.1 状态密度函数和费米分布函数

晶体中的电子是不可分辨的，而且按照以前学过的泡利不相容原理，一个量子态上仅允许被一个电子占据。因此要计算载流子的浓度，就等于计算被电子占据的量子态的数量。要计算被电子占据的量子态的数量，首先要了解状态密度分布的函数，了解量子态按能量的分布，即知道在导带中单位能量间隔 dE 内有多少量子态。当然这些量子态上并不是每一个都有电子，还需要知道载流子在量子态上的分布概率，将状态密度函数和分布函数相乘后得到单位能量间隔内的电子浓度，在整个导带范围内积分后就可以计算出导带电子浓度。空穴浓度的计算也是类似的，将状态密度函数和空穴占据量子态的概率相乘，再对整个价带能量范围积分后可以计算出价带空穴浓度。通过这样的方法可以计算出导带电子浓度和价带空穴浓度。

2.1.1 状态密度函数

状态密度的定义是单位体积、单位能量间隔中存在的量子态数，其定义式为

$$g(E) = \frac{\mathrm{d}Z(E)}{\mathrm{d}E} \tag{2.1}$$

为了计算出状态密度，利用了 k 空间的状态分布，先计算出 k 空间的状态密度，再计算出在 k 空间能量分布在 $E \sim E+\mathrm{d}E$ 范围内的体积，二者相乘得到了 $E \sim E+\mathrm{d}E$ 范围内存在的量子态数 $Z(E)$，再代入式(2.1)中计算得到状态密度。之所以在计算状态密度时要借用 k 空间，是因为量子态在 k 空间是均匀分布的。假设由周期性排列的原子构成三维的晶体结构，类比于一个三维的无限深势阱(这个类比会引入一定的误差，导致实验结果和推导出的理论函数不是完全吻合)，在这个势阱中，与一维无限深势阱的结论类似，k 只能取分立值。当设晶体的周期是 a 时，k_x、k_y、k_z 将均是 π/a 的整数倍，即有

$$\frac{2mE}{h^2} = k_x^2 + k_y^2 + k_z^2$$
$$= (n_x^2 + n_y^2 + n_z^2)\left(\frac{\pi}{a}\right)^2 \tag{2.2}$$

在式(2.2)中 n_x、n_y、n_z 均只能为正整数，则在 k 空间，k_x、k_y、k_z 的值是均匀分布的，图 2.1 为二维 k 空间量子态的分布示意图。在图中，一个黑点表示一个允许的量子态，量子态在 k 空间中是均匀分布的。从图 2.1 中可以看出，相邻两个量子态的间隔为 π/a，因此在 k 空间中可以认为，每个允许

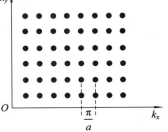

图 2.1 二维 k 空间量子态的
分布示意图

的 k 值对应的 k 空间体积为

$$V = \left(\frac{\pi}{a}\right)^3 \tag{2.3}$$

　　既然 k 空间中的量子态是均匀分布的，求出能量在 $E \sim E + dE$ 范围内的 k 空间体积就可确定 k 空间的量子态密度，当能量从 E 增至 $E + dE$ 时，在 k 空间对应的体积增量为 $1/8 \times 4\pi k^2 dk$。其中 $4\pi k^2 dk$ 是当能量从 E 增加至 $E + dE$ 时，在 k 空间对应的两个球体之间包含的体积；"$1/8$"是考虑到 n_x、n_y、n_z 均只能为正整数，因此只占用了球体的 $1/8$。结合式(2.3)中每一个量子态占据的体积，当能量从 E 增加至 $E + dE$ 时，在 k 空间对应存在的量子态数为

$$g \, dk = 2 \times \frac{\frac{1}{8} \times 4\pi k^2 \, dk}{\left(\frac{\pi}{a}\right)^3} \tag{2.4}$$

式(2.4)中的"2"是考虑到每个量子态可以容纳两个自旋相反的电子而引入的。

　　为了将式(2.4)中的 k 变为能量 E，利用半导体中的 $E - k$ 关系，将式(2.4)中出现的 k^2 及 dk 用 E 及 dE 替换。

　　由第 1 章的讨论，对于导带的电子，其 $E - k$ 关系为

$$E = E_c + \frac{\hbar^2 k^2}{2m_n^*} \tag{2.5}$$

式中：E_c 是导带底部的能量；m_n^* 是导带电子的有效质量，经过变换后可得

$$k = \frac{\sqrt{2m_n^* (E - E_c)}}{\hbar} \tag{2.6}$$

同时有

$$dk = \frac{1}{\hbar} \sqrt{\frac{m_n^*}{2(E - E_c)}} dE \tag{2.7}$$

将式(2.6)及式(2.7)代入式(2.4)后，得到

$$g_c(E) \, dE = \frac{4\pi a^3 \, (2m_n^*)^{3/2}}{h^3} \sqrt{E - E_c} \, dE \tag{2.8}$$

　　式(2.8)给出了在体积为 a^3 的晶体中能量在 E 到 $E + dE$ 之间的量子态数，按照状态密度的定义，在单位体积、单位能量间隔中的导带电子的状态密度为

$$g_c(E) = \frac{4\pi \, (2m_n^*)^{3/2}}{h^3} \sqrt{E - E_c} \tag{2.9}$$

　　需要说明的是，式(2.9)只在 $E \geqslant E_c$ 时有效。因此状态密度同时是体积密度和能量密度，是双重密度函数，状态密度的值和载流子的有效质量有关。

　　类似地，也可以推出价带空穴的状态密度函数，在价带的空穴，其 $E - k$ 关系为

$$E = E_v - \frac{\hbar^2 k^2}{2m_p^*} \tag{2.10}$$

价带的状态密度函数为

$$g_v(E) = \frac{4\pi \, (2m_p^*)^{3/2}}{h^3} \sqrt{E_v - E} \tag{2.11}$$

同样，式(2.11)只在 $E \leqslant E_v$ 时有效。

为了能更直观地看出状态密度函数 $g_c(E)$、$g_v(E)$ 随 E 的变化规律，在图 2.2 中画出了 $g_c(E)$、$g_v(E)$ 随着能量 E 的变化规律。在图 2.2 中，为了和常用的能带图保持一致，将能量 E 作为纵坐标，状态密度函数 $g_c(E)$、$g_v(E)$ 作为横坐标。从图中可以看出，禁带中不存在量子态，状态密度函数为零，与前面的能带理论的结果一致。当电子有效质量和空穴有效质量相等时，$g_c(E)$ 和 $g_v(E)$ 两支曲线关于禁带中央对称分布。一般的情况下，电子有效质量不等于空穴有效质量，因而这两支曲线也不对称。

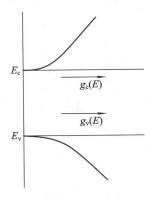

图 2.2　导带和价带的状态密度函数随能量 E 的变化

[例 2.1]　当室温 $T = 300$ K 时，在半导体材料硅中，计算从 E_c 到 $E_c + kT$ 之间包含的量子态总数。

解：根据导带电子的状态密度公式

$$g_c(E) = \frac{4\pi (2m_n^*)^{3/2} \sqrt{E - E_c}}{h^3}$$

对其进行积分，其积分的上、下限分别为 $E_c + kT$ 和 E_c，因此有

$$g_c(E) = \int_{E_c}^{E_c + kT} \frac{4\pi (2m_n^*)^{3/2} \sqrt{E - E_c}}{h^3} dE = \frac{4\pi (2m_n^*)^{3/2}}{h^3} \frac{2}{3} (kT)^{3/2}$$

$$= \frac{4\pi \times (2 \times 9.11 \times 10^{-31} \times 1.08)^{3/2}}{(6.626 \times 10^{-34})^3} \times \frac{2}{3} \times (0.0259 \times 1.6 \times 10^{-19})^{3/2}$$

$$= 2.12 \times 10^{25} \text{ m}^{-3} = 2.12 \times 10^{19} (\text{cm})^{-3}$$

说明：量子态数目是一个很大的值，与半导体中的原子密度相当。

2.1.2　费米–狄拉克分布函数

在求出了状态密度函数后，就明确了在已知能量范围内存在的量子态数目，要了解电子在量子态上的分布情况，还需了解电子在量子态上的分布概率。因为这是一个包含大量粒子的系统，没办法掌握其中每个粒子运动的规律，只能确定其整体的统计特征，晶体中的电子是不可分辨的，而且遵循泡利不相容原理，一个量子态上仅允许被一个电子占据。其统计特征符合费米–狄拉克分布函数，表达式为

$$\frac{N(E)}{g(E)} = f(E) = \frac{1}{1 + \exp\left(\dfrac{E - E_F}{kT}\right)} \tag{2.12}$$

式中：$g(E)$ 表示的是单位体积、单位能量间隔的量子态数；$N(E)$ 表示的是单位体积、单位能

量间隔的粒子数；$f(E)$ 为费米–狄拉克分布函数，简称为费米分布函数，它是指在热平衡状态下，能量为 E 的量子态被电子占据的概率；E_F 为费米能级。

　　为了认识费米分布函数，需研究在不同的温度下 $f(E)$ 值的大小与 E_F 位置的关系。当 $T=0\ \mathrm{K}$ 时，根据式(2.12) $f(E)$ 只有 0 和 1 两种取值，当 $E>E_F$ 时，$f(E)=0$，当 $E<E_F$ 时，$f(E)=1$。当 $T=0\,\mathrm{K}$ 时，$f(E)$ 的变化如图 2.3 所示。

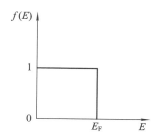

图 2.3　$T=0\ \mathrm{K}$ 时，费米分布函数与能量的关系曲线

　　也就是说，在绝对零度时，能量比费米能级低的量子态全被电子占据，而能量比费米能级高的量子态没有电子，全部为空。

　　随着温度的升高，大于绝对零度后($T>0\ \mathrm{K}$)，电子会获得一定的能量，向更高能级跃迁，相应的电子在量子态的分布情况也会发生变化。图 2.4 是在 $T>0\ \mathrm{K}$ 时，费米分布函数随能量变化的关系曲线。当 $E=E_F$ 时，费米分布函数为

$$f(E)=\frac{1}{1+\exp(0)}=\frac{1}{2}$$

计算结果说明，能量为 E_F 的量子态被电子占据的概率为 $1/2$。当 $E>E_F$ 时，费米分布函数 $f(E)<1/2$，也就是说对于 $E>E_F$ 的能级，其被电子占据的概率小于其空着的概率，并且随着 E 的增加，电子占据能量为 E 的量子态的概率指数式减小。

　　当 $E<E_F$ 时，费米分布函数 $f(E)>1/2$，也就是说对于 $E<E_F$ 的能级，其被电子占据的概率大于其空着的概率，并且随着 E 的减小，电子占据能量为 E 的量子态的概率趋近于 1。

　　通过上面的描述可以认为费米能级是电子占据能级水平高低的度量。费米能级低，电子占据高能级的概率较低，在高能级上的电子数较少；费米能级高，电子占据高能级的概率较大，在高能级上的电子数较多。

　　[例 2.2]　分别计算在室温 $T=300\ \mathrm{K}$ 时，比费米能级高 $3\ kT$ 和比费米能级低 $2\ kT$ 的量子态被电子占据的概率。

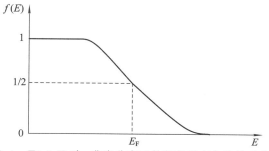

图 2.4　$T>0\ \mathrm{K}$ 时，费米分布函数随能量变化的关系曲线

解：根据费米分布函数的表达式

$$f(E) = \frac{1}{1 + \exp\left(\dfrac{E - E_F}{kT}\right)}$$

当 $E - E_F = 3kT$ 时，代入上式，得到

$$f(E) = \frac{1}{1 + \exp\left(\dfrac{3kT}{kT}\right)} = \frac{1}{1 + \exp(3)} = 4.7\%$$

同理，把 $E_F - E = 2kT$ 代入，得到

$$f(E) = \frac{1}{1 + \exp\left(\dfrac{-2kT}{kT}\right)} = \frac{1}{1 + \exp(-2)} = 88.2\%$$

从计算结果可以看出，比费米能级高的量子态中，电子占据量子态的概率远小于1，而比费米能级低的量子态，电子占据量子态的概率接近1。因此，也可以认为费米能级以上的能级几乎全空，而费米能级以下的能级几乎全满。

既然 $f(E)$ 表示的是电子占据某个能量为 E 的量子态的概率，则 $1 - f(E)$ 表示某个能量为 E 的量子态空着的概率，也可以说是空穴占据某个能量为 E 的量子态的概率。图 2.5 为 $T = 300$ K 时，$1 - f(E)$ 和 $f(E)$ 与能量的关系曲线。

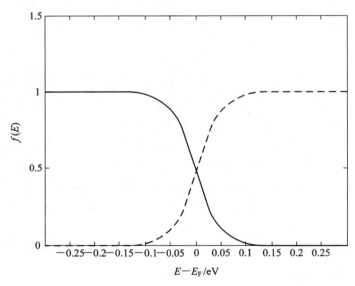

图 2.5 $T = 300$ K 时，$1 - f(E)$（虚线）和 $f(E)$（实线）与能量的关系

［例 2.3］ 证明在费米能级以上 ΔE 的量子态被电子占据的概率和在费米能级以下 ΔE 的量子态为空状态的概率相等。

解：已知费米分布函数，那么能量为 E 的量子态处于空状态的概率为 $1 - f(E)$。

费米能级以上 ΔE 的量子态被电子占据的概率为

$$f(E) = \frac{1}{1 + \exp\left(\dfrac{\Delta E}{kT}\right)}$$

而在费米能级以下 ΔE 的量子态处于空状态的概率为

$$1-f(E)=1-\frac{1}{1+\exp\left(\dfrac{-\Delta E}{kT}\right)}=\frac{\exp\left(\dfrac{-\Delta E}{kT}\right)}{1+\exp\left(\dfrac{-\Delta E}{kT}\right)}=\frac{1}{1+\exp\left(\dfrac{\Delta E}{kT}\right)}$$

上面两式结果经计算相等，命题得证。

[**例 2.4**]　利用 MATLAB 编程，画出费米分布函数在 300 K、400 K 及 500 K 三种温度下在 -0.3 eV$<E-E_F<0.3$ eV 之间随能量的变化曲线，并画出 $1-f(E)$ 在这三种温度及同样的能量范围内的变化曲线。

画出费米分布函数的 MATLAB 程序如下：

```
k=8.617e-5;
T1=100 * 3;kT1=k * T1;
dE=linspace(-0.3, 0.3, 100);
f1=1./(1+exp(dE./kT1));
plot(dE, f1, '--');hold on grid on
T2=100 * 4;kT2=k * T2;
f2=1./(1+exp(dE./kT2));
plot(dE, f2);holdon
T3=100 * 5;kT3=k * T3;
f3=1./(1+exp(dE./kT3));
plot(dE, f3, '.');hold on
text(.1, .1, 'T=500K');text(0, .1, 'T=300K');
axis([-0.3, 0.3 0 1]);xlabel('E-Ef(ev)');ylabel('f(E)');
```

其计算后得到的结果如图 2.6 所示，图中的虚线是 300 K 时的结果，实线是 400 K 时的结果，点线是 500 K 时的结果。

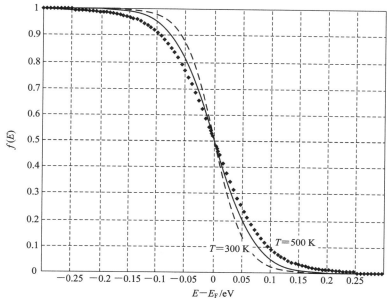

图 2.6　不同温度下费米分布函数随能量变化的关系曲线

对于 $1-f(E)$ 的计算，只需在上述程序稍作调整，得到的结果如图 2.7 所示。

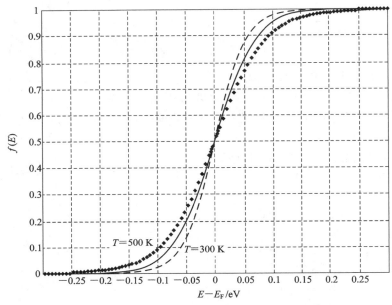

图 2.7　不同温度下 $1-f(E)$ 随能量变化的关系曲线

在以后的计算中，如果满足 $E-E_F \gg kT$，则费米分布函数可以做下面的近似

$$f(E) = \frac{1}{1+\exp\left(\dfrac{E-E_F}{kT}\right)} \approx \frac{1}{\exp\left(\dfrac{E-E_F}{kT}\right)} \approx \exp\left[\frac{-(E-E_F)}{kT}\right] \tag{2.13}$$

近似后的函数形式就是麦克斯韦-玻尔兹曼分布函数，把近似后的函数称为麦克斯韦-玻尔兹曼近似下的费米分布函数，简称玻尔兹曼近似，如图 2.8 所示。实际中，为了确定量子态的能量比费米能级高多少才可以应用玻尔兹曼近似，我们做了一个简单的估算。一般来说由于近似而引起的误差为 0～5％即可。在前面的例 2.2 中，当 $E-E_F=3kT$ 时，费米分布函数计算的结果为 4.7％，如果采用玻尔兹曼近似下的费米分布函数，把分母的 1 略去，则计算的结果为 4.97％，由此引发的误差 $(4.97-4.74)/4.74=4.8\% < 5\%$，故一般认为 $E-E_F=3kT$ 就满足了 $E-E_F \gg kT$ 的条件。

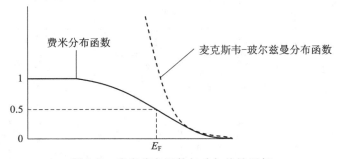

图 2.8　费米分布函数与玻尔兹曼近似

2.2　平衡载流子浓度

有了 2.1 节中的准备知识，计算平衡半导体的载流子浓度已经很容易了。比如要计算导

带的电子浓度，只需将导带电子的状态密度函数与费米分布函数相乘，并对整个导带能量范围进行积分即可得到导带的总电子浓度。类似地，要计算价带的空穴浓度，只需将价带空穴的状态密度函数与能量为 E 的能级不被电子占据的概率相乘，并对整个价带能量范围积分即可。

在具体计算之前，先来看一个定性的图示，来了解半导体中的载流子浓度的大小和费米能级位置之间的关系。

当假设导带电子有效质量和价带空穴有效质量相等时，$g_c(E)$、$g_v(E)$ 关于禁带中央对称。在图 2.9 第一列的三个图中，费米能级位置分别在禁带上部、禁带中央和禁带下部。如图 2.5 所示 $f(E)$、$1-f(E)$ 是关于 $E=E_F$ 对称的，因此在图 2.9 的第三列 $f(E)$、$1-f(E)$ 的位置随着费米能级位置的移动而相应发生整体移动，而形貌不发生变化。图 2.9 的第四列

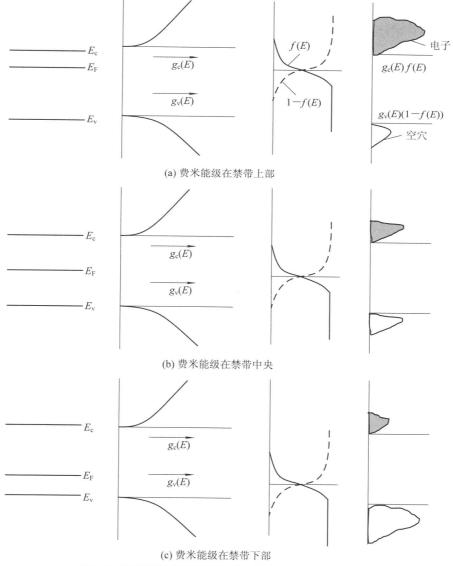

图 2.9　费米能级在不同位置时，载流子浓度的变化情况

是电子的状态密度函数与费米分布函数相乘并积分后结果的示意图，第四列中阴影部分表示导带电子浓度，而在价带顶部附近的曲线下包含的面积则是空穴浓度。

从图 2.9 中可以看出，当费米能级位于禁带中央时，$g_c(E)$、$g_v(E)$ 及 $f(E)$、$1-f(E)$ 都关于禁带中央对称，导带电子的数目和价带空穴的数目是相等的，这与本征半导体的情况是相同的。当费米能级位于禁带上部时，$g_c(E)$ 和 $f(E)$ 的重合较多，二者相乘后积分，得到的导带电子浓度较大。类似地，当费米能级位于禁带的下部时，$g_v(E)$ 和 $1-f(E)$ 的重合较多，二者相乘后积分，得到价带空穴的浓度较大。从图 2.9 中还可以看出，当假设电子有效质量等于空穴有效质量时，$g_c(E)$、$g_v(E)$ 关于禁带中央对称，那么要得到相等的电子浓度和空穴浓度，费米能级必须严格位于禁带中央。如果两种载流子的有效质量不等，为得到相等的电子浓度和空穴浓度，则费米能级的位置也要相应在禁带中央发生移动。

在图 2.9 中，状态密度函数 $g_c(E)$、$g_v(E)$ 随能量的变化规律在三种情况下均保持不变。

2.2.1 平衡半导体中的载流子浓度的公式

下面定量计算导带电子浓度和价带空穴浓度的表达式，按照前面的思路，有

$$n_0 = \int_{E_c}^{E_t} g_c(E) f(E) \mathrm{d}E \tag{2.14}$$

$$p_0 = \int_{E_b}^{E_v} g_v(E)(1-f(E)) \mathrm{d}E \tag{2.15}$$

一般情况下，费米能级位于禁带之中，满足 $E - E_F \gg kT$ 的条件，采用玻尔兹曼近似后，并将导带电子的状态密度函数代入后得到

$$n_0 = \int_{E_c}^{E_t} \frac{4\pi (2m_n^*)^{3/2}}{h^3} \sqrt{E - E_c} \exp\left[\frac{-(E - E_F)}{kT}\right] \mathrm{d}E \tag{2.16}$$

式中，积分上限 E_t 指导带顶部的能量，针对式（2.16）作以下两个变换。

令 $\eta = (E - E_c)/kT$，则式（2.16）变为

$$n_0 = \frac{4\pi (2m_n^* kT)^{3/2}}{h^3} \exp\left[\frac{-(E_c - E_F)}{kT}\right] \int_0^{\eta_t} \eta^{1/2} \exp(-\eta) \mathrm{d}\eta \tag{2.17}$$

将式（2.17）的积分上限变为无限大，这主要是因为如图 2.5 所示 $f(E)$ 随着 E 的增加而迅速减小，在能量 E 比导带底 E_c 高几个 kT 后就趋于零，故这种变换并不会给积分计算的结果产生明显的影响，即

$$n_0 = \frac{4\pi (2m_n^* kT)^{3/2}}{h^3} \exp\left[\frac{-(E_c - E_F)}{kT}\right] \int_0^{\infty} \eta^{1/2} \exp(-\eta) \mathrm{d}\eta \tag{2.18}$$

式（2.18）中的积分为伽马函数，其积分计算结果为

$$\int_0^{\infty} \eta^{1/2} \exp(-\eta) \mathrm{d}\eta = \frac{\sqrt{\pi}}{2} \tag{2.19}$$

代入式（2.18）后得到

$$n_0 = \frac{2 (2\pi m_n^* kT)^{3/2}}{h^3} \exp\left[\frac{-(E_c - E_F)}{kT}\right] \tag{2.20}$$

在式（2.20）中，令

$$N_c = \frac{2 (2\pi m_n^* kT)^{3/2}}{h^3} \tag{2.21}$$

则式（2.20）可以表示为

$$n_0 = N_c \exp\left[\frac{-(E_c - E_F)}{kT}\right] \tag{2.22}$$

式中，参数 N_c 为导带有效状态密度。

　　类似地，可以计算价带空穴的浓度值，在式(2.15)中，将 $g_v(E)$、$1-f(E)$ 的表达式代入后，可得

$$p_0 = \int_{E_b}^{E_v} \frac{4\pi (2m_p^*)^{3/2}}{h^3} \sqrt{E_v - E}\, \frac{1}{1 + \exp\left[\dfrac{E_F - E}{kT}\right]} \mathrm{d}E \tag{2.23}$$

若满足 $E_F - E_v \gg kT$，则有下面的近似式成立

$$\frac{1}{1 + \exp\left[\dfrac{E_F - E}{kT}\right]} \approx \exp\left[\frac{-(E_F - E)}{kT}\right] \tag{2.24}$$

将式(2.24)代入式(2.23)，并令 $\eta' = (E_v - E)/kT$，则有

$$p_0 = \frac{4\pi (2m_p^* kT)^{3/2}}{h^3} \exp\left[\frac{-(E_F - E_v)}{kT}\right] \int_{\eta_b}^{0} (\eta')^{1/2} \exp(-\eta')\mathrm{d}\eta' \tag{2.25}$$

　　同理，由于 $1-f(E)$ 的指数项同样会衰减很快，将积分下限由 η_b 变为 $-\infty$，不会对积分计算有明显的影响，即

$$p_0 = \frac{-4\pi (2m_p^* kT)^{3/2}}{h^3} \exp\left[\frac{-(E_F - E_v)}{kT}\right] \int_{-\infty}^{0} (\eta')^{1/2} \exp(-\eta')\mathrm{d}\eta' \tag{2.26}$$

变换积分次序后，式(2.26)变为

$$p_0 = \frac{4\pi (2m_p^* kT)^{3/2}}{h^3} \exp\left[\frac{-(E_F - E_v)}{kT}\right] \int_{0}^{\infty} (\eta')^{1/2} \exp(-\eta')\mathrm{d}\eta' \tag{2.27}$$

利用式(2.19)，得到

$$p_0 = \frac{2 (2\pi m_p^* kT)^{3/2}}{h^3} \exp\left[\frac{-(E_F - E_v)}{kT}\right] \tag{2.28}$$

　　令

$$N_v = \frac{2 (2\pi m_p^* kT)^{3/2}}{h^3} \tag{2.29}$$

则式(2.28)变为

$$p_0 = N_v \exp\left[\frac{-(E_F - E_v)}{kT}\right] \tag{2.30}$$

式中，参数 N_v 为价带有效状态密度。

　　式(2.22)和式(2.30)是本章最重要的两个公式。表2.1列出了常见的三种半导体材料的相关参数。

表 2.1　$T=300$ K 时，常见三种半导体材料的参数

	N_c/cm^{-3}	N_v/cm^{-3}	m_n^*/m_0	m_p^*/m_0	E_g/eV	n_i/cm^{-3}
硅	2.8×10^{19}	1.04×10^{19}	1.08	0.56	1.12	1.5×10^{10}
砷化镓	4.7×10^{17}	7×10^{18}	0.067	0.48	1.428	1.8×10^{6}
锗	1.04×10^{19}	6.0×10^{18}	0.55	0.37	0.67	2.4×10^{13}

[**例 2.5**] $T = 300$ K 时，半导体硅的费米能级位于导带底部下方 0.3 eV，已知 $N_c = 2.8 \times 10^{19}$ cm^{-3}，$N_v = 1.04 \times 10^{19}$ cm^{-3}，求导带电子浓度和价带空穴浓度。

解：根据导带电子浓度的公式

$$n_0 = N_c \exp\left[\frac{-(E_c - E_F)}{kT}\right]$$

代入数值后得到

$$n_0 = (2.8 \times 10^{19}) \exp\left[\frac{-0.3}{0.0259}\right] = 2.61 \times 10^{14} (\text{cm}^{-3})$$

同理，根据价带空穴浓度的公式

$$p_0 = N_v \exp\left[\frac{-(E_F - E_v)}{kT}\right]$$

因为硅的禁带宽度是 1.12 eV，故 $E_F - E_v = 1.12 - 0.3 = 0.82$ eV，代入数值后得到

$$p_0 = (1.04 \times 10^{19}) \exp\left(\frac{-0.82}{0.0259}\right) = 1.84 \times 10^{5} (\text{cm}^{-3})$$

说明：这个结果与费米能级位于禁带上部的情况一样，定量计算结果表明，导带电子浓度远大于价带空穴浓度。费米能级在禁带中虽然移动量只有零点几电子伏特，但这种移动引起的载流子浓度的变化是很大的。

2.2.2 本征半导体中的载流子浓度

本征半导体是指没有掺入其他杂质而且也没有晶格缺陷的纯净半导体。在本征半导体中，要产生载流子，价带的电子吸收外界的能量后，摆脱共价键的束缚，向导带跃迁，这个过程称为本征激发。本征激发在导带产生一个电子，与此同时在价带产生一个空穴。因此，在本征半导体中，导带电子和价带空穴是成对产生的，导带电子浓度和价带空穴浓度是相等的。

通常用下标 i 来表示本征半导体的相关参数，n_i、p_i 分别表示本征半导体的电子浓度和空穴浓度，由于 $n_i = p_i$，可以用 n_i 或 p_i 表示本征半导体的载流子浓度，也称为本征载流子浓度，用 E_{Fi} 表示本征费米能级。根据式(2.22)和式(2.30)有

$$p_0 = p_i = N_v \exp\left[\frac{-(E_{Fi} - E_v)}{kT}\right] \tag{2.31}$$

$$n_0 = n_i = N_c \exp\left[\frac{-(E_c - E_{Fi})}{kT}\right] \tag{2.32}$$

将式(2.31)和式(2.32)相乘，得到

$$n_i^2 = N_c N_v \exp\left[\frac{-(E_{Fi} - E_v)}{kT}\right] \exp\left[\frac{-(E_c - E_{Fi})}{kT}\right] \tag{2.33}$$

$$= N_c N_v \exp\left[\frac{-(E_c - E_v)}{kT}\right] = N_c N_v \exp\left[\frac{-E_g}{kT}\right]$$

式(2.33)表明，对于处于平衡状态下的本征半导体，本征载流子浓度仅与温度和半导体的禁带宽度有关，而与费米能级无关。将式(2.33)取平方根，得到

$$n_i = (N_c N_v)^{1/2} \exp\left[\frac{-E_g}{2kT}\right] \tag{2.34}$$

对于 $T = 300$ K 下的硅，将其禁带宽度 1.12 eV 代入到式(2.34)中，计算出其本征载流子浓度为 6.95×10^9 cm^{-3}，与表 2.1 中给出的硅在 $T = 300$ K 下本征载流子浓度的测量值

1.5×10^{10} cm^{-3} 有一些差别。这种差别主要来源于 N_c、N_v 公式中出现的电子有效质量 m_n^*、空穴有效质量 m_p^* 理论值与实验值的差别，以及用简单的三维无限深势阱模型在计算状态密度时导致的误差。在以后的计算及应用的时候，用到本征载流子浓度时，选取公认值即可。

［例 2.6］ 请画出三种常见的半导体材料，硅、锗和砷化镓的本征载流子浓度在 200 K～600 K 之间随温度变化的曲线。

解： 根据本征载流子浓度的公式

$$n_i = (N_c N_v)^{1/2} \exp\left[\frac{-E_g}{2kT}\right] = 2\frac{(2\pi k)^{3/2}}{h^3}(m_n^* m_p^*)^{1/2} T^{3/2} \exp\left[\frac{-E_g}{2kT}\right]$$

画出本征载流子浓度变化曲线的 MATLAB 程序如下：

```
%si
k=8.617e-5;
e=1.6e-19;
nc=2.8e19;
nv=1.04e19;
eg=1.12;
T=linspace(250,600,200);
ni=(sqrt(nc*nv).*(T./300).^1.5).*exp(-eg./(2*k.*T));
semilogy(T,ni)
hold on
%GaAs
nc1=4.7e17;
nv1=7.01e18;
eg1=1.428;
T=linspace(250,600,200);
ni1=(sqrt(nc1*nv1).*(T./300).^1.5).*exp(-eg1./(2*k.*T));
semilogy(T,ni1)
hold on
%Ge
nc2=1.04e19;
nv2=6e18;
eg2=0.67;
T=linspace(250,600,200);
ni2=(sqrt(nc2*nv2).*(T./300).^1.5).*exp(-eg2./(2*k.*T));
semilogy(T,ni2)
xlabel('T(K)');
ylabel('ni(cm-3)')
text(300,1e4,'GaAs')
text(270,1e8,'Si')
text(270,1e14,'Ge')
```

程序得到的结果如图 2.10 所示。

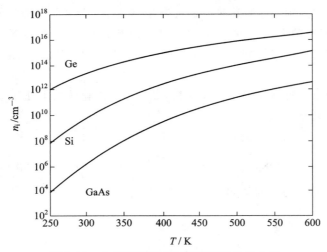

图 2.10 本征载流子浓度随温度变化的曲线

从图 2.10 中可以看出本征载流子浓度强烈的依赖外界温度的变化，随着外界温度的增加而指数增加。

2.2.3 载流子浓度的乘积

通过对本征载流子浓度的讨论，可以发现本征载流子浓度只和半导体的种类及温度有关，可以认为它是在已知温度下半导体材料的一个重要基本参数。

将式(2.22)和式(2.30)相乘后，得到

$$n_0 p_0 = N_c N_v \exp\left[\frac{-(E_F - E_v)}{kT}\right]\exp\left[\frac{-(E_c - E_F)}{kT}\right] = N_c N_v \exp\left[\frac{-E_g}{kT}\right] = n_i^2$$

对于热平衡状态下的半导体有

$$n_0 p_0 = n_i^2 \tag{2.35}$$

式(2.35)说明在某一温度下的半导体，其导带电子浓度和价带空穴浓度的乘积是一个常数。式(2.35)在实际的计算中很有用，当算出其中一种载流子的浓度后，可以利用式(2.35)计算出另一种载流子的浓度。但式(2.35)是在式(2.22)和式(2.30)的基础上得出的结论，而式(2.22)和式(2.30)成立的前提是满足玻尔兹曼近似。因此式(2.35)是仅对满足玻尔兹曼近似前提下的热平衡半导体适用的公式。

可以利用 n_i 或 p_i，将载流子浓度 n_0 或 p_0 用 n_i 或 p_i 表示，在式(2.22)的指数项上加上本征费米能级，再减去本征费米能级，其结果保持不变，即有

$$n_0 = N_c \exp\left[\frac{-(E_c - E_{Fi}) + (E_F - E_{Fi})}{kT}\right]$$

$$= N_c \exp\left[\frac{-(E_c - E_{Fi})}{kT}\right]\exp\left[\frac{(E_F - E_{Fi})}{kT}\right]$$

$$= n_i \exp\left[\frac{(E_F - E_{Fi})}{kT}\right]$$

热平衡载流子浓度可以表示为

$$n_0 = n_i \exp\left[\frac{E_F - E_{Fi}}{kT}\right] \tag{2.36}$$

$$p_0 = n_i \exp\left[-\frac{(E_F - E_{Fi})}{kT}\right] \tag{2.37}$$

2.2.4　本征费米能级位置

通过对图 2.9(b)中的定性分析,已经知道本征半导体的费米能级在禁带中央附近,下面将通过严格的推导证明本征半导体费米能级的精确位置。

因为 $n_i = p_i$,固式(2.31)与式(2.32)相等,即有

$$N_v \exp\left[\frac{-(E_{Fi} - E_v)}{kT}\right] = N_c \exp\left[\frac{-(E_c - E_{Fi})}{kT}\right] \tag{2.38}$$

可以将式(2.38)看做关于本征费米能级 E_{Fi} 的方程,两边同时取对数后,进行变换,得

$$E_{Fi} = \frac{(E_c + E_v)}{2} + \frac{kT}{2}\ln\left(\frac{N_v}{N_c}\right) \tag{2.39}$$

将 N_c、N_v 的表达式(2.21)和式(2.29)代入式(2.39)后,得到

$$E_{Fi} = \frac{(E_c + E_v)}{2} + \frac{3kT}{4}\ln\left(\frac{m_p^*}{m_n^*}\right) \tag{2.40}$$

可以将式(2.40)变形为

$$E_{Fi} - E_{中央} = \frac{3kT}{4}\ln\left(\frac{m_p^*}{m_n^*}\right) \tag{2.41}$$

式(2.41)表明当电子有效质量和空穴有效质量严格相等时,本征费米能级严格在禁带中央,如图 2.9(b)所示。当电子有效质量和空穴有效质量不相等时,导致导带电子的状态密度函数和价带空穴的状态密度函数不对称,因此为了使本征电子浓度和本征空穴浓度相等,本征费米能级也相应地要在禁带中央附近发生移动。当电子有效质量大于空穴有效质量时,式(2.41)右边的表达式计算为负值,本征费米能级会低于禁带中央;当空穴有效质量大于电子有效质量时,式(2.41)右边的表达式计算为正值,本征费米能级会高于禁带中央。实际中半导体材料的导带电子有效质量和价带空穴有效质量不相等,严格地说,此时本征费米能级的位置偏离了禁带中央,但由于种种原因偏离量很小,在以后的计算和应用中,忽略这种偏离,近似认为本征费米能级就在禁带中央。

2.3　只含一种杂质的杂质半导体中的载流子浓度

在上一节中,推出了适用于平衡半导体的电子浓度和空穴浓度的一般公式,并讨论了本征半导体这种特殊对象的载流子浓度和费米能级位置。在实际应用中,由于本征半导体对温度的变化很敏感而很少用来制作器件,制造半导体器件的材料一般使用掺杂半导体。可以说,掺入定量的特定的杂质后才可以真正显示出半导体的性质。在本节中,将利用上节中得出的公式计算杂质半导体中的载流子浓度。

2.3.1　施主杂质和受主杂质

在实际中更为常用的是掺杂半导体,半导体真正的性质也是在其掺杂后表现出来的,通过掺杂这种手段可以有效地改变半导体的电学特性。与本征半导体相对应,通常将掺杂的半导体称为非本征半导体。

以第四族的典型半导体硅为例，它以共价键的方式结合在一起，图 2.11 为硅晶体结构的二维示意图。从图 2.11 中可以看出每个硅原子周围都有四个硅原子，两两之间共用一个电子对，形成最外层八个电子的稳定结构。假定有一个第五族的元素磷掺入到硅半导体中，并取代硅的位置（将这种杂质称为替位式杂质），则由于磷元素的最外层有五个电子，因此除了四个与相邻的硅原子形成共用电子对外，还剩余一个电子，这个电子仍受到磷原子的束缚，但这种束缚作用和其他四个电子的共价键束缚相比要弱得多。掺入磷原子后的硅晶体二维示意图如图 2.12 所示。

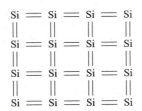

图 2.11　硅晶体的共价键二维示意图　　　图 2.12　掺入磷原子后的硅晶体二维示意图

由于多余出来的第五个电子摆脱磷原子的束缚较为容易，只需要很少的能量即可成为自由电子，摆脱磷原子束缚所需的能量称为施主杂质的电离能。这个电子是由于杂质的引入而产生的，称为施主电子，对应的掺入的磷元素称为施主杂质，电离后的磷原子带正电，因其受到四个共价键的束缚而不能移动。

上面的这个过程也可以从能带图的角度解释，当施主杂质电离后，成为自由电子，即为导带中的电子。由此反推，电离前施主原子的能级位置应该在离导带底部较近的禁带之中，图 2.13(a)、(b)分别是施主杂质电离前和电离后的能带图。

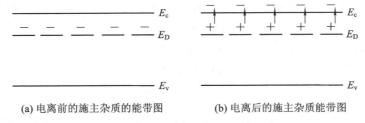

(a) 电离前的施主杂质的能带图　　　(b) 电离后的施主杂质能带图

图 2.13　施主杂质的能带图

当在半导体中掺入施主杂质后，施主杂质的电离将会给导带提供很多电子，但同时并不产生价带空穴。这种半导体中电子浓度大于空穴浓度，称为 N 型半导体，其中 N 表示的是带负电的电子，也把 N 型半导体中的电子称为多数载流子，简称多子；N 型半导体中的空穴称为少数载流子，简称少子。在表示时，和施主杂质有关的参量都用"D"来表示，如图 2.13 中用 E_D 来表示施主能级。

当假定有一个第三族的元素硼掺入到半导体硅中成为替位式杂质时，由于硼元素最外层只有三个电子，因此它只与相邻的三个硅原子之间共用电子对，形成共价键，有一个应该形成共价键的位置是空的，如图 2.14 所示。

由于硼原子周围的一个共价键是空的，它会抢夺其他位置的电子，而在其原来位置产生空穴。硼离子和这个空穴有弱吸引，这个空穴很能容易摆脱其束缚，成为自由空穴。图 2.15画出了这个过程，硼原子周围的共价键被填满，与此同时在其他位置留下空的电子位置。

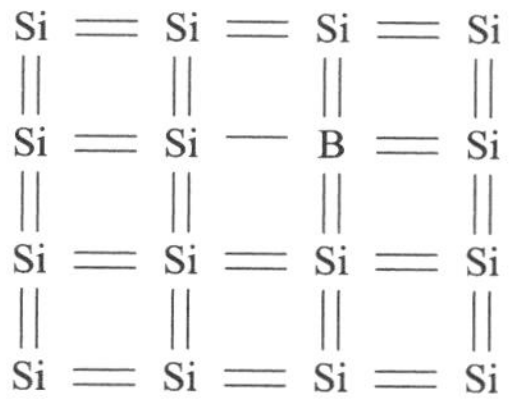

图 2.14　掺入硼原子的硅晶体共价键二维示意图

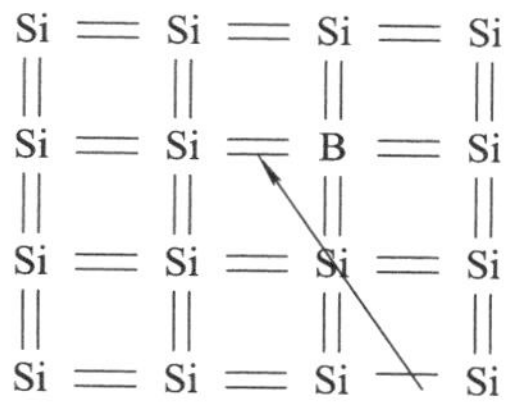

图 2.15　硼原子电离过程示意图

硼原子电离后变成带负电的硼离子，由于它受到共价键的束缚因而不能移动。在图 2.14 中空出来的电子位置就是在第 1 章中讨论的假想载流子空穴。掺入第三族的元素硼后，它接受价带的电子发生电离，同时在价带产生空穴，通常把这种杂质称为受主杂质。受主杂质的引入可以在价带产生空穴，但同时并不在导带产生电子。通常把掺入受主杂质的半导体称为 P 型半导体，其中 P 表示带正电的空穴，P 型半导体中的价带空穴比导带电子多，是多数载流子，简称多子；P 型半导体中的电子是少数载流子，简称少子。

与施主杂质的分析类似，对于受主杂质，也可以从能带图的角度去解释。价带的电子需要很少的能量就可以跃迁到受主杂质上，由此反推，受主杂质的能级位置应该在禁带中靠近价带顶部的位置，如图 2.16 所示。在图 2.16(b)中箭头表示的是电子的运动方向，空穴的运动方向和电子的运动方向相反。在表示时，和受主杂质有关的参量都用"A"来表示，如图 2.16 中用 E_A 来表示受主能级。

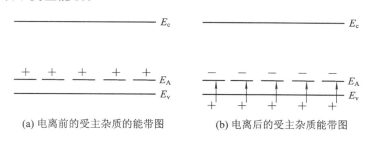

(a) 电离前的受主杂质的能带图　　　(b) 电离后的受主杂质能带图

图 2.16　受主杂质的能带图

在前面讨论施主杂质和受主杂质时，提到将第五族的磷原子和第三族的硼原子掺入到半导体硅材料中，其施主能级或受主能级非常靠近导带底部或价带顶部，因此施主杂质或受主杂质电离所需的能量较小，较容易电离，电离能小。下面利用一个简单的理论模型定量的估算一下杂质的电离能，这个理论模型称为类氢原子模型。

对于掺入硅中的磷原子，其中最外层中的四个电子形成共价键，只留下一个电子，这个电子受到磷原子的束缚，围绕磷原子转动。这样的情况和氢原子核外的一个电子围绕原子核运动的情况很类似，可以用玻尔理论来估算施主杂质或受主杂质的电离能。根据玻尔理论，氢原子核外的电子具有量子化的能量，其表达式为

$$E = \frac{-me^4}{8n^2h^2\varepsilon_0^2}$$

当 $n=1$ 时(对应为基态)对氢原子计算得到 -13.6 eV，因此氢原子的最低能级电离所需的电离能为 13.6 eV。当把这一结果应用到半导体中施主杂质或受主杂质时，需要做两方面的修正：第一因为公式中出现了介电常数，氢原子计算时采用的是真空的介电常数，而不同

半导体材料的介电常数都不同，比如半导体硅的相对介电常数为 11.7，应该根据计算的半导体材料的介电常数进行修正；第二因为公式中出现了电子的质量，而在半导体中需要根据杂质是施主杂质或受主杂质而将其变为电子有效质量或空穴有效质量。经过这两点修正后，将施主杂质的电离能用 ΔE_D 表示，其值为 $E_\text{c} - E_\text{D}$，则有

$$\Delta E_\text{D} = \frac{m_\text{n}^*}{m} \frac{E}{\varepsilon_\text{r}^2}$$

类似地，受主杂质的电离能 $\Delta E_\text{A} = E_\text{A} - E_\text{v}$ 可以表示为

$$\Delta E_\text{A} = \frac{m_\text{p}^*}{m} \frac{E}{\varepsilon_\text{r}^2}$$

用上面的类氢原子模型对半导体硅中掺入的施主杂质估算出其电离能为 0.0258 eV，表 2.2 中列出了在半导体硅和锗中，几种施主杂质和受主杂质的电离能，可以看出电离能的数值和禁带宽度相比是很小的，而不同的材料和不同载流子的有效质量导致表中的每个电离能都不同，但表中的电离能与前面的类氢原子模型估算的数量级相同。通常把电离能比半导体的禁带宽度小得多的这种杂质称为浅施主杂质或浅受主杂质。

表 2.2　杂质电离能

单位：eV

杂　　质	硅	锗
磷	0.045	0.012
砷	0.05	0.0127
硼	0.045	0.0104
铝	0.06	0.0102

2.3.2　施主杂质能级上的电子和受主杂质能级上的空穴

在上一节中讨论了纯净的半导体也就是本征半导体的载流子浓度，其导带电子浓度和价带空穴浓度相等。当半导体中引入施主杂质或者受主杂质时，其变为 N 型半导体或 P 型半导体，其多子为电子或空穴，通常将掺入杂质（施主杂质或受主杂质）的半导体统称为非本征半导体，这一节里将要讨论如何求解只含一种杂质的非本征半导体的载流子浓度。

在 2.1 节中引入了费米分布函数，用它来描述某一量子态被电子占据的概率。类似地，在这一节中将讨论施主杂质能级被电子占据的概率和受主杂质能级被空穴占据的概率。

与费米分布函数的引入类似，这里直接给出电子占据施主杂质能级的概率函数为

$$f_\text{D}(E) = \frac{1}{1 + \dfrac{1}{2}\exp\left(\dfrac{E_\text{D} - E_\text{F}}{kT}\right)} \tag{2.42}$$

类似地，空穴占据受主杂质能级的概率函数为

$$f_\text{A}(E) = \frac{1}{1 + \dfrac{1}{4}\exp\left(\dfrac{E_\text{F} - E_\text{A}}{kT}\right)} \tag{2.43}$$

施主杂质的浓度用 N_D 表示，受主杂质的浓度用 N_A 表示，则 N_D 就是施主杂质的量子态密度，N_A 就是受主杂质的量子态密度，则有

$$n_\text{D} = \frac{N_\text{D}}{1 + \dfrac{1}{2}\exp\left(\dfrac{E_\text{D} - E_\text{F}}{kT}\right)} \tag{2.44}$$

式(2.44)中 n_D 表示的是占据施主杂质能级的电子浓度，即保持在施主杂质上，没有电离的施主杂质，则电离的施主杂质浓度可表示为

$$N_D^+ = N_D - \frac{N_D}{1 + \frac{1}{2}\exp\left(\dfrac{E_D - E_F}{kT}\right)} = \frac{N_D}{1 + 2\exp\left(\dfrac{E_F - E_D}{kT}\right)} \tag{2.45}$$

类似地，对于受主杂质有

$$p_A = \frac{N_A}{1 + \frac{1}{4}\exp\left(\dfrac{E_F - E_A}{kT}\right)} \tag{2.46}$$

$$N_A^- = N_A - \frac{N_A}{1 + \frac{1}{4}\exp\left(\dfrac{E_F - E_A}{kT}\right)} = \frac{N_A}{1 + 4\exp\left(\dfrac{E_A - E_F}{kT}\right)} \tag{2.47}$$

式(2.46)和式(2.47)中：p_A 表示占据受主杂质能级的空穴浓度；N_A^- 表示电离的受主杂质浓度。从式(2.44)~式(2.47)可以看出，杂质能级相对于费米能级的分布情况决定了杂质电离的情况。从式(2.42)中可以看出若满足 $E_D - E_F \gg kT$，则式(2.44)近似等于零，表明施主杂质完全电离；若满足 $E_F - E_D \gg kT$，则式(2.44)近似等于 N_D，表明施主杂质完全没有电离。对于浅施主杂质而言，因为 E_D 非常靠近导带底部 E_c，要满足 $E_F - E_D \gg kT$，只能是在绝对零度时。类似地，若 $E_F - E_A \gg kT$，则式(2.46)近似等于零，表明受主杂质完全电离；若满足 $E_A - E_F \gg kT$，则式(2.46)近似等于 N_A，表明受主杂质完全没有电离。在绝对零度和完全电离时半导体的能带图分别如图 2.17 和图 2.18 所示。

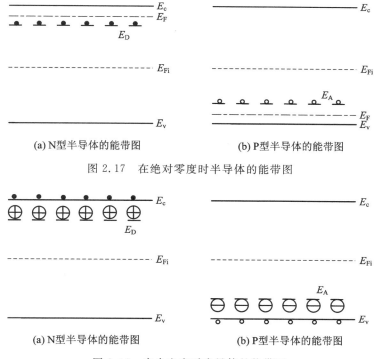

(a) N型半导体的能带图　　　　　　(b) P型半导体的能带图

图 2.17　在绝对零度时半导体的能带图

(a) N型半导体的能带图　　　　　　(b) P型半导体的能带图

图 2.18　完全电离时半导体的能带图

2.3.3 电中性条件

接下来讨论半导体中的掺杂浓度和载流子浓度之间的关系。在热平衡条件下,考虑均匀掺杂的半导体,其内部是电中性的,不存在净电荷。所谓电中性条件,是指在均匀掺杂的热平衡半导体内部所存在的所有带正电的电荷密度等于所有带负电的电荷密度。电中性条件将半导体中的掺杂浓度和载流子浓度联系起来。现在考虑一种半导体,其中掺入一种施主杂质,一种受主杂质,其满足的电中性条件为

$$p_0 + N_D^+ - n_0 - N_A^- = 0 \qquad (2.48)$$

式中:N_A^-、N_D^+ 分别表示电离的受主杂质浓度和电离的施主杂质浓度;n_0、p_0 分别表示平衡时的电子浓度和空穴浓度。若假设半导体中掺入 m 种施主杂质和 p 种受主杂质,则更一般的电中性条件表示为

$$p_0 + \sum_{i=1}^{m} N_{Dm}^+ - n_0 - \sum_{j=1}^{p} N_{An}^- = 0 \qquad (2.49)$$

下面先考虑最简单的情况,只掺入一种施主杂质的 N 型半导体,来讨论已知掺杂浓度如何求出热平衡的载流子浓度。

对于只掺入一种施主杂质的 N 型半导体,其电中性条件简化为

$$p_0 + N_D^+ = n_0 \qquad (2.50)$$

式(2.50)理解起来更容易一些,等式左边表示单位体积中的正电荷,它是由空穴和电离的施主杂质浓度共同决定的,等式的右边是单位体积中的负电荷,完全为导带的电子浓度。也可将式(2.50)理解为,导带电子有两方面来源,一个是来源于杂质电离(式(2.50)中的 N_D^+),另一个来源于本征激发(式(2.50)中的 p_0),如图 2.19 所示。将前面推导出的 n_0、p_0、N_D^+ 的表达式代入式(2.50),得到

$$\frac{N_D}{1 + 2\exp\left(\dfrac{E_F - E_D}{kT}\right)} + N_v \exp\left[-\frac{(E_F - E_v)}{kT}\right] = N_c \exp\left[-\frac{(E_c - E_F)}{kT}\right] \qquad (2.51)$$

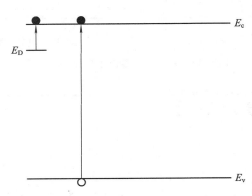

图 2.19 在 N 型半导体中,杂质电离和本征激发

可以将式(2.51)看做一个关于费米能级 E_F 的方程,如果可以从式(2.51)中解出 E_F,再代入到 n_0、p_0 的表达式中,就可以得到 N 型半导体的载流子浓度了。但仔细观察式(2.51)后发现,要想严格求解式(2.51)还是比较困难的。为了简化运算起见,下面按温度分区域,在不同的区域中进行不同的简化,求出载流子浓度。

1. 低温弱电离区

低温弱电离区的温度非常低，不仅本征激发产生的载流子浓度近似为零，而且施主杂质也仅有少量能发生电离，则电中性条件简化为

$$N_D^+ = n_0 \tag{2.52}$$

即

$$N_c \exp\left[\frac{-(E_c - E_F)}{kT}\right] = \frac{N_D}{1 + 2\exp\left(\dfrac{E_F - E_D}{kT}\right)} \tag{2.53}$$

假设满足 $E_F - E_D \gg kT$ 时，可对式(2.53)等式右边的表达式近似，将分母中 1 略去，并从式(2.53)中求解出费米能级的表达式，为

$$E_F = \frac{E_c + E_D}{2} + \frac{kT}{2}\ln\left(\frac{N_D}{2N_c}\right)$$

这个费米能级的公式与图 2.17 中 $T = 0$ K 的费米能级的位置是一致的。

2. 中间电离区

中间电离区的温度与低温弱电离区时的相比温度增加，但温度还是很低。和低温弱电离区相比，这一区域中的施主杂质电离比例有提高，本征激发产生的载流子浓度仍近似为零，因此这一区域简化后的电中性条件仍为式(2.52)。

3. 完全电离区

随着温度的升高，本征激发产生的载流子浓度仍近似为零，但掺入的施主杂质完全电离，则电中性条件简化为

$$N_D = n_0 \tag{2.54}$$

即

$$N_D = N_c \exp\left[-\frac{(E_c - E_F)}{kT}\right] \tag{2.55}$$

从式(2.55)中可以反推出费米能级的表达式

$$E_c - E_F = kT \ln\left(\frac{N_c}{N_D}\right) \tag{2.56}$$

从式(2.54)可以看出，此时 N 型半导体的载流子浓度只由掺杂浓度决定，而与温度无关。

4. 过渡区

随着温度进一步升高，杂质完全电离的同时，已经不能忽略本征激发产生的本征载流子浓度，则电中性条件近似为

$$p_0 + N_D = n_0 \tag{2.57}$$

将式(2.35)变形为

$$p_0 = \frac{n_i^2}{n_0}$$

代入到式(2.57)中，得到

$$n_0^2 - N_D n_0 - n_i^2 = 0 \tag{2.58}$$

解式(2.58)得到

$$n_0 = \frac{N_D}{2} + \sqrt{\left(\frac{N_D}{2}\right)^2 + n_i^2} \qquad (2.59)$$

在式(2.59)中，其解也可以取负号，但为了保证计算得到的电子浓度为正值，故式(2.58)的解只取正号。

5. 本征激发区

继续升高温度，由于本征载流子浓度随着温度的增加而迅速增加，本征激发产生的载流子浓度远大于杂质电离产生的载流子浓度，因此在这个温度区间内电中性条件简化为

$$p_0 = n_0 \qquad (2.60)$$

需要说明的是，对于任何掺入施主杂质的 N 型半导体随着温度的变化都存在以上五个区域，但对于不同掺杂浓度的半导体，其对应每个区域的温度范围并不相同，这和半导体的掺杂浓度有关。因此进入本征激发区的温度也不相同。杂质浓度越高，进入本征激发区的温度也相应越高。

图 2.20 为某一施主掺杂浓度下的 N 型半导体的导带电子浓度随温度变化的曲线示意图，在图中可以清楚地看出，上面讨论的四个区域的存在(因为低温弱电离区和中间电离区无法区分，可以看做一个区)。从图 2.20 中还可以看出，在本征激发区时，电子浓度随温度也呈指数式增加，与本征载流子浓度随温度的变化趋于一致(图中的虚线)。

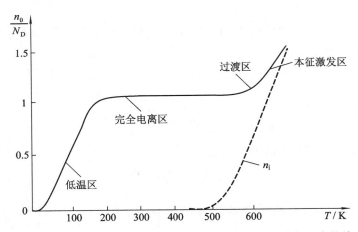

图 2.20　只掺入一种施主杂质的 N 型半导体的电子浓度与温度的关系

最后要强调的是，在图 2.20 中表示的只是在某一掺杂浓度下按温度分区的情况，当掺杂浓度不同时，对于各个区域对应的温度范围也要做相应的调整。一般来说，掺杂浓度越大，进入下一个温度区域所需要的温度也越高。由于在实际中半导体器件的工作温度都高于低温区对应的温度范围，因此在实际中主要考虑后三个区域。对于完全电离区、过渡区和本征激发区，式(2.57)是它们共同满足的电中性条件，因此在计算载流子浓度时，可以先不判断半导体的情况属于哪个区域，而统一都利用式(2.59)计算。

[**例 2.7**]　已知 $T = 300$ K，在半导体硅中掺入磷元素，掺杂浓度为 $N_D = 1 \times 10^{15}$ cm^{-3}，已知此温度下 $n_i = 1.5 \times 10^{10}$ cm^{-3}，求解半导体在该温度下的载流子浓度。

解：对于只掺入一种施主杂质的 N 型半导体，利用公式(2.59)

$$n_0 = \frac{N_D}{2} + \sqrt{\left(\frac{N_D}{2}\right)^2 + n_i^2}$$

代入数据后得到

$$n_0 = \frac{1 \times 10^{15}}{2} + \sqrt{\left(\frac{1 \times 10^{15}}{2}\right)^2 + (1.5 \times 10^{10})^2}$$

计算得到

$$n_0 = 1 \times 10^{15} \,(\mathrm{cm}^{-3})$$

利用 $p_0 = n_i^2 / n_0$ 计算出价带空穴浓度

$$p_0 = \frac{n_i^2}{n_0} = \frac{(1.5 \times 10^{10})^2}{1 \times 10^{15}} = 2.25 \times 10^5 \,(\mathrm{cm}^{-3})$$

说明：从计算的结果可以看出，半导体的载流子浓度就等于掺入的施主杂质浓度，属于完全电离区。从掺杂浓度 $N_D = 1 \times 10^{15}$ cm^{-3} 和 $T = 300$ K 下本征载流子浓度 $n_i = 1.5 \times 10^{10}$ cm^{-3} 之间相差 5 个数量级也可以看出，电子浓度由掺杂浓度决定。从导带电子和价带空穴的浓度值对比可以看出，导带电子浓度比价带空穴浓度大很多数量级。

图 2.21 是前面讨论的四个温度区域中相应的杂质电离和本征激发的示意图，从图 2.21(a)中的杂质部分电离，到图 2.21(b)中的杂质完全电离，再到图 2.21(c)中的杂质完全电离并考虑本征激发，最后到图 2.21(d)中的忽略杂质电离只考虑本征激发。与前面定量的讨论结果一致。

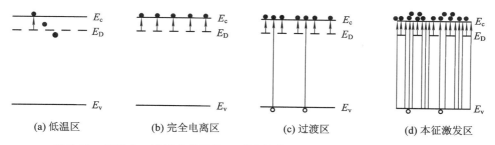

(a) 低温区　　　　(b) 完全电离区　　　　(c) 过渡区　　　　(d) 本征激发区

图 2.21　只掺入一种施主杂质的 N 型半导体的杂质电离和本征激发的情况

对于在半导体中只掺入一种受主杂质的 P 型半导体，也可以进行类似地分析与计算。它满足的电中性条件为

$$p_0 = n_0 + N_A^- \tag{2.61}$$

在低温区，式(2.61)简化为

$$p_0 = N_A^- \tag{2.62}$$

在完全电离区，式(2.61)简化为

$$p_0 = N_A \tag{2.63}$$

在过渡区，式(2.61)简化为

$$p_0 = N_A + n_0 \tag{2.64}$$

式(2.64)与式(2.35)联立，求解出

$$p_0 = \frac{N_A}{2} + \sqrt{\left(\frac{N_A}{2}\right)^2 + n_i^2} \tag{2.65}$$

在本征激发区，式(2.61)简化为

$$p_0 = n_0 \qquad (2.66)$$

与前面 N 型半导体的讨论类似，由于实际半导体器件的工作温度均大于低温区的温度，对于 P 型半导体后三个区域都满足式(2.64)这个电中性条件，因此在实际计算价带空穴浓度时，可以不用先判断半导体属于哪个区域，而直接利用式(2.65)计算。

[例 2.8] 已知 $T = 300$ K，在半导体锗中掺入受主杂质，掺杂浓度为 $N_A = 4 \times 10^{13}$ cm^{-3}，已知此温度下 $n_i = 2.4 \times 10^{13}$ cm^{-3}，求解半导体的载流子浓度。

解：对于只掺入一种受主杂质的 P 型半导体，利用公式(2.65)

$$p_0 = \frac{N_A}{2} + \sqrt{\left(\frac{N_A}{2}\right)^2 + n_i^2}$$

将已知的数据代入上式，得到

$$p_0 = \frac{4 \times 10^{13}}{2} + \sqrt{\left(\frac{4 \times 10^{13}}{2}\right)^2 + (2.4 \times 10^{13})^2} = 5.12 \times 10^{13} \, (\text{cm}^{-3})$$

利用 $n_0 = n_i^2 / p_0$ 计算出导带电子浓度

$$n_0 = \frac{n_i^2}{p_0} = \frac{(2.4 \times 10^{13})^2}{5.12 \times 10^{13}} = 1.125 \times 10^{13} \, (\text{cm}^{-3})$$

说明：从计算的结果可以看出，半导体的价带空穴浓度既有掺入的受主杂质的贡献，也有本征激发的载流子的贡献，属于过渡区。从掺杂浓度 $N_A = 4 \times 10^{13}$ cm^{-3} 和 $T = 300$ K 下本征载流子浓度 $n_i = 2.4 \times 10^{13}$ cm^{-3} 对比，二者数值相当，不能忽略任一方，也可以看出空穴浓度由受主杂质浓度和本征载流子浓度共同决定。从导带电子和价带空穴的浓度值对比可以看出，此时导带电子浓度和价带空穴浓度相差不大。

2.4　补偿半导体的载流子浓度

在上一节中已经讨论了只含一种杂质的杂质半导体的载流子浓度的计算，在上一节的基础上，这一节将讨论更为复杂的补偿半导体的载流子浓度的计算。所谓补偿半导体，是指在半导体中既含有施主杂质，又含有受主杂质的半导体。在事先已经掺入施主杂质的 N 型半导体中掺入受主杂质，或是在事先已经掺入受主杂质的 P 型半导体中掺入施主杂质都可以形成补偿半导体。

根据补偿半导体中掺入的两种杂质的大小关系可以对其进行分类，如果 $N_A > N_D$，则称为 P 型补偿半导体；如果 $N_D > N_A$，则称为 N 型补偿半导体。也可将 $N_A - N_D$ 或 $N_D - N_A$ 称为有效的受主杂质浓度或有效的施主杂质浓度；如果 $N_A = N_D$，则称为完全补偿半导体，完全补偿半导体的载流子浓度与本征半导体一样。

根据上一节讨论的经验，先从电中性条件入手，对于补偿半导体，其电中性条件为式(2.48)，即

$$p_0 + N_D^+ = n_0 + N_A^-$$

由于实际中半导体器件的使用温度高于低温区，因此对于后三个区域（完全电离区、过渡区和本征激发区）来说，杂质均已完全电离，式(2.48)可以简化为

$$p_0 + N_D = n_0 + N_A \tag{2.67}$$

对 N 型补偿半导体和 P 型补偿半导体分别讨论。对于 N 型补偿半导体，因为 $N_D > N_A$，在式(2.67)中用 n_i^2/n_0 表示 p_0，得到

$$n_0 + N_A - N_D - \frac{n_i^2}{n_0} = 0 \tag{2.68}$$

将式(2.68)两边同乘以 n_0，得到

$$n_0^2 - (N_D - N_A)n_0 - n_i^2 = 0 \tag{2.69}$$

解二次方程式(2.69)，并只取正号，确保电子浓度为正值，其结果为

$$n_0 = \frac{N_D - N_A}{2} + \sqrt{\left(\frac{N_D - N_A}{2}\right)^2 + n_i^2} \tag{2.70}$$

式(2.70)只用来计算 $N_D > N_A$ 的 N 型补偿半导体的多数载流子电子的浓度。在式(2.70)中令 $N_A = 0$，则简化为只含一种施主杂质的 N 型半导体，简化后的形式与式(2.59)一致。

类似地，可以讨论 $N_A > N_D$ 的 P 型补偿半导体，在式(2.67)中用 n_i^2/p_0 表示 n_0，得到

$$p_0^2 - (N_A - N_D)p_0 - n_i^2 = 0 \tag{2.71}$$

解式(2.71)得到

$$p_0 = \frac{N_A - N_D}{2} + \sqrt{\left(\frac{N_A - N_D}{2}\right)^2 + n_i^2} \tag{2.72}$$

式(2.72)只用来计算 $N_A > N_D$ 的 P 型补偿半导体的多数载流子空穴的浓度。在式(2.72)中令 $N_D = 0$，则简化为只含一种受主杂质的 P 型半导体，简化后的形式与式(2.65)一致。

［例 2.9］　已知硅 P 型补偿半导体处在室温 $T = 300$ K 下，$N_D = 6 \times 10^{15}$ cm^{-3}，$N_A = 1 \times 10^{16}$ cm^{-3}，$n_i = 1.5 \times 10^{10}$ cm^{-3}，求半导体的载流子浓度。

解：该半导体属于 P 型补偿半导体，利用公式(2.72)，即

$$p_0 = \frac{N_A - N_D}{2} + \sqrt{\left(\frac{N_A - N_D}{2}\right)^2 + n_i^2}$$

代入数据后得到

$$p_0 = \frac{4 \times 10^{15}}{2} + \sqrt{\left(\frac{4 \times 10^{15}}{2}\right)^2 + (1.5 \times 10^{10})^2} = 4 \times 10^{15}\,(\text{cm}^{-3})$$

$$n_0 = \frac{n_i^2}{p_0} = \frac{2.25 \times 10^{20}}{4 \times 10^{15}} = 5.625 \times 10^4\,(\text{cm}^{-3})$$

说明：从计算结果可以看出，该 P 型补偿半导体在此温度下属于完全电离区，多子浓度等于补偿后有效的受主杂质浓度，即 $N_A - N_D$。

利用式(2.70)和式(2.72)也可以把目前讨论的含一种施主杂质和一种受主杂质的补偿半导体结果推广至含 m 种施主杂质和 p 种受主杂质的补偿半导体，在这里就不再讲述了。

2.5　费米能级的位置

在前面的讨论中，确定了本征费米能级的位置由式(2.40)决定。在这一节中将分别讨论 N 型半导体和 P 型半导体的费米能级的有关问题。

对于处于完全电离区的只含一种施主杂质的 N 型半导体而言满足式(2.55)，即

$$N_D = N_c \exp\left[-\frac{(E_c - E_F)}{kT}\right]$$

从式(2.55)中得到

$$E_c - E_F = kT \ln\left(\frac{N_c}{N_D}\right) \tag{2.73}$$

还可以利用式(2.36)得到

$$E_F - E_{Fi} = kT \ln\left(\frac{N_D}{n_i}\right) \tag{2.74}$$

因为在常温条件下非简并半导体通常满足 $n_i < N_D < N_c$，从式(2.73)和式(2.74)中可以看出，只含一种施主杂质的 N 型半导体的费米能级高于本征费米能级，低于导带底部，处于禁带上部。也可以将式(2.73)和式(2.74)的结果推广至 N 型补偿半导体，只需将两式中的 N_D 用 $N_D - N_A$ 代替即可。

类似地，对于处于完全电离区只含一种受主杂质的 P 型半导体而言满足式(2.63)，即

$$N_A = N_v \exp\left[-\frac{(E_F - E_v)}{kT}\right]$$

从式(2.63)中得到

$$E_F - E_v = kT \ln\left(\frac{N_v}{N_A}\right) \tag{2.75}$$

还可以利用式(2.37)得到

$$E_{Fi} - E_F = kT \ln\left(\frac{N_A}{n_i}\right) \tag{2.76}$$

同样，在常温条件下非简并半导体通常满足 $n_i < N_A < N_v$，从式(2.75)和式(2.76)中可以看出，只含一种受主杂质的 P 型半导体的费米能级低于本征费米能级，高于价带顶部，处于禁带下部。也可以将式(2.75)和式(2.76)的结果推广至 P 型补偿半导体，只需将两式中的 N_A 用 $N_A - N_D$ 代替即可。

从式(2.73)~式(2.76)中可以看出，N 型半导体和 P 型半导体的费米能级主要受温度和掺杂浓度的影响。

[例 2.10] 利用 MATLAB 编程，画出处于 $T = 300$ K 下，硅的费米能级位置随着掺杂浓度 N_D、N_A 的变化曲线，其中 N_D、N_A 的变化范围为 $1 \times 10^{13} \sim 1 \times 10^{18}$ cm^{-3}。

解： MATLAB 程序如下

```
kT=0.0259;
nc=2.8e19;
Nd=linspace(1e13, 1e18, 200);
y1=0.56; y2=-0.56;
semilogx(Nd, y1); semilogx(Nd, y2);
Efn=y1-kT*log(nc./Nd);
semilogx(Nd, Efn, '-');
axis([1e13 1e18 -0.56 0.56])
hold on
```

nv＝1.04e19；Na＝linspace(1e13, 1e18, 200)；y3＝0；

semilogx(Na, y3)；

Efp＝y2＋kT * log(nv. /Na)；semilogx(Na, Efp, '－－')；

　　axis([1e13 1e18 －0.56 0.56])

计算得到的曲线如图 2.22 所示。

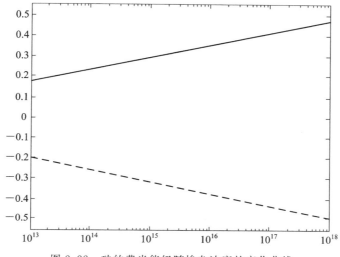

图 2.22　硅的费米能级随掺杂浓度的变化曲线

图 2.22 中实线表示掺入施主杂质后 N 型半导体的费米能级随着掺杂浓度 N_D 的变化，虚线表示掺入受主杂质后 P 型半导体的费米能级随着掺杂浓度 N_A 的变化。

结果表明，费米能级随着掺杂浓度的增加而向禁带两边移动。从式(2.73)～式(2.76)中可以看出，费米能级同时也随着温度的变化而变化。随着温度的升高，不管是 N 型半导体还是 P 型半导体其费米能级都向禁带中央靠拢，这样的结果也与半导体在温度最高的本征激发区中的行为是一致的，因为满足 $n_0＝p_0$，故费米能级也趋近于本征费米能级，即禁带中央。图2.23中将温度和掺杂浓度对费米能级的影响画在一张图中。

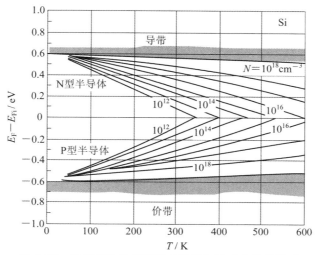

图 2.23　费米能级位置随掺杂浓度和温度变化的关系

随着费米能级的位置在禁带中由靠近价带顶部变为靠近导带底部，半导体的导电类型经历强P型、弱P型、本征型、弱N型、强N型的变化，其能带图及载流子分布的示意图如图2.24所示。

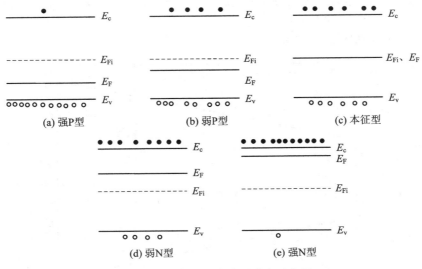

图2.24　能带图及载流子分布示意图

费米能级的位置可以同时反映半导体的掺杂情况和导电类型。当费米能级在禁带上部时，为N型半导体，掺入的施主杂质越多，费米能级的位置越高，越接近导带底部。当费米能级的位置在禁带下部时，为P型半导体，掺入的受主杂质越多，费米能级的位置越低，越接近价带顶部。当费米能级的位置在禁带中央时，为本征半导体。

从图2.24(a)中可以看出，在强P型中，费米能级的位置在靠近价带顶处，此时导带仅有少量电子，而价带则有大量空穴，表明此时费米能级较低，导带和价带中电子占据较高能级的概率小，导带和价带中较高能级上的电子数量少。图2.24(b)弱P型和图2.24(a)强P型相比，费米能级的位置向上移动，相应的导带和价带中电子占据较高能级的概率增加，导带和价带中较高能级上的电子数量增加。图2.24(c)中，费米能级位于禁带中央，导带和价带的载流子数相等，导带和价带中较高能级上的电子数量与图2.24(a)、(b)相比增加。在图2.24(d)弱N型中，费米能级位置进一步提升，导带和价带中的电子进一步增多了。在图2.24(e)强N型中，费米能级位置最高，导带和价带中的电子最多。从图2.24中可以看出，费米能级的位置标志电子占据能级水平高低的度量，与前面的讨论一致。

[**例2.11**]　在$T=300$ K时的本征硅材料，要使其费米能级位于导带底下方0.3 eV处，需掺入的杂质浓度是多少？如果将本征硅材料换为掺入$N_A=1\times10^{15}$ cm^{-3}的P型硅，需掺入的杂质浓度又是多少？

解：根据费米能级与导带底之间距离的公式

$$E_c-E_F=kT\ln\left(\frac{N_c}{N_D}\right)$$

将其变形为

$$N_D=\frac{N_c}{\exp\left(\dfrac{E_c-E_F}{kT}\right)}$$

代入已知数据，得到

$$N_D = \frac{2.8 \times 10^{19}}{\exp\left(\dfrac{0.3}{0.0259}\right)} = 2.61 \times 10^{14}\,(\mathrm{cm}^{-3})$$

将本征硅材料换为掺入 $N_A = 1 \times 10^{15}$ cm^{-3} 的 P 型硅后，公式为

$$E_c - E_F = kT\ln\left(\frac{N_c}{N_D - N_A}\right)$$

即

$$N_D - N_A = \frac{2.8 \times 10^{19}}{\exp\left(\dfrac{0.3}{0.0259}\right)} = 2.61 \times 10^{14}\,(\mathrm{cm}^{-3})$$

本征硅材料换为掺入 $N_A = 1 \times 10^{15}$ cm^{-3} 的 P 型硅后，应掺入的施主杂质为

$$N_D = 1 \times 10^{15} + 2.61 \times 10^{14} = 1.26 \times 10^{15}\,(\mathrm{cm}^{-3})$$

　　最后，证明一个关于费米能级的重要结论，这个结论在后面章节的很多地方都会用到。这一重要结论是针对一个处于热平衡状态的半导体，其费米能级的位置是恒定不变的。为了证明这个结论，考虑两种半导体材料，即半导体 A 和半导体 B，它们两个在各自独立时，费米能级位置不相同。假设半导体 A 的费米能级高，相应的电子占据能级的情况如图 2.25(a) 所示，半导体 B 的费米能级低，相应的电子占据能级的情况如图 2.25(b) 所示。当半导体 A 和半导体 B 紧密接触后，因为在半导体 A 中的较高能级上的电子数多，电子将从半导体 A 流向半导体 B，如图 2.25(c) 所示，直到达到热平衡状态，二者具有相同的费米能级，如图 2.21(d) 所示。在平衡时，净电流为零，也就是说单位时间内有多少电子从半导体 A 流向半导体 B，那么单位时间内就有相同数量的电子从半导体 B 流向半导体 A。

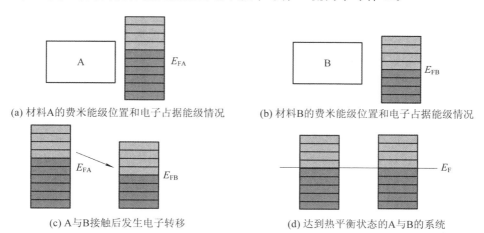

图 2.25　材料 A 和材料 B 达到热平衡状态的示意图

　　对于处于图 2.25(d) 状态的系统，设半导体 A 中的状态密度函数为 $g_A(E)$，电子占据量子态的概率密度函数为 $f_A(E)$，则在能量为 E 的量子态上的电子数为 $g_A(E)f_A(E)$。类似地，设半导体 B 中的状态密度函数为 $g_B(E)$，电子占据量子态的概率密度函数为 $f_B(E)$，则在能量为 E 的量子态上的电子数为 $g_B(E)f_B(E)$。当电子要从半导体 A 向半导体 B 转移时，要满足两个条件，一方面半导体 A 中要有一些处于较高能级的电子，另一方面半导体 B 中要有相应的空状态去接受半导体 A 中转移来的电子，因此在能量范围为 dE 的区间内从半导体

A 向半导体 B 转移的载流子数 $n_{A \to B}$ 为

$$n_{A \to B} = C g_A(E) f_A(E) g_B(E) (1 - f_B(E)) dE \tag{2.77}$$

式 (2.77) 中，C 为常数。类似地，在能量范围为 dE 的区间内从半导体 B 向半导体 A 转移的载流子数 $n_{B \to A}$ 为

$$n_{B \to A} = C g_B(E) f_B(E) g_A(E) (1 - f_A(E)) dE \tag{2.78}$$

在平衡状态时，应有

$$n_{A \to B} = n_{B \to A} \tag{2.79}$$

即

$$g_A(E) f_A(E) g_B(E) (1 - f_B(E)) = g_B(E) f_B(E) g_A(E) (1 - f_A(E)) \tag{2.80}$$

化简后得到

$$f_A(E) (1 - f_B(E)) = f_B(E) (1 - f_A(E)) \tag{2.81}$$

即

$$f_A(E) = f_B(E) \tag{2.82}$$

将 $f_A(E)$ 和 $f_B(E)$ 的表达式代入式 (2.82)，得

$$\frac{1}{1 + \exp\left(\dfrac{E - E_{FA}}{kT}\right)} = \frac{1}{1 + \exp\left(\dfrac{E - E_{FB}}{kT}\right)}$$

即

$$E_{FA} = E_{FB} \tag{2.83}$$

式 (2.83) 的结论与图 2.25(d) 的结果是一致的，证明了结论：一个处于热平衡状态的半导体，其费米能级的位置是恒定不变的，即在一个平衡半导体的系统中，费米能级处处相等。

2.6 简并半导体

前面讨论的式 (2.22) 和 (2.30) 是在玻尔兹曼近似成立的前提下推导出的热平衡载流子的公式。由 2.5 节中的讨论结果，我们知道对于 N 型半导体，掺入的施主杂质越多，费米能级越靠近导带底部。在式 (2.73) 中，由于一般 $N_D < N_c$，故费米能级仍在禁带之中，当 $N_D > N_c$ 时，费米能级可以超过导带底部，进入导带。对于 P 型半导体，也是类似地，掺入的受主杂质越多，费米能级越靠近价带顶部。在式 (2.75) 中，由于一般 $N_A < N_v$，故费米能级仍在禁带之中，当 $N_A > N_v$ 时，费米能级可以低于价带顶部，进入价带。在这种情况下，由于掺杂浓度很大，导致导带电子或价带空穴的浓度增加，费米能级进入导带或价带内，前面假设的 $f(E)$ 满足玻尔兹曼假设成立的前提 $E - E_F \gg kT$ 已不再满足，同样，$1 - f(E)$ 满足玻尔兹曼假设成立的前提 $E_F - E_v \gg kT$ 也已不再满足。在计算载流子浓度时，不能再应用玻尔兹曼近似，必须直接用费米分布函数来计算热平衡载流子的浓度。

一般来说，对于 N 型半导体，根据费米能级与导带底部的位置关系，可以将半导体分为非简并、弱简并和简并三种情况，即

$$E_c - E_F > 2kT, \qquad \text{非简并}$$
$$0 < E_c - E_F < 2kT, \quad \text{弱简并}$$
$$E_c - E_F < 0, \qquad \text{简并}$$

当掺入的杂质浓度较小（与 N_v、N_c 相比）时，称为非简并半导体。相应的，当掺入的杂质浓度较大（比 N_v、N_c 大）时，称为简并半导体，鉴于二者之间的称为弱简并半导体。N 型简并

半导体和 P 型简并半导体的能带图如图 2.26 所示。

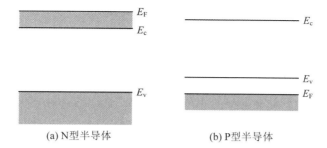

(a) N型半导体　　　　　　　　(b) P型半导体

图 2.26　简并半导体的能带图

2.6.1　简并半导体的载流子浓度

根据式(2.14)，即

$$n_0 = \int_{E_c}^{E_t} g_c(E) f(E) \mathrm{d}E$$

将状态密度函数和费米分布函数代入后，得到

$$n_0 = \int_{E_c}^{E_t} \frac{4\pi (2m_n^*)^{3/2}}{h^3} \cdot \frac{\sqrt{E-E_c}}{1+\exp\left[\dfrac{(E-E_F)}{kT}\right]} \mathrm{d}E \tag{2.84}$$

同样做变量代换，令

$$\eta = \frac{E-E_c}{kT}, \quad \eta_F = \frac{E_F-E_c}{kT}$$

则式(2.84)变为

$$n_0 = \frac{4\pi (2m_n^* kT)^{3/2}}{h^3} \int_0^\infty \frac{\eta^{1/2}}{1+\exp[\eta-\eta_F]} \mathrm{d}\eta \tag{2.85}$$

将式(2.85)中的积分定义为费米积分，图 2.27 为费米积分与 η_F 之间关系的曲线。

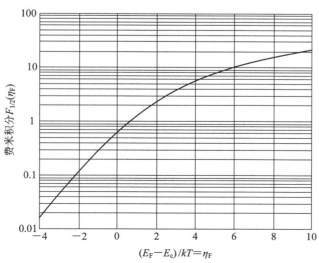

图 2.27　费米积分与 η_F 的关系曲线

可以用类似的方法计算热平衡状态下的空穴浓度，得到

$$p_0 = \frac{4\pi \left(2m_p^* kT\right)^{3/2}}{h^3} \int_0^\infty \frac{(\eta')^{1/2}}{1 + \exp[\eta' - \eta'_F]} \mathrm{d}\eta' \tag{2.86}$$

式中，$\eta' = (E_v - E)/kT$，$\eta'_F = (E_v - E_F)/kT$。式(2.86)中的积分函数与费米积分相同，只是变量不同，因此同样可参考图2.27。

因为前面的载流子浓度的乘积式(2.35)是在满足式(2.22)和式(2.30)的前提下推导出来的，所示只适用于满足玻尔兹曼近似的非简并半导体，这一结论对于简并半导体不再适用。

2.6.2 禁带变窄效应

在第1章中，讨论了当构成半导体的原子相距足够近的时候，相邻的原子之间发生共有化运动，孤立原子的能级展宽成能带。其实类似这样的过程对于掺入到半导体中的杂质原子来说也是存在的。之前一直没有考虑这个问题的原因是，在掺杂浓度较低的情况下，相邻的杂质原子之间的距离较远，这种能级展宽为能带的现象几乎可以忽略。但在简并半导体中，掺杂浓度已经非常高了，必须考虑杂质能级分裂为杂质能带的过程。

从图2.28(a)中可以看出，此时掺杂浓度较低，杂质原子之间距离较远，杂质能级是分立的能级 E_D。当掺杂浓度较高时，杂质能级展宽为能带，由于施主杂质能级 E_D 本身与导带底部 E_c 相距较近，当发生杂质能级的展宽后杂质能级和导带相互重叠，使得重叠后能级的最低位置就是导带底，如图2.28(b)所示，使得导带底的位置降低，禁带宽度变窄。这种现象称为禁带变窄效应。

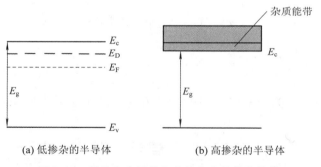

(a) 低掺杂的半导体   (b) 高掺杂的半导体

图 2.28　低掺杂半导体和高掺杂半导体的能带

习　题

注：以下的 n_i、N_C、N_V 均为已知值。

1. 什么是本征半导体？什么是非本征半导体？二者的区别是什么？

2. 什么是简并半导体？什么是非简并半导体？

3. 在什么条件下可以对费米分布函数使用玻尔兹曼近似，为什么？

4. 以半导体硅材料为例，在 $T = 300$ K 时，计算本征费米能级和禁带中央的距离。

5. 在室温 $T = 300$ K 时，计算在半导体材料砷化镓中，从 E_c 到 $E_c + kT$ 之间包含的量子态总数。

6. 当 $T = 300$ K 时，在费米能级以下 0.15 eV 的能级被电子占据的概率是多少？在费米

能级以上 0.15 eV 的结果又是多少？

7. 当 $T=300$ K 时，在半导体硅中掺入了硼，其杂质浓度为 2×10^{15} cm^{-3}，求半导体中的电子浓度和空穴浓度，并确定费米能级的位置，画出能带的示意图。

8. 当 $T=300$ K 时，在一块掺杂浓度为 1×10^{15} cm^{-3} 的 N 型硅中，又掺入了浓度为 3×10^{16} cm^{-3} 的受主杂质，求半导体的电子浓度和空穴浓度。

9. 以 $T=300$ K 时的 N 型硅为例，估算一下当掺入的施主杂质的浓度达到多少时，就不能把它看做非简并半导体了。

10. 已知 $T=300$ K 时的半导体硅材料，实验测得其电子浓度为 1×10^{7} cm^{-3}，求空穴浓度；假设该半导体已经掺入了施主杂质，其浓度为 2×10^{15} cm^{-3}，求半导体中掺入的受主杂质浓度。

11. 对于非简并的半导体材料硅，利用 MATLAB 编写程序，当环境温度、施主杂质和受主杂质浓度作为输入的已知值时，计算出该半导体的电子浓度和空穴浓度，并可将前面各题的计算结果与程序的计算结果对比，当材料换为锗和砷化镓时，重新计算。

12. 对于一块半导体硅材料，当其中掺入施主杂质浓度为 1×10^{16} cm^{-3} 时，求

(1) 当 $T\to0$ K，半导体的费米能级的位置在哪个区域？

(2) 随着温度的不断升高，这块半导体的费米能级将发生怎样的移动？

13. 假设一个半导体材料，其中掺入了一种施主杂质和一种受主杂质，其浓度分别为 N_D 和 N_A，根据 N_D 和 N_A 的大小关系，写出求解半导体的电子浓度和空穴浓度的公式。

14. 如果费米能级位于本征费米能级以上 0.3 eV，分别计算硅、锗及砷化镓的电子浓度和空穴浓度。

15. 已知某个半导体硅的受主杂质浓度为 2×10^{15} cm^{-3}，为了使其变为 N 型半导体，且费米能级在导带底下 0.3 eV 处，应该加入多大浓度的施主杂质？

16. 粗略估算一下，对于只含一种施主杂质的 N 型半导体硅而言，当掺入的施主杂质浓度分别为 1×10^{14} cm^{-3}、1×10^{15} cm^{-3} 及 1×10^{16} cm^{-3} 时，它们分别进入本征激发区的温度。

17. 一块 N 型硅，掺杂浓度为 N_D 若将其费米能级移动到关于 E_{Fi} 对称的禁带的下部，则应该向该半导体中掺入何种类型的杂质？掺入的杂质浓度应为多少？

18. 当 $T=300$ K 时，在 N 型硅中，如果施主杂质浓度增大 10 倍，则硅中电子浓度和空穴浓度怎么变化？费米能级怎么变化？

19. 在室温下一个本征硅中，如果通过掺入某种杂质，使其费米能级位置提升 0.15 eV，应掺入哪种类型的杂质？掺杂浓度是多少？如果使其费米能级位置降低 0.15 eV，结果又如何？

第 3 章　载流子的输运

在前面几章中，已经介绍过半导体的一些基本概念，并计算得到了导带的电子浓度和价带的空穴浓度，但没有讨论载流子的运动。通常把载流子的运动称为输运，本章将讨论载流子的输运现象。半导体中的载流子存在两种输运机制：一种输运机制是漂移，漂移运动是指载流子在电场作用下的运动；另一种输运机制是扩散，扩散运动是指载流子在浓度梯度作用下的运动。载流子的输运现象是决定半导体器件工作电流电压特性的重要基础。在这一章中，讨论载流子输运的前提是假设热平衡状态的载流子分布不受影响，因此可以沿用第 2 章中关于载流子浓度的公式。

3.1　载流子的漂移运动

由于载流子带电，它在电场的作用下，受到电场力，发生运动，这种运动称为漂移运动，载流子的漂移运动产生漂移电流。载流子的漂移运动如图 3.1 所示，其中空心的圆圈代表空穴，实心的圆圈代表电子，二者在同一电场作用下的运动方向相反，但产生的电流方向是一致的。

载流子漂移运动的结果是在半导体中产生电流，按照电流的定义，其数值等于单位时间流过垂直电流方向的任意面积上的电荷数，如图 3.2 所示。

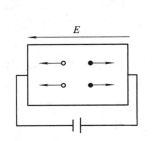

图 3.1　载流子的漂移运动示意图

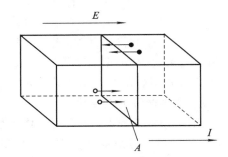

图 3.2　漂移电流定义的示意图

因此空穴的漂移电流的表达式为

$$I_{\mathrm{pdrf}} = \rho v_{\mathrm{dp}} A \tag{3.1}$$

式中：I_{pdrf} 表示空穴漂移电流，下标 "p" 表示空穴，"drf" 表示漂移；A 表示横截面积；v_{dp} 表示空穴平均漂移速度；ρ 表示电荷密度。可以将式（3.1）进一步变形为

$$I_{\mathrm{pdrf}} = e p v_{\mathrm{dp}} A \tag{3.2}$$

对应的空穴漂移电流密度为

$$J_{\mathrm{pdrf}} = e p v_{\mathrm{dp}} \tag{3.3}$$

类似地，电子漂移电流密度为

$$J_{ndrf} = - env_{dn} \tag{3.4}$$

在电场的作用下，空穴受到的电场力为 eE，因此空穴在电场作用下的运动方程为

$$m_p^* a = eE \tag{3.5}$$

按照式(3.5)载流子的漂移速度将线性增加，但是半导体中的载流子除了存在电场力作用下的加速运动外，还存在另外一种运动——载流子的散射。载流子的散射是指载流子不断地与半导体内部的电离杂质和晶格中热振动的原子之间发生碰撞，碰撞后改变载流子原来的加速度和速度。当不存在外电场时，这种散射也同样存在，只是由于这种运动完全是随机的，宏观上的平均值为零，并不形成电流。当载流子同时存在电场力作用下的加速运动和散射运动时，载流子的运动变为在两次散射间隔中的加速运动，因为散射，载流子失去了从电场中获得的部分能量，然后开始下次加速并再次散射，这样的过程一直重复。因此最终的结果是载流子的速度不可能线性增加，而是在给定的电场强度下，最终保持平均漂移速度。在有电场和无电场情况下载流子的运动如图 3.3 所示。在图 3.3(b) 中，为方便对比，用虚线表示无电场时载流子随机运动的轨迹，实线表示有电场时载流子两种运动的结果。

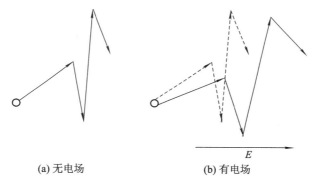

(a) 无电场   (b) 有电场

图 3.3 空穴在半导体中的运动

在电场强度较弱时，平均漂移速度与外加电场强度成正比，有

$$v_{dp} = \mu_p E \tag{3.6}$$

类似地，有

$$v_{dn} = - \mu_n E \tag{3.7}$$

将式(3.6)和式(3.7)分别代入式(3.3)和式(3.4)得到

$$J_{pdrf} = epv_{dp} = ep\mu_p E \tag{3.8}$$

$$J_{ndrf} = - env_{dn} = - en(- \mu_n E) = en\mu_n E \tag{3.9}$$

在这里 μ_n、μ_p 分别为电子迁移率和空穴迁移率。迁移率描述载流子在电场作用下的运动情况，它的物理意义是在单位电场强度下电子和空穴获得的平均漂移速度的大小。表3.1列出了在温度为 300 K 时，常见的三种半导体材料的载流子迁移率。由于电子和空穴的有效质量不同，因此它们的迁移率也有差别，从表 3.1 中可以看出电子迁移率均大于空穴迁移率。从式(3.8)和式(3.9)中可以看出，迁移率是决定漂移电流密度的重要参数之一。迁移率的单位是 $cm^2/(V \cdot s)$。

表 3.1　300 K 时三种半导体材料的载流子迁移率

材　　料	电子迁移率($cm^2/(V \cdot s)$)	空穴迁移率($cm^2/(V \cdot s)$)
硅	1350	500
锗	3900	1900
砷化镓	8000	500

　　电子和空穴两种载流子所带电量相反，在电场的作用下运动方向也相反，但是运动产生的电流方向相同，故总漂移电流密度为

$$J = J_{ndrf} + J_{pdrf} = eE(n\mu_n + p\mu_p) \tag{3.10}$$

　　事实上，推导载流子的电流密度和外加电场强度之间的关系，还可以从熟知的欧姆定律出发。

　　对于均匀导体来说，利用欧姆定律满足

$$J = \frac{I}{S} = \frac{U}{R \cdot S} \tag{3.11}$$

将电阻 R 的表达式 $R = \rho l/S$ 代入式(3.11)得到

$$J = \frac{U}{R \cdot S} = \frac{U}{\rho \dfrac{l}{S} \cdot S} = \frac{U}{\rho \cdot l} \tag{3.12}$$

式(3.12)中：ρ 为电阻率；l 为导体长度；S 为导体的横截面积。对于均匀导体而言，满足

$$E = \frac{U}{l} \tag{3.13}$$

将式(3.13)代入式(3.12)，得到

$$J = \frac{E}{\rho} = \sigma E \tag{3.14}$$

式(3.14)中，σ 是电导率，为电阻率的倒数。将式(3.10)与式(3.14)相对比，可得

$$\sigma = e(n\mu_n + p\mu_p) \tag{3.15}$$

　　对于 N 型半导体或 P 型半导体，两种载流子的迁移率差别不大，而多数载流子比少数载流子大得多。在这种情况下电流密度和电导率都主要取决于多数载流子。对于 N 型半导体有

$$J \approx en\mu_n E \tag{3.16}$$

$$\sigma \approx en\mu_n \approx eN_D\mu_n \tag{3.17}$$

对于 P 型半导体有

$$J \approx ep\mu_p E \tag{3.18}$$

$$\sigma \approx ep\mu_p \approx eN_A\mu_p \tag{3.19}$$

若这里的 N 型半导体和 P 型半导体都是补偿半导体，则式(3.17)和式(3.19)修正为

$$\sigma \approx en\mu_n \approx e(N_D - N_A)\mu_n$$

$$\sigma \approx ep\mu_p \approx e(N_A - N_D)\mu_p$$

　　对于本征半导体，两种载流子都要考虑，故有

$$J = en_i(\mu_n + \mu_p)E \tag{3.20}$$

$$\sigma = en_i(\mu_n + \mu_p) \tag{3.21}$$

　　[**例 3.1**]　在 $T = 300$ K 时，硅的掺杂浓度为 $N_A = 2 \times 10^{16}$ cm^{-3}，若外加电场强度 $E =$

5 V/cm，已知该温度下的 $n_i = 1.5 \times 10^{10}$ cm^{-3}，$\mu_p = 500$ cm^2/(V·s)，求半导体中产生的漂移电流密度。

解：所讨论的半导体为 P 型半导体，利用式(3.18)，即

$$J \approx e p \mu_p E$$

要求出漂移电流密度，先要求出多数载流子浓度。根据第 2 章中的式(2.65)

$$p_0 = \frac{N_A}{2} + \sqrt{\left(\frac{N_A}{2}\right)^2 + n_i^2}$$

代入数据后，计算得到 $p_0 = 2 \times 10^{16}$ (cm^{-3})，所有数据代入式(3.18)，得到

$$J \approx (1.6 \times 10^{-19}) \times (2 \times 10^{16}) \times 500 \times 5 = 8 \text{ (A/cm}^2)$$

3.2 载流子的散射和迁移率

在上一节中计算出漂移电流密度和电导率，并给出了迁移率的定义。在这一节中将讨论载流子的散射及迁移率与散射的关系。迁移率描述的是载流子在电场作用下获得平均漂移速度的大小，也就是半导体中的载流子在电场作用下运动的难易程度。因为载流子是在两次散射间隔的平均自由时间中进行加速的，所以半导体内部载流子的散射多了，载流子获得的沿电场方向的平均漂移速度就会减小。总体来说，载流子迁移率的大小与载流子受到散射的次数成反比。

3.2.1 载流子的散射

在半导体中，载流子受到散射的主要原因有以下几个方面：

1. 电离杂质散射

在半导体中无论掺入施主杂质还是受主杂质，其电离后会产生带正电的电离施主杂质或者带负电的电离受主杂质。在电离杂质周围存在库仑场，当带电的载流子运动到电离杂质周围时，受到库仑场的作用而改变其运动方向，发生电离杂质散射。两种载流子在两种不同的电离杂质周围发生散射的示意图，如图 3.4 所示。

图 3.4(a)表示电离施主杂质的散射，其中空心圆代表空穴，实心圆表示电子，可以看出电子和空穴遇到电离的施主杂质时，改变了载流子速度的方向和大小。图 3.4(b)与图 3.4(a)类似，当载流子遇到电离的受主杂质时，改变了速度的方向和大小。可以用散射概率来衡量散射的多少，其定义为单位时间内载流子平均受到散射的次数，用 P 表示散射概率。电离散射的散射概率与电离杂质的浓度及温度有关，满足以下关系：

$$P_i = A \frac{N_i}{T^{3/2}} \tag{3.22}$$

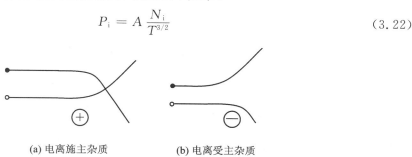

(a) 电离施主杂质　　　　(b) 电离受主杂质

图 3.4 电离杂质散射的示意图

式中：A 表示比例系数；N_i 表示电离杂质的总和，包括电离施主杂质和电离受主杂质。N_i 越大，如图 3.4 所示的散射中心越多，散射概率越大，而温度越高，载流子的平均运动速度越大，可以较快地通过电离杂质中心，不容易受到散射。

2. 晶格振动散射

一般，当实际温度高于绝对零度时，半导体晶格中的原子就具有一定的动能，会在其平衡位置附近做热振动。这种原子的热振动破坏了原来周期的势函数，从而导致载流子与振动的原子之间发生散射。由晶格振动散射导致的散射概率用 P_1 表示。P_1 与温度的关系为

$$P_1 = BT^{3/2} \tag{3.23}$$

式中，B 同样表示比例系数。温度越高，原子的热振动越明显，载流子与原子热振动之间发生的散射概率越大。

3.2.2 载流子的迁移率随温度和掺杂浓度的变化

根据牛顿运动定律

$$F = eE = m_p^* a = m_p^* \frac{\mathrm{d}v}{\mathrm{d}t} \tag{3.24}$$

设载流子初始速度为零，将式（3.24）积分后，得到

$$v = \frac{eEt}{m_p^*} \tag{3.25}$$

因为载流子只有在两次散射间隔的平均自由时间中进行加速，将式（3.25）中的 t 变为平均自由时间 τ_p 后，有

$$v_{\mathrm{dp}} = \frac{eE\tau_p}{m_p^*} \tag{3.26}$$

按照迁移率的定义式，得到空穴迁移率为

$$\mu_p = \frac{e\tau_p}{m_p^*} \tag{3.27}$$

类似地，可以推出电子迁移率为

$$\mu_n = \frac{e\tau_n}{m_n^*} \tag{3.28}$$

按照散射概率和平均自由时间的定义知，二者互为反比关系，总散射概率为电离杂质散射概率与晶格振动散射概率之和，即有

$$\frac{1}{\tau} = \frac{1}{\tau_i} + \frac{1}{\tau_l} \tag{3.29}$$

综上所述，不管是电子迁移率还是空穴迁移率，其数值由电离杂质散射和晶格振动散射二者共同决定，主要受掺杂浓度和温度的影响。

图 3.5 给出了硅的电子迁移率在不同掺杂浓度下随温度的变化曲线。从图中可以看出，总体上，电子迁移率随温度的升高而降低。但在轻掺杂半导体中，迁移率随温度的升高而降低的趋势更明显，这主要是因为晶格振动散射和电离杂质散射的概率随着温度的变化不同。在轻掺杂半导体中，晶格散射是决定迁移率的主要因素，按照式（3.23）P_1 与 $T^{3/2}$ 成正比，而 τ_l 与 $T^{3/2}$ 成反比。因为迁移率与 τ_l 成正比，故迁移率随着温度的升高而减小。随着掺杂浓度的增加，电离散射在总散射中占的比重进一步增加，而 P_1 与 $T^{3/2}$ 成反比，导致迁移率随温度的升高而减小的趋势在高掺杂浓度下变得缓慢。

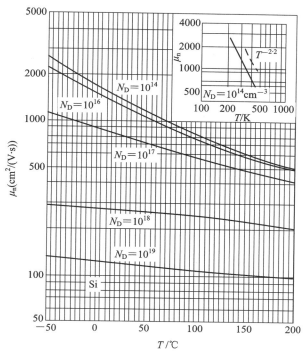

图 3.5 在不同掺杂浓度下，硅中电子迁移率随温度变化的曲线

图 3.6 是硅的空穴迁移率随温度变化的示意图，表现出与图 3.5 相似的随温度变化的规

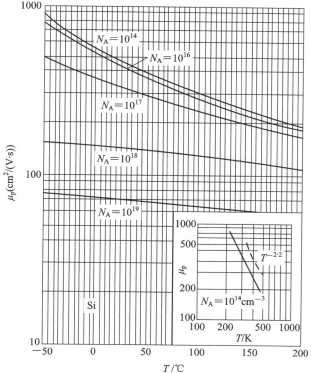

图 3.6 在不同掺杂浓度下，硅中空穴迁移率随温度变化的曲线

律。也可以在确定环境温度下，只研究载流子迁移率随掺杂浓度的变化规律，其结果如图 3.7 所示。这里要强调的是，掺杂浓度在这里指的是掺入的受主杂质和施主杂质浓度的总和。

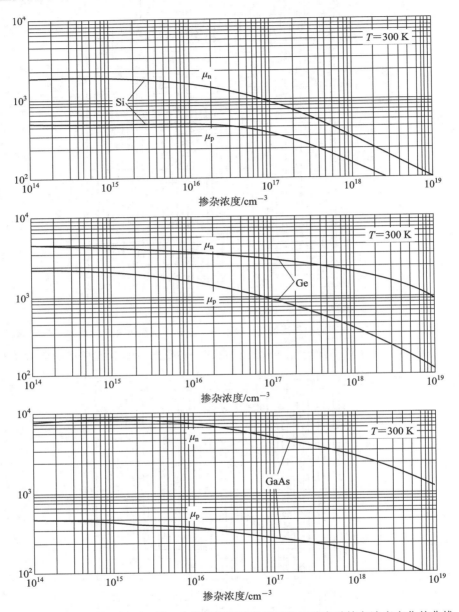

图 3.7　$T=300$ K 时，硅、锗、砷化镓的两种载流子的迁移率随掺杂浓度变化的曲线

从图 3.7 中可以看出，三种材料在 $T=300$ K 下随掺杂浓度的增加而呈现出的变化规律是一致的。总体来说，迁移率随着掺杂浓度的增加而减小，主要是由式(3.22)所决定的，掺杂浓度越大，电离杂质散射中心越多，电离杂质散射概率越大，平均自由时间越小，迁移率越小。从图 3.7 中还可以看出，迁移率随掺杂浓度增加而减小的趋势在掺杂浓度较小时并不明显，仅在掺杂浓度较大时才比较明显。在实际计算及应用中，当掺杂浓度较小时，可以不考虑其对迁移率的影响，而利用表 3.1 中的数值。

[例 3.2]　在 $T=300$ K 时，有三种半导体材料硅，分别是本征硅、只掺入施主杂质浓度为 $N_D=2\times10^{16}$ cm^{-3} 的 N 型硅和只掺入受主杂质浓度为 $N_A=2\times10^{16}$ cm^{-3} 的 P 型硅，已知该温度下的 $n_i=1.5\times10^{10}$ cm^{-3}，请分别计算这三种材料的电导率并比较其大小。

解：按照本征半导体的电导率公式(3.21)，即

$$\sigma=en_i(\mu_n+\mu_p)$$

利用表 3.1 中的数值，将数值代入上式，得到

$$\sigma=(1.6\times10^{-19})\times(1.5\times10^{10})\times(1350+500)=4.44\times10^{-6}(\Omega\cdot cm)^{-1}$$

对于 N 型半导体，利用式(3.17)，即

$$\sigma\approx en\mu_n$$

按照第 2 章中的知识，$n_0=2\times10^{16}$ cm^{-3}，考虑到图 3.7 中迁移率受到掺杂浓度的影响，在 $N_D=2\times10^{16}$ cm^{-3} 时，$\mu_n=1000$ cm^2/(V·s)，代入上式，得到

$$\sigma=(1.6\times10^{-19})\times(2\times10^{16})\times1000=3.2\,(\Omega\cdot cm)^{-1}$$

对于 P 型半导体，利用式(3.19)，即

$$\sigma\approx ep\mu_p$$

按照第 2 章中的知识，$p_0=2\times10^{16}$ cm^{-3}，考虑到图 3.7 中迁移率受到掺杂浓度的影响，在 $N_D=2\times10^{16}$ cm^{-3} 时，$\mu_p=480$ cm^2/(V·s)，代入上式，得到

$$\sigma=(1.6\times10^{-19})\times(2\times10^{16})\times480=1.536\,(\Omega\cdot cm)^{-1}$$

说明：从题中计算的结果可以比较这三种半导体材料的电导率，其中本征半导体的电导率最小，主要是由于本征载流子浓度较低；N 型半导体的电导率最大，而 P 型半导体的电导率居中，这主要是因为空穴的迁移率小于电子的迁移率导致的。

[例 3.3]　根据硅在 $T=300$ K 时低掺杂浓度下的迁移率，估算一下电子和空穴两种载流子的平均自由时间(为使计算结果正确，设半导体为本征半导体)。

解：按照式(3.27)，即

$$\mu_p=\frac{e\tau_p}{m_p^*}$$

变形后得到

$$\tau_p=\frac{\mu_p m_p^*}{e}$$

将表 3.1 中的 $\mu_p=500$ cm^2/(V·s) 及 $m_p^*=0.36m_0$ 代入上式得到

$$\tau_p=\frac{(500\times10^{-4})\times(0.36\times9.11\times10^{-31})}{1.6\times10^{-19}}=1.024\times10^{-13}(s)$$

类似地，将 $\mu_n=1350$ cm^2/(V·s) 及 $m_p^*=0.26m_0$ 代入相应的公式中后可以计算出

$$\tau_n=\frac{(1350\times10^{-4})\times(0.26\times9.11\times10^{-31})}{1.6\times10^{-19}}=1.998\times10^{-13}(s)$$

3.2.3　电阻率

由电导率和电阻率互为倒数的关系，可以推出电阻率的公式为

$$\rho=\frac{1}{\sigma}=\frac{1}{e(n\mu_n+p\mu_p)} \tag{3.30}$$

从式(3.30)可以看出，影响电阻率的因素比较多，包括两种载流子浓度和两种载流子的

迁移率，由于载流子浓度和迁移率都随着掺杂浓度与温度变化，因此电阻率也是关于掺杂浓度和温度的函数。和前面电导率的近似公式一样，可以推出在 N 型半导体、P 型半导体和本征半导体下的电阻率公式分别为

$$\rho \approx \frac{1}{en\mu_n} \quad (\text{N 型半导体}) \tag{3.31}$$

$$\rho \approx \frac{1}{ep\mu_p} \quad (\text{P 型半导体}) \tag{3.32}$$

$$\rho = \frac{1}{\sigma} = \frac{1}{e(n\mu_n + p\mu_p)} \quad (\text{本征半导体}) \tag{3.33}$$

下面考察一块 N 型半导体，其电阻率随杂质浓度及温度的变化情况。图 3.8 为 N 型硅和 P 型硅的电阻率随杂质浓度变化的曲线。

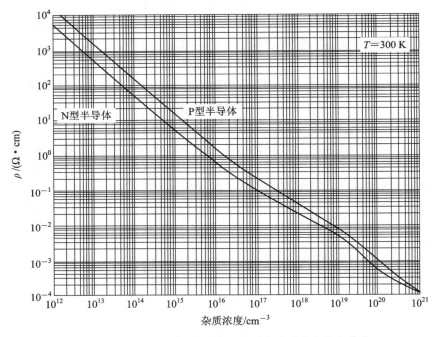

图 3.8　$T = 300$ K 时，硅的电阻率随杂质浓度变化的曲线

在式(3.31)和式(3.32)中，若杂质完全电离，则式中的 n 或 p 就等于 N_D 或 N_A，对于补偿后的 N 型或者 P 型半导体，式中的 n 或 p 就等于 $N_D - N_A$ 或 $N_A - N_D$。因此在不考虑迁移率随杂质浓度变化的时候，电阻率应该随着杂质浓度的增加线性减小。从图 3.8 中可以看出，电阻率在掺杂浓度较低时随着杂质浓度的增加近乎线性减小，但随着杂质浓度的增加，这种变化开始偏离线性，这主要是迁移率本身随杂质浓度的增加也开始出现降低的原因。

对于电阻率随温度的变化更为复杂，因为多数载流子浓度本身按温度呈现不同的变化规律，图 3.9 示意性地画出某杂质半导体电阻率随温度变化的曲线。

从图 3.9 中可以看出，在低温区，杂质电离随温度升高而增高，晶格振动散射可以忽略，主要是杂质电离散射，故迁移率随着温度升高而增加，所以电阻率随着温度的升高而降低。在饱和区，杂质完全电离，载流子浓度几乎不随温度变化，随着温度的升高，晶格振动散射成为主要散射机构，迁移率随着温度的升高而降低，因此电阻率随着温度升高而增加。随着

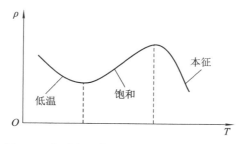

图 3.9　杂质半导体电阻率随温度变化的曲线

温度的进一步升高，进入本征激发区，载流子浓度主要由本征载流子浓度决定，随着温度的增加而迅速增加，迁移率随温度的变化成为次要的因素，所以电阻率随着温度的增加而减小。

对于本征半导体，它的电阻率的变化与图 3.9 中的规律不同，因为 n_i、p_i 随温度的增加迅速增加，类似于图 3.9 中的本征区，相比之下，迁移率随温度的变化可以忽略。因此本征半导体的电阻率随温度的增加而单调减小。

3.2.4　饱和速度和强场迁移率

在前面的计算中，假设迁移率与外加的电场强度无关，平均漂移速度随着外加电场强度的增加而线性增加，但当电场强度足够强时，这种关系将发生偏移。图 3.10 给出了三种半导体中电子和空穴的漂移速度与外加电场之间的关系曲线。

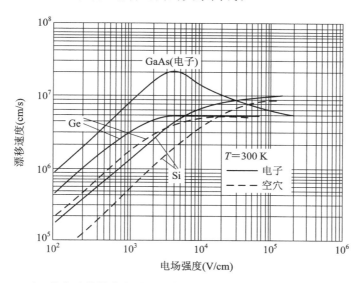

图 3.10　硅、锗和砷化镓中电子和空穴的漂移速度与外加电场之间的关系曲线

从图 3.10 中可以看出，在外加电场强度较小时，漂移速度正比于电场强度，直线的斜率就是迁移率。但随着外加电场强度的增加，漂移速度随电场强度的增加不再是线性增加，而是缓慢增加，直到一个饱和值。不同材料的不同载流子的饱和漂移速度不同，硅的电子或空穴的饱和漂移速度为 10^7 cm/s 的数量级。

关于这一现象，可以利用一个简单的模型来解释。由于迁移率和平均自由时间成正比，假设载流子在两次散射之间的平均自由程 l 为固定值，载流子的速度由两部分组成，一部分是漂移速度 v_d，一部分是热运动速度 v_{th}，即有

$$\tau = \frac{l}{v_d + v_{th}} \qquad (3.34)$$

在弱场情况下，满足 $v_{th} \gg v_d$，平均自由时间为定值，迁移率为定值，漂移速度随着外加电场强度的增加而线性增加。

随着电场强度的增加，漂移速度不能忽略，平均自由时间和弱场情况相比减小，迁移率减小，漂移速度随着外加电场强度的增加而缓慢增加。

在强场情况下，漂移速度和热运动速度大小相当，可近似为

$$\tau = \frac{l}{2v_d} \propto \frac{1}{E} \qquad (3.35)$$

由于

$$\mu \propto \frac{1}{E}, \ v_d = \mu E \rightarrow C \qquad (3.36)$$

式(3.36)中，C 表示常数，故载流子达到饱和漂移速度。

从图 3.10 中可以看出，砷化镓电子漂移速度曲线为先增加到最大值后降低，最后达到饱和速度。与其他曲线相比，砷化镓曲线出现随着电场强度的增加漂移速度减小的一段特殊区域。这种现象的出现主要是由砷化镓的能带结构决定的。根据砷化镓的 $E-k$ 关系，存在两种不同有效质量的电子，当外加电场较弱时，电子处在有效质量较小的能谷位置，当外加电场增加到一定数值后，电子跃迁到有效质量较大的能谷位置，因有效质量增大，故出现了平均漂移速度随着外场的增加而减小的现象。

[**例 3.4**]　在室温 $T=300$ K 时，电阻率为 0.3 ($\Omega \cdot$ cm)的某 P 型半导体，求其电子浓度和空穴浓度。已知 $\mu_n = 750$ cm^2/(V $\cdot$ s)，$\mu_p = 750$ cm^2/(V $\cdot$ s)，$n_i = 1.6 \times 10^{16}$ cm^3。

解：根据前面的公式(3.32)有

$$p_0 \approx \frac{1}{e \rho \mu_p} = \frac{1}{(1.6 \times 10^{-19}) \times 0.3 \times 750} = 2.78 \times 10^{16} (\text{cm}^{-3})$$

按照载流子乘积满足的关系，有

$$n_0 \approx \frac{(1.6 \times 10^{16})^2}{2.78 \times 10^{16}} = 9.2 \times 10^{15} (\text{cm}^{-3})$$

3.3　载流子的扩散运动

半导体中的载流子除了存在 3.1 节中讨论的漂移运动外，还有一种运动称为扩散。扩散是指在浓度梯度的作用下，载流子从高浓度的区域向低浓度的区域运动的过程。在实际中存在很多扩散运动的例子，比如将一滴墨水滴入清水中，由于一开始墨水滴入的局部浓度很高，而其他地方墨水的浓度为零，因此随着时间的推移，组成墨水的微观粒子将发生扩散，经过足够长的时间，整个水里的墨水含量均匀。扩散运动是通过原子等微观粒子的热运动而实现的。由于载流子本身带电，所以载流子的扩散运动会产生扩散电流。

如图 3.11 所示，假设电子浓度和空穴浓度在 x 方向上存在浓度梯度，直接给出空穴扩散电流密度和电子扩散电流密度的表达式分别为

$$J_{\text{ndif}} = eD_{\text{n}} \frac{dn}{dx} \tag{3.37}$$

$$J_{\text{pdif}} = -eD_{\text{p}} \frac{dp}{dx} \tag{3.38}$$

式(3.37)及式(3.38)中，D_{n}、D_{p} 分别为电子扩散系数和空穴扩散系数，其单位为 cm^2/s，扩散系数是反映浓度梯度作用下载流子扩散运动强弱的参量。从图 3.11(b)、(c)中可以看出，在假设相同的浓度梯度下，电子和空穴的扩散运动的方向相同，二者产生的电流密度的方向却是相反的。在式(3.37)中电子流动的方向是沿负 x 轴方向，考虑到电子带负电，故相乘后式(3.37)结果为正。在式(3.38)中空穴流动的方向也是沿负 x 轴方向，考虑到空穴带正电，故相乘后式(3.38)结果为负。因此，在相同的浓度梯度下，两种载流子的扩散电流方向相反。

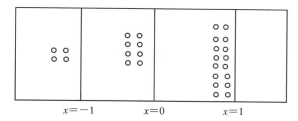

(a) 半导体内不均匀的空穴分布示意图

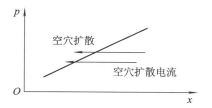

(b) 已知浓度梯度下空穴的扩散运动和扩散电流方向

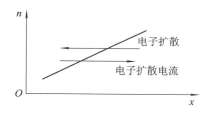

(c) 已知浓度梯度下电子的扩散运动和扩散电流方向

图 3.11　空穴浓度梯度分布及扩散电流的方向

在半导体中，当既存在电场又存在浓度梯度时，即前面讲述的两种运动都同时存在，总的电流密度由这二者共同决定，有

$$J_{\text{n}} = eD_{\text{n}} \frac{dn}{dx} + en\mu_{\text{n}}E \tag{3.39}$$

$$J_{\text{p}} = -eD_{\text{p}} \frac{dp}{dx} + ep\mu_{\text{p}}E \tag{3.40}$$

也可以把半导体中存在的这四种电流综合在一起，表示为总电流密度，对于一维的简单情况，总电流密度的表达式为

$$J = en\mu_{\text{n}}E + ep\mu_{\text{p}}E + eD_{\text{n}} \frac{dn}{dx} - eD_{\text{p}} \frac{dp}{dx} \tag{3.41}$$

[**例 3.5**]　在 $T=300$ K 时，已知在某硅材料中电子的浓度线性变化，如图 3.12 所示，且电子的扩散系数为 $D_{\text{n}} = 25\ \text{cm}^2/\text{s}$，计算扩散电流密度。

解：按照电子扩散电流密度的定义式(3.37)，即

$$J_{\text{ndif}} = eD_{\text{n}} \frac{dn}{dx}$$

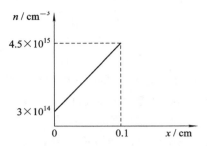

图 3.12　电子浓度变化曲线

因为假设在该题中电子浓度线性变化，故

$$J_{\text{ndif}} = (1.6 \times 10^{-19}) \times 25 \times \frac{(4.5 \times 10^{15} - 0.3 \times 10^{15})}{0.1} = 0.168 \, (\text{A/cm}^2)$$

3.4　爱因斯坦关系

通过对载流子输运现象的研究，我们得到：迁移率是描述载流子在外电场的作用下运动难易程度的量；扩散系数是描述载流子在浓度梯度的作用下运动难易程度的量。事实上，对于电子和空穴来说，这两个量并不是相互独立的，而是存在一定关系的。爱因斯坦关系就是描述载流子迁移率和扩散系数之间的关系。

在以前的讨论中，都假设掺杂半导体中是均匀掺杂的，即在半导体内部各处的掺杂浓度都相等。在这里为了推导爱因斯坦关系，我们考虑一块非均匀掺杂的半导体。所谓非均匀掺杂半导体，是指在半导体的不同位置掺入的杂质浓度不同。图 3.13 为一块非均匀掺杂半导体的掺杂浓度与位置关系的曲线，如果是均匀掺杂，应为一条平行于 x 轴的直线。

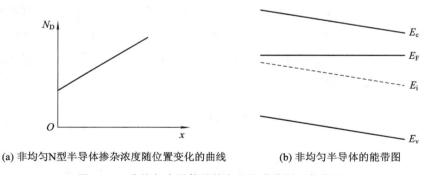

(a) 非均匀N型半导体掺杂浓度随位置变化的曲线　　(b) 非均匀半导体的能带图

图 3.13　非均匀半导体的掺杂浓度曲线图和能带图

在第 2 章中关于费米能级的讨论，提到费米能级是衡量半导体中电子占据能级水平的一个度量，故对于一个处于热平衡状态的半导体，其费米能级是恒定不变的。在假设杂质完全电离的情况下，非均匀半导体内存在电子的浓度梯度，沿着 x 轴的方向电子浓度越来越大，浓度梯度的存在导致了电子的扩散运动，其扩散的方向是沿着 x 轴的负方向。扩散运动的后果是将原来半导体中存在的电中性条件破坏，靠左边的半导体因为接收了扩散来的电子而局部带负电，靠右边的半导体因为电子的流出而局部带正电。这种局部带电的现状导致半导体内部存在电场，电场的方向是沿着 x 轴的负方向。在电场作用下载流子的漂移运动的方向与扩散运动的方向相反，阻止了扩散的进一步进行。正是因为内建电场的存在导致电势是 x 的函数，电势能也是 x 的函数，随位置变化的电势能叠加在原来的能带图上，从而得到了如图 3.13(b)所示的能带图。此时半导体内部虽然既有扩散运动，又有漂移运动，但二者达到一个平衡，平衡下的非均匀掺杂的半导体总电流为零，即有

$$J_{\text{n}} = eD_{\text{n}} \frac{\mathrm{d}n}{\mathrm{d}x} + en\mu_{\text{n}}E = 0 \tag{3.42}$$

在式(3.42)中，$\mathrm{d}n/\mathrm{d}x$ 在杂质完全电离的假设下等于 $\mathrm{d}N_{\text{D}}(x)/\mathrm{d}x$，要利用式(3.42)推导出迁移率和扩散系数的关系，必须求出内建电场 E 的表达式。

根据电子电势能和电势的关系，得到电势的表达式为

$$\phi = \frac{E_{\text{F}} - E_{\text{Fi}}}{e} \tag{3.43}$$

根据电势和电场之间的关系，结合图 3.13(b)，有

$$E = -\frac{\mathrm{d}\phi}{\mathrm{d}x} = \frac{\mathrm{d}E_{\text{Fi}}}{e} \tag{3.44}$$

要求出内建电场，必须求出本征费米能级随位置的变化率，考虑到式(2.36)，即

$$n_0 = n_{\text{i}} \exp\left[\frac{E_{\text{F}} - E_{\text{Fi}}}{kT}\right] \approx N_{\text{D}}(x) \tag{3.45}$$

利用式(3.35)解出

$$\frac{\mathrm{d}E_{\text{Fi}}}{\mathrm{d}x} = -\frac{kT}{N_{\text{D}}(x)} \frac{\mathrm{d}N_{\text{D}}(x)}{\mathrm{d}x} \tag{3.46}$$

将式(3.46)代入式(3.44)中，得到

$$E = -\frac{kT}{eN_{\text{D}}(x)} \frac{\mathrm{d}N_{\text{D}}(x)}{\mathrm{d}x} \tag{3.47}$$

将式(3.47)代入式(3.42)中，得到

$$D_{\text{n}} \frac{\mathrm{d}N_{\text{D}}(x)}{\mathrm{d}x} - \mu_{\text{n}} N_{\text{D}}(x) \frac{kT}{eN_{\text{D}}(x)} \frac{\mathrm{d}N_{\text{D}}(x)}{\mathrm{d}x} = 0 \tag{3.48}$$

整理后得到

$$\frac{D_{\text{n}}}{\mu_{\text{n}}} = \frac{kT}{e} \tag{3.49}$$

类似地，可以得到

$$\frac{D_{\text{p}}}{\mu_{\text{p}}} = \frac{kT}{e} \tag{3.50}$$

也就是满足

$$\frac{D_{\text{n}}}{\mu_{\text{n}}} = \frac{D_{\text{p}}}{\mu_{\text{p}}} = \frac{kT}{e} \tag{3.51}$$

这就是描述载流子迁移率和扩散系数关系的式子，称为爱因斯坦关系。有了爱因斯坦关系后，总电流密度的表达式(3.41)可以变形为

$$J = e\mu_{\text{n}}\left(nE + \frac{kT}{e} \frac{\mathrm{d}n}{\mathrm{d}x}\right) + e\mu_{\text{p}}\left(pE - \frac{kT}{e} \frac{\mathrm{d}p}{\mathrm{d}x}\right) \tag{3.52}$$

利用爱因斯坦关系，可以通过已知半导体材料中载流子迁移率的数据，推算出载流子扩散系数的数值。

[例 3.6]　根据锗材料的迁移率，算出在 $T=300$ K 时其电子扩散系数和空穴扩散系数，已知锗的 $\mu_n=3900$ cm^2/(V·s)，$\mu_p=1900$ cm^2/(V·s)。

解：根据爱因斯坦关系

$$D_n=\frac{kT}{e}\mu_n$$

将数据代入上式，得到

$$D_n=0.0259\times3900=101 \ (\text{cm}^2/\text{s})$$

类似地，可以算出

$$D_p=0.0259\times1900=49.2 \ (\text{cm}^2/\text{s})$$

爱因斯坦关系虽然是在热平衡条件下推导出来的，但是其结果也适用于非平衡条件下的半导体。

习　题

1. 在半导体中载流子输运的两种机制是什么？

2. 说明为什么电子和空穴的迁移率是不同的。

3. 当 $T=300$ K 时，半导体硅材料掺入了施主杂质，掺杂浓度为 1×10^{15} cm^{-3}，求材料的电阻率。当环境温度由 $T=300$ K 上升至 $T=450$ K 时，其电阻率将发生什么变化？

4. 已知一种半导体材料的电子迁移率和空穴迁移率分别用 μ_n 和 μ_p 表示，证明当空穴浓度为 $p_0=n_i \ (\mu_n/\mu_p)^{1/2}$ 时，电导率达到最小值为 $\sigma_{\min}=\dfrac{2\sigma_i \ (\mu_n\mu_p)^{1/2}}{\mu_n+\mu_p}$，式中的 σ_i 表示本征电导率。

5. 已知室温下电阻率为 8 $(\Omega\cdot\text{cm})$ 的 N 型半导体硅，计算半导体的电子浓度和空穴浓度。

6. 计算本征砷化镓的电导率，当其掺入了杂质浓度为 1×10^{14} cm^{-3} 的施主杂质后，重新计算其电导率，并比较。

7. 当 $T=300$ K 时，半导体材料硅中掺入了 $N_A=5\times10^{15}$ cm^{-3} 和 $N_D=1.5\times10^{16}$ cm^{-3} 的杂质后计算：

(1) 电子浓度和空穴浓度；

(2) 费米能级位置；

(3) 电导率。

8. 当 3 V 的电压加在 1.5 cm 长的半导体棒的两端时，半导体内部空穴的平均漂移速度为 5×10^3 cm/s，求半导体的空穴迁移率。

9. 推导爱因斯坦关系。

第 4 章　过剩载流子

半导体存在两种状态，一种是热平衡状态，一种是非热平衡状态。热平衡状态是半导体没有受到外界(电场、磁场、光照等)作用的状态，非热平衡状态是半导体受到外界作用的状态。当半导体处于热平衡状态时，半导体中的载流子浓度只有热平衡载流子浓度，它不随时间发生变化；而在非热平衡状态下，半导体中的载流子浓度包括热平衡载流子浓度和过剩载流子浓度。在非热平衡状态下，半导体中出现了过剩载流子，那么过剩载流子是怎么来的？过剩载流子有多少？过剩载流子的漂移和扩散是怎样进行的？解决了这些问题，就掌握了过剩载流子的性质和运动变化规律，运用这些规律，可以讨论它们对电流的贡献，确定半导体器件的工作原理。

4.1　载流子的产生和复合

在非热平衡状态下半导体中既有热平衡载流子，又有过剩载流子。载流子浓度的变化与载流子的产生和复合有关。

4.1.1　产生和复合的概念

半导体中的载流子包括导带的电子和价带的空穴。当 $T=0$ K 时，电子和空穴的浓度为零，当 $T>0$ K 时，电子和空穴的浓度不为零。通常把载流子的生成称为载流子的产生，把载流子的消失称为复合。

4.1.2　产生率和复合率

载流子生成的快慢程度用产生率来描述，定义为单位体积、单位时间内载流子增加的数目，即单位时间内载流子浓度增加的数值。通常用 G_n 和 G_p 分别表示电子和空穴的产生率。当仅有载流子产生存在时，载流子浓度与产生率的关系为

$$G_n = \frac{\mathrm{d}n}{\mathrm{d}t} \tag{4.1}$$

$$G_p = \frac{\mathrm{d}p}{\mathrm{d}t} \tag{4.2}$$

产生率的单位为 $\mathrm{cm}^{-3}\mathrm{s}^{-1}$。

载流子消失的快慢程度用复合率来描述，定义为单位体积、单位时间内载流子减少的数目，即单位时间内载流子浓度减少的数值。通常用 R_n 和 R_p 分别表示电子和空穴的复合率。当仅有载流子复合存在时，载流子浓度与复合率的关系为

$$R_n = -\frac{\mathrm{d}n}{\mathrm{d}t} \tag{4.3}$$

$$R_p = -\frac{\mathrm{d}p}{\mathrm{d}t} \tag{4.4}$$

复合率的单位为 $\mathrm{cm^{-3}s^{-1}}$。

4.1.3　载流子的产生源

载流子是怎么产生的？当 $T=0$ K 时，半导体价带为满带，导带为空带，所以半导体中的载流子浓度等于零。当 $T>0$ K 时，导带有电子，价带有空穴，载流子浓度不为零。当把一块 $T=0$ K 的半导体放置在 $T>0$ K 的环境中时，半导体中的载流子就会从无到有。可见，温度是产生载流子的一种源。事实上，载流子产生是需要能量的，对温度来说，这种能量就是热能。

除了温度这种载流子的产生源外，还有其他的载流子产生源，如光照，价带的电子吸收光能后跃迁到导带，就会产生电子和空穴，因此光也是载流子的产生源。

当有这些产生源时，它们就会按照其产生率生成载流子。当产生源撤离时，载流子随即停止产生。

4.1.4　影响载流子复合的因素

载流子的复合是载流子消失的过程。对于直接复合，一个电子从导带跃迁到价带，导带的一个电子消失，同时，价带的一个空穴也消失了。由于导带电子到价带的跃迁是能量减小的过程，所以，电子与空穴的复合就不需要其他外部的力量来激励。它是一个自然的过程，在同一位置，只要有电子和空穴，它们就必然会发生复合。复合率与电子和空穴浓度成正比，即

$$R_n = R_p = \alpha n p \tag{4.5}$$

式中：n、p 分别代表电子浓度和空穴浓度；α 是比例系数，与材料有关。由于是直接复合，因此电子的复合率和空穴的复合率是相等的。如果只有复合，载流子的浓度随时间是在减少的，则复合率也随时间减小。

对于其他复合，由于有其他复合因素参与，复合不再只与载流子浓度有关，电子和空穴的复合率也不再始终相同。

4.1.5　热平衡状态下载流子的产生和复合

影响热平衡状态下半导体载流子浓度变化的因素包括热平衡载流子产生率和热平衡载流子复合率。若热平衡状态下载流子的浓度分别为 n_0、p_0，则电子和空穴的热平衡复合率 R_{n0}、R_{p0} 为

$$R_{n0} = R_{p0} = \alpha n_0 p_0 \tag{4.6}$$

电子和空穴的热平衡产生率 G_{n0}、G_{p0} 取决于温度，但可以通过热平衡状态下载流子的浓度不变来确定其大小，即有

$$\begin{cases} G_{n0} - R_{n0} = 0 \\ G_{p0} - R_{p0} = 0 \end{cases} \tag{4.7}$$

所以，在热平衡状态下，电子和空穴的产生率和复合率有如下关系：

$$G_{n0} = R_{n0} = R_{p0} = G_{p0} \tag{4.8}$$

在热平衡状态下，电子和空穴浓度保持不变，但电子和空穴的产生和复合的过程依然存在，只不过是产生的载流子和复合的载流子相等而已。

4.1.6　非热平衡状态下载流子的复合

通常，把热平衡状态下的载流子称为热平衡载流子，而把非热平衡状态下比热平衡状态下多出的那部分载流子称为过剩载流子，包括过剩电子和过剩空穴。

1. 非热平衡状态下载流子的复合率

假设当 $t = 0$ 时在半导体中存在过剩载流子，过剩电子和过剩空穴的浓度分别为 δn 和 δp，同时也存在热平衡电子浓度 n_0 和热平衡空穴浓度 p_0。此时电子的总浓度和空穴的总浓度分别为

$$\begin{cases} n = n_0 + \delta n \\ p = p_0 + \delta p \end{cases} \tag{4.9}$$

并且有

$$\begin{cases} \delta p = \delta n \\ n_0 p_0 = n_i^2 \end{cases} \tag{4.10}$$

此时，半导体中的产生源只有热产生源，而总的复合却包括热平衡载流子复合和过剩载流子复合两部分。

在非热平衡状态下，载流子的复合率可表示为

$$\begin{aligned} R_n = R_p &= \alpha n p = \alpha (n_0 + \delta n)(p_0 + \delta p) \\ &= \alpha n_0 p_0 + \alpha (p_0 \delta n + n_0 \delta p + \delta n \delta p) \\ &= R_{n0} + \delta R_n \\ &= R_{p0} + \delta R_p \end{aligned} \tag{4.11}$$

其中电子和空穴的热平衡复合率为

$$R_{n0} = R_{p0} = \alpha n_0 p_0$$

过剩电子和空穴的复合率为

$$\delta R_n = \delta R_p = \alpha (p_0 \delta n + n_0 \delta p + \delta n \delta p) \tag{4.12}$$

2. 非热平衡状态下载流子的复合规律

由于热平衡载流子的产生率和复合率相等，即单位时间增加的热平衡载流子浓度等于复合的热平衡载流子浓度，热平衡载流子的产生率和复合率同时存在的作用效果是热平衡载流子浓度不随时间变化。对于过剩载流子，当产生源消失时，过剩载流子停止增加，而只要过剩载流子存在，其复合就存在，当只有复合存在时，过剩载流子浓度就会随时间减少。

对过剩载流子，当仅有复合存在时，过剩电子复合率和过剩空穴复合率可以分别表示成

$$\delta R_n = -\frac{\mathrm{d}\delta n}{\mathrm{d}t} \tag{4.13}$$

$$\delta R_p = -\frac{\mathrm{d}\delta p}{\mathrm{d}t} \tag{4.14}$$

由式(4.12)和式(4.13)得到过剩电子浓度随时间变化的方程为

$$-\frac{\mathrm{d}\delta n}{\mathrm{d}t} = \alpha (p_0 \delta n + n_0 \delta p + \delta n \delta p) \tag{4.15}$$

同理，由式(4.12)和式(4.14)得到过剩空穴浓度随时间变化的方程为

$$-\frac{\mathrm{d}\delta p}{\mathrm{d}t} = \alpha(p_0\delta n + n_0\delta p + \delta n\delta p) \tag{4.16}$$

显然,式(4.15)和式(4.16)是等效的。因为 $\delta p = \delta n$,所以式(4.15)和式(4.16)还可写成

$$-\frac{\mathrm{d}\delta p}{\mathrm{d}t} = \alpha[p_0\delta p + n_0\delta p + (\delta p)^2] \tag{4.17a}$$

或者

$$-\frac{\mathrm{d}\delta n}{\mathrm{d}t} = \alpha[p_0\delta n + n_0\delta n + (\delta n)^2] \tag{4.17b}$$

对 N 型半导体,若 $n_0 \gg p_0$,则在小注入($\delta p_0 = \delta n_0 \ll n_0$,即过剩载流子浓度远远小于平衡时的多子浓度,保证在非平衡状态下,半导体的导电类型保持不变)条件下,式(4.17a)近似为

$$-\frac{\mathrm{d}\delta p}{\mathrm{d}t} \approx \alpha n_0\delta p \tag{4.18}$$

式(4.18)的解为

$$\delta p(t) = \delta p(0)\mathrm{e}^{-\alpha n_0 t} = \delta p(0)\mathrm{e}^{-t/\delta\tau_p} \tag{4.19}$$

式中,$\delta\tau_p = (\alpha n_0)^{-1}$ 为常数。式(4.19)反映了 N 型半导体中过剩少数载流子空穴浓度随时间指数衰减,且衰减的快慢程度与 $\delta\tau_p$ 有关。当 $t = \delta\tau_p$ 时,过剩空穴的浓度为其初始值的 $1/\mathrm{e}$。通常,把 $\delta\tau_p$ 称为 N 型半导体中过剩少子空穴的寿命。

N 型半导体中,式(4.12)可以近似为

$$\delta R_p \approx \alpha n_0\delta p = \frac{\delta p}{(\alpha n_0)^{-1}} = \frac{\delta p}{\delta\tau_p} = \alpha n_0\delta n = \frac{\delta n}{\delta\tau_n} = \delta R_n \tag{4.20}$$

显然,过剩多子电子的寿命 $\delta\tau_n = \delta\tau_p$。

对于 P 型半导体,在小注入条件下($\delta p_0 = \delta n_0 \ll p_0$)同样有

$$\delta R_n = \frac{\delta n}{(\alpha p_0)^{-1}} = \frac{\delta n}{\delta\tau_n} = \frac{\delta p}{\delta\tau_p} = \delta R_p \tag{4.21}$$

式中,$\delta\tau_n = (\alpha p_0)^{-1}$ 为 P 型半导体中过剩少数载流子电子的寿命。过剩多子空穴的寿命 $\delta\tau_p = \delta\tau_n$。

[**例 4.1**] 设某 N 型半导体在 $t = 0$ 时,半导体中过剩载流子的浓度 $\delta p = \delta n = 10^5\ \mathrm{cm}^{-3}$,过剩载流子的寿命 $\delta\tau_n = \delta\tau_p = 10^{-6}\ \mathrm{s}$。试求过剩载流子浓度随时间的变化规律,并求过剩载流子的复合率。

解:N 型半导体中的过剩载流子空穴随时间的变化规律为

$$\delta p(t) = \delta p(0)\mathrm{e}^{-t/\delta\tau_p}$$

代入 $t = 0$ 时的过剩载流子浓度和过剩载流子寿命,可得

$$\delta p(t) = 10^5\mathrm{e}^{-10^6 t}\ (\mathrm{cm}^{-3})$$

过剩电子的浓度为

$$\delta n(t) = \delta p(t) = 10^5\mathrm{e}^{-10^6 t}\ (\mathrm{cm}^{-3})$$

过剩载流子电子和空穴的复合率为

$$\delta R_p = \delta R_n = \frac{\delta p}{\delta\tau_p} = \frac{10^5}{10^{-6}} = 10^{11}\ (\mathrm{cm}^{-3}\mathrm{s}^{-1})$$

对于过剩载流子,过剩多子和过剩少子浓度相等、复合率相等、寿命也相等,即同时产生也同时消失。过剩载流子的寿命取决于材料和热平衡多子浓度,即热平衡多子浓度越高,过剩载流子寿命越短。

3. 载流子的复合与寿命

过剩载流子的复合率可以用其浓度和寿命的比值来表示,如式(4.20)和式(4.21)。

对于热平衡载流子,如果只有复合存在,而不考虑热平衡产生率时,载流子也会按指数规律衰减,衰减的快慢程度也与其寿命有关。所以,其复合率也可比照式(4.20)或式(4.21)来表示。

热平衡载流子电子的复合率可用其寿命表示为

$$R_{n0} = \alpha n_0 p_0 = \frac{n_0}{(\alpha p_0)^{-1}} = \frac{n_0}{\tau_{n0}} \tag{4.22}$$

式中,$\tau_{n0} = (\alpha p_0)^{-1}$ 为热平衡电子的寿命。

同理,热平衡载流子空穴的复合率可用其寿命表示为

$$R_{p0} = \alpha n_0 p_0 = \frac{p_0}{(\alpha n_0)^{-1}} = \frac{p_0}{\tau_{p0}} \tag{4.23}$$

式中,$\tau_{p0} = (\alpha n_0)^{-1}$ 为热平衡空穴的寿命。热平衡状态下 $R_{n0} = R_{p0}$,若 $n_0 \neq p_0$,则 $\tau_{n0} \neq \tau_{p0}$。

在非热平衡状态下,载流子电子的复合率式(4.11)可重写为

$$R_n = R_{n0} + \delta R_n = \frac{n_0}{\tau_{n0}} + \frac{\delta n}{\delta \tau_n} = \frac{n}{\tau_n} \tag{4.24}$$

式中,τ_n 为非热平衡状态下电子的总寿命。同理,可得载流子空穴总的复合率为

$$R_p = R_{p0} + \delta R_{p0} = \frac{p_0}{\tau_{p0}} + \frac{\delta p}{\delta \tau_p} = \frac{p}{\tau_p} \tag{4.25}$$

式中,τ_p 为非热平衡状态下空穴的总寿命。

关于载流子浓度可用六个量来表示,它们分别是热平衡电子浓度 n_0、热平衡空穴浓度 p_0、过剩电子浓度 δn、过剩空穴浓度 δp、非热平衡电子总浓度 n 和非热平衡空穴总浓度 p。它们之间的关系用式(4.9)来表示。相应地,载流子的复合率也可用六个量来表示,它们分别是热平衡电子复合率 R_{n0}、热平衡空穴复合率 R_{p0}、过剩电子复合率 δR_n、过剩空穴复合率 δR_p、非热平衡电子总复合率 R_n 和非热平衡空穴总复合率 R_p。载流子的复合率可表示为其浓度和寿命之比。对每一部分载流子,都可以单独来考虑其复合和寿命问题。表 4.1 列出部分符号和其代表的意义,并给出部分物理量之间的关系。

表 4.1　本章中用到的部分符号

符　　号	代表意义或表示式
n_0、p_0	热平衡电子浓度、热平衡空穴浓度
n、p	总电子浓度、总空穴浓度
δn、δp	过剩电子浓度 $\delta n = n - n_0$、过剩空穴浓度 $\delta p = p - p_0$,且 $\delta n = \delta p$
τ_{n0}、τ_{p0}	热平衡电子寿命、热平衡空穴寿命
τ_n、τ_p	总电子寿命、总空穴寿命
$\delta \tau_n$、$\delta \tau_p$	过剩电子寿命、过剩空穴寿命,且 $\delta \tau_n = \delta \tau_p$
R_{n0}、R_{p0}	热平衡电子复合率、热平衡空穴复合率,且 $R_{n0} = n_0/\tau_{n0} = R_{p0} = p_0/\tau_{p0}$
R_n、R_p	总电子复合率、总空穴复合率,且 $R_n = n/\tau_n = R_p = p/\tau_p$
δR_n、δR_p	过剩电子复合率、过剩空穴复合率,且 $\delta R_n = \delta n/\tau_n = \delta R_p = \delta p/\tau_p$

4. 热平衡载流子寿命、总载流子寿命和过剩载流子寿命之间的关系

由式(4.22)和式(4.23)可知

$$\tau_{n0} = (\alpha p_0)^{-1} \tag{4.26}$$

和

$$\tau_{p0} = (\alpha n_0)^{-1} \tag{4.27}$$

通常 $n_0 \neq p_0$，所以 $\tau_{n0} \neq \tau_{p0}$。

由式(4.22)和式(4.23)及式(4.11)可知

$$\tau_n = (\alpha p)^{-1} \tag{4.28}$$

和

$$\tau_p = (\alpha n)^{-1} \tag{4.29}$$

同样 $n \neq p$，所以 $\tau_n \neq \tau_p$。

由式(4.20)和式(4.21)及式(4.12)，并利用 $\delta n = \delta p$ 可得

$$\delta \tau_n = [\alpha(p_0 + n_0 + \delta p)]^{-1} \tag{4.30}$$

和

$$\delta \tau_p = [\alpha(p_0 + n_0 + \delta n)]^{-1} \tag{4.31}$$

显然 $\delta \tau_n = \delta \tau_p$。

对 P 型半导体，若 $p_0 \gg n_0$，则在小注入($\delta p_0 = \delta n_0 \ll p_0$)条件下，式(4.28)可近似为

$$\tau_n = (\alpha p)^{-1} = [\alpha(p_0 + \delta p)]^{-1} \approx (\alpha p_0)^{-1} = \tau_{n0} \tag{4.32}$$

式(4.30)和式(4.31)近似为

$$\delta \tau_n = [\alpha(p_0 + n_0 + \delta p)]^{-1} \approx (\alpha p_0)^{-1} = \tau_{n0} = \delta \tau_p \tag{4.33}$$

从式(4.32)和式(4.33)可以看出，对 P 型半导体，在小注入情况下，少子电子的热平衡寿命、总寿命和过剩载流子寿命相等。所以，在 P 型半导体中，少子电子的寿命都可用 τ_{n0} 表示，过剩多子空穴的寿命也用 τ_{n0} 表示。

对 N 型半导体，若 $n_0 \gg p_0$，则在小注入($\delta p_0 = \delta n_0 \ll n_0$)条件下，式(4.29)可近似为

$$\tau_p = (\alpha n)^{-1} = [\alpha(n_0 + \delta n)]^{-1} \approx (\alpha n_0)^{-1} = \tau_{p0} \tag{4.34}$$

式(4.30)和式(4.31)近似为

$$\delta \tau_p = [\alpha(p_0 + n_0 + \delta p)]^{-1} \approx (\alpha n_0)^{-1} = \tau_{p0} = \delta \tau_n \tag{4.35}$$

从式(4.34)和式(4.35)可以看出，对 N 型半导体，在小注入情况下，少子空穴的热平衡寿命、总寿命和过剩载流子寿命相等。所以，在 N 型半导体中，少子空穴的寿命都可用 τ_{p0} 表示，过剩多子电子的寿命也用 τ_{p0} 表示。

将 P 型和 N 型半导体的多子和少子寿命列于表 4.2 中，以方便对比。

表 4.2　P 型和 N 型半导体中载流子的寿命

类　型	电子寿命	空穴寿命
P 型半导体	$\tau_{n0} = \tau_n = \delta \tau_n$	$\tau_{p0} \neq \tau_p \neq \delta \tau_p = \delta \tau_n$
N 型半导体	$\tau_{n0} \neq \tau_n \neq \delta \tau_n = \delta \tau_p$	$\tau_{p0} = \tau_p = \delta \tau_p$

4.2　过剩载流子的性质

载流子在电场作用下形成漂移电流，载流子浓度不均匀时会扩散形成扩散电流。漂移和

扩散都改变了载流子的空间位置。对于确定位置而言,其载流子的浓度变化有三个因素:一个是该处的产生源,另一个是复合,最后一个就是漂移和扩散运动导致的载流子的流入和流出。

4.2.1 载流子的连续性方程

图 4.1 为 x 处的体积元,一束一维空穴流在 x 处流入微分体积元,从 $x+\mathrm{d}x$ 处流出。单位时间穿过单位横截面的空穴个数用 $F_\mathrm{p}(x)$ 来表示,单位为个$/(\mathrm{cm}^2 \cdot \mathrm{s})$。单位时间内 x 处微分体积元的空穴流入流出净增量为

$$[F_\mathrm{p}(x) - F_\mathrm{p}(x+\mathrm{d}x)]\mathrm{d}y\mathrm{d}z = -\frac{\partial F_\mathrm{p}(x)}{\partial x}\mathrm{d}x\mathrm{d}y\mathrm{d}z \qquad (4.36)$$

若净增量大于零,则代表流入微分体积元中的空穴数目大于流出微分体积元中空穴的数目,否则反之。

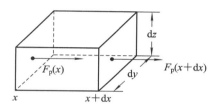

图 4.1 空穴粒子 x 处的体积元

微分体积元中空穴数目的变化还与产生源和复合有关,产生使载流子数目增加,而复合使载流子数目减少。单位时间内产生和复合导致的微分体积元中的空穴净增量为

$$(G_\mathrm{p} - R_\mathrm{p})\mathrm{d}x\mathrm{d}y\mathrm{d}z \qquad (4.37)$$

单位时间内微分体积元中空穴的净增量可表示为

$$\frac{\partial p}{\partial t}\mathrm{d}x\mathrm{d}y\mathrm{d}z \qquad (4.38)$$

它应该是流入流出净增量与产生复合净增量之和,即

$$\frac{\partial p}{\partial t}\mathrm{d}x\mathrm{d}y\mathrm{d}z = -\frac{\partial F_\mathrm{p}}{\partial x}\mathrm{d}x\mathrm{d}y\mathrm{d}z + (G_\mathrm{p} - R_\mathrm{p})\mathrm{d}x\mathrm{d}y\mathrm{d}z$$

$$\Rightarrow \frac{\partial p}{\partial t} = -\frac{\partial F_\mathrm{p}}{\partial x} + G_\mathrm{p} - R_\mathrm{p} \qquad (4.39)$$

式(4.39)即空穴的连续性方程。

同理,可得电子的连续性方程为

$$\frac{\partial n}{\partial t} = -\frac{\partial F_\mathrm{n}}{\partial x} + G_\mathrm{n} - R_\mathrm{n} \qquad (4.40)$$

式中,F_n 为电子的流量,单位为个$/(\mathrm{cm}^2 \cdot \mathrm{s})$。

4.2.2 与时间有关的扩散方程

电子和空穴的流动形成电流,每一个电子所带电量为 $-e$,而每一空穴所带电量为 $+e$,所以,流量为 F_n 的电子和流量为 F_p 的空穴形成的电流分别为

$$J_n = -eF_n \tag{4.41}$$

和

$$J_p = +eF_p \tag{4.42}$$

由前面可知，电子电流又由电子漂移电流和扩散电流构成，所以有

$$J_n = e\mu_n nE + eD_n \frac{\partial n}{\partial x} = -eF_n \tag{4.43}$$

空穴电流也由空穴漂移电流和扩散电流构成，同样有

$$J_p = e\mu_p pE - eD_p \frac{\partial p}{\partial x} = eF_p \tag{4.44}$$

将式(4.43)代入式(4.40)后得

$$\frac{\partial n}{\partial t} = \mu_n \frac{\partial(nE)}{\partial x} + D_n \frac{\partial^2 n}{\partial x^2} + G_n - R_n \tag{4.45}$$

将式(4.44)代入式(4.39)后得

$$\frac{\partial p}{\partial t} = -\mu_p \frac{\partial(pE)}{\partial x} + D_p \frac{\partial^2 p}{\partial x^2} + G_p - R_p \tag{4.46}$$

由于 $n = n_0 + \delta n$ 和 $p = p_0 + \delta p$，且热平衡载流子浓度 n_0、p_0 不随时间变化，若半导体为均匀半导体，n_0、p_0 也不随空间变化，则式(4.45)和式(4.46)可变为

$$\frac{\partial \delta n}{\partial t} = \mu_n \frac{\partial(nE)}{\partial x} + D_n \frac{\partial^2 \delta n}{\partial x^2} + G_n - R_n \tag{4.47}$$

和

$$\frac{\partial \delta p}{\partial t} = -\mu_p \frac{\partial(pE)}{\partial x} + D_p \frac{\partial^2 \delta p}{\partial x^2} + G_p - R_p \tag{4.48}$$

再根据 $G_n = G_{n0} + \delta G_n$ 和 $R_n = R_{n0} + \delta R_n$，且 $G_{n0} = R_{n0}$，式(4.47)可进一步简化为

$$\frac{\partial \delta n}{\partial t} = \mu_n \frac{\partial(nE)}{\partial x} + D_n \frac{\partial^2 \delta n}{\partial x^2} + \delta G_n - \delta R_n \tag{4.49}$$

式(4.49)为与时间有关的过剩电子的扩散方程。同理，根据 $G_p = G_{p0} + \delta G_p$ 和 $R_p = R_{p0} + \delta R_p$，且 $G_{p0} = R_{p0}$，式(4.48)可进一步简化为

$$\frac{\partial \delta p}{\partial t} = -\mu_p \frac{\partial(pE)}{\partial x} + D_p \frac{\partial^2 \delta p}{\partial x^2} + \delta G_p - \delta R_p \tag{4.50}$$

式(4.50)为与时间有关的过剩空穴的扩散方程。

与时间有关的过剩载流子的扩散方程，反映了过剩载流子浓度随时间和空间的变化规律。式(4.49)和式(4.50)中右边第一项、第二项、第三项和第四项分别反映了载流子漂移、扩散、产生和复合导致的载流子浓度随时间的变化。式(4.49)和式(4.50)看似是两个独立的方程，可以分别确定过剩电子浓度和过剩空穴浓度随时间和空间变化的函数，但其中的电场 E 并不是简单的外场，而是包括过剩电子和过剩空穴漂移而形成的内场。显然，式(4.49)和式(4.50)并不独立，而是有内在联系的。

4.3　双极输运及其输运方程

本节将讨论如何将有内在联系的式(4.49)和式(4.50)合并成为一个方程，这个方程称为双极输运方程，并利用该方程解决具体问题。

4.3.1　双极输运的概念

式(4.49)和式(4.50)两等式右边的第一项中包含电场强度 E，它是总的电场强度。某处的过剩电子和过剩空穴在外电场 $E_{外}$ 作用下，其漂移运动会使过剩电子和过剩空穴有向相反方向运动的趋势，一旦二者产生间距，就会感应出内建电场 $E_{内}$，如图 4.2 所示。这样式(4.49)和式(4.50)中电场强度 E 就为外场与内建电场的矢量和，即

$$E = E_{外} + E_{内}$$

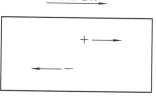

图 4.2　内建电场产生示意图

内建电场会使过剩电子和过剩空穴产生吸引力，从而阻止二者间距的扩大。这样，过剩电子和过剩空穴就会紧密地联系在一起以单一的迁移率或扩散系数共同漂移或共同扩散，这种现象称为双极输运。

即使没有外场，若过剩电子和过剩空穴以各自的扩散系数扩散，也会因扩散能力不同而具有空间分离趋势，从而形成内建电场。内建电场使过剩电子和过剩空穴产生吸引力而一起扩散。所以，无论有无外场，过剩电子和过剩空穴都会共同漂移或共同扩散。共同漂移或共同扩散是内建电场的作用。过剩电子和过剩空穴的分离形成内建电场，内建电场阻碍过剩电子和过剩空穴的进一步分离。因此，即使过剩电子和过剩空穴有分离的趋势也会自然形成内在的相互吸引力，而不是分离了才有相互的吸引力产生。所以，过剩电子和过剩空穴的双极输运使它们一起运动并保持电中性。

过剩电子和过剩空穴的相互吸引力体现在内建电场的空间变化率 $\partial E_{内}/\partial x$ 上，即使 $E_{内}$ 很小甚至趋于零，$\partial E_{内}/\partial x$ 依然存在，且不能被忽略。这很容易从数学上理解：一个函数在某处的函数值为零，但在该处的导数并不一定为零。过剩电子和过剩空穴的扩散方程中共同包含着 $\partial E_{内}/\partial x$ 这一因子，所以式(4.49)和式(4.50)有内在联系。

4.3.2　双极输运方程

由前面的分析可知，过剩电子和过剩空穴的产生率和复合率分别相等，即有

$$\begin{cases} \delta G_{n} = \delta G_{p} = G \\ \delta R_{n} = \delta R_{p} = R \end{cases} \tag{4.51}$$

利用式(4.51)，将式(4.49)和式(4.50)右边第一项展开，重写为

$$\frac{\partial \delta n}{\partial t} = \mu_{n} n \frac{\partial E}{\partial x} + \mu_{n} E \frac{\partial \delta n}{\partial x} + D_{n} \frac{\partial^2 \delta n}{\partial x^2} + \delta G - \delta R \tag{4.52}$$

和

$$\frac{\partial \delta p}{\partial t} = -\mu_{p} p \frac{\partial E}{\partial x} - \mu_{p} E \frac{\partial \delta p}{\partial x} + D_{p} \frac{\partial^2 \delta p}{\partial x^2} + \delta G - \delta R \tag{4.53}$$

利用电中性条件 $\delta n = \delta p$，将式(4.53)中的 δp 换成 δn，并对式(4.52)乘以 $\mu_{p} p$，对式(4.53)乘以 $\mu_{n} n$ 后，二式相加，两边再同除以 $(\mu_{p} p + \mu_{n} n)$，可得

$$\frac{\partial \delta n}{\partial t} = \frac{\mu_{p} \mu_{n}(p - n)}{\mu_{p} p + \mu_{n} n} E \frac{\partial \delta n}{\partial x} + \frac{\mu_{p} p D_{n} + \mu_{n} n D_{p}}{\mu_{p} p + \mu_{n} n} \frac{\partial^2 \delta n}{\partial x^2} + (\delta G - \delta R) \tag{4.54}$$

当利用电中性条件 $\delta n = \delta p$ 时，意味着过剩电子和过剩空穴几乎没有分离，内建电场趋

于零，所以式(4.54)中的 E 近似为外场。将式(4.54)中的 δn 换成 δp，则有

$$\frac{\partial \delta p}{\partial t} = \frac{\mu_p \mu_n (p-n)}{\mu_p p + \mu_n n} E \frac{\partial \delta p}{\partial x} + \frac{\mu_p p D_n + \mu_n n D_p}{\mu_p p + \mu_n n} \frac{\partial^2 \delta p}{\partial x^2} + (\delta G - \delta R) \tag{4.55}$$

令

$$\mu' = \frac{\mu_p \mu_n (p-n)}{\mu_p p + \mu_n n} \tag{4.56}$$

和

$$D' = \frac{\mu_p p D_n + \mu_n n D_p}{\mu_p p + \mu_n n} \tag{4.57}$$

它们分别为过剩载流子双极迁移率和双极扩散系数。利用式(4.56)和式(4.57)，则式(4.54)和式(4.55)分别可写为

$$\frac{\partial \delta n}{\partial t} = \mu' E \frac{\partial \delta n}{\partial x} + D' \frac{\partial^2 \delta n}{\partial x^2} + \delta G - \delta R \tag{4.58}$$

和

$$\frac{\partial \delta p}{\partial t} = \mu' E \frac{\partial \delta p}{\partial x} + D' \frac{\partial^2 \delta p}{\partial x^2} + \delta G - \delta R \tag{4.59}$$

式(4.58)和式(4.59)是完全相同的，一个用过剩电子浓度表示，一个用过剩空穴浓度表示。二者都是过剩载流子的双极输运方程。

利用爱因斯坦关系

$$\frac{D_n}{\mu_n} = \frac{D_p}{\mu_p} = \frac{kT}{e} \tag{4.60}$$

双极扩散系数式(4.57)可变为

$$D' = \frac{D_p D_n (p+n)}{D_p p + D_n n} \tag{4.61}$$

这样，在式(4.56)中双极迁移率用电子和空穴的迁移率来表示，在式(4.61)中双极扩散系数用电子和空穴的扩散系数来表示。双极迁移率和双极扩散系数还与电子浓度和空穴浓度有关，所以，双极输运方程式(4.58)或式(4.59)是非线性微分方程。

4.3.3 小注入条件下的双极输运方程

1. P 型半导体小注入条件下的双极输运方程

对 P 型半导体，假设 $p_0 \gg n_0$，小注入条件就意味着过剩载流子浓度远小于热平衡多数载流子空穴浓度，即 $p_0 \gg \delta n = \delta p$。这样，式(4.61)给出的双极扩散系数可以简化为

$$D' = \frac{D_p D_n (p_0 + \delta p_0 + n_0 + \delta n_0)}{D_p (p_0 + \delta p_0) + D_n (n_0 + \delta n_0)} \approx \frac{D_p D_n p_0}{D_p p_0 + D_n (n_0 + \delta n_0)} \tag{4.62}$$

若电子的扩散系数近似等于空穴的扩散系数，则式(4.62)可进一步简化为

$$D' = \frac{D_p D_n p_0}{D_p p_0 + D_n (n_0 + \delta n_0)} \approx \frac{D_p D_n p_0}{D_p (p_0 + n_0 + \delta n_0)} \approx \frac{D_p D_n p_0}{D_p p_0} = D_n \tag{4.63}$$

若对式(4.56)给出的双极迁移率应用 P 型半导体的小注入条件，则式(4.56)可简化为

$$\mu' \approx \mu_n \tag{4.64}$$

双极扩散系数和双极迁移率简化为少数载流子电子的扩散系数和迁移率。这样，P 型半导体中的双极输运方程式(4.58)化为

$$\frac{\partial \delta n}{\partial t} = \mu_n E \frac{\partial \delta n}{\partial x} + D_n \frac{\partial^2 \delta n}{\partial x^2} + \delta G - \delta R \tag{4.65}$$

式(4.65)为 P 型半导体中的双极输运方程,该方程为线性微分方程。在 P 型半导体中,过剩载流子的复合率可表示为

$$\delta R = \frac{\delta p}{\delta \tau_p} = \frac{\delta n}{\delta \tau_n} = \frac{\delta n}{\tau_{n0}} \tag{4.66}$$

将式(4.66)代入式(4.65)可得

$$\frac{\partial \delta n}{\partial t} = \mu_n E \frac{\partial \delta n}{\partial x} + D_n \frac{\partial^2 \delta n}{\partial x^2} + \delta G - \frac{\delta n}{\tau_{n0}} \tag{4.67}$$

显然,式(4.67)与式(4.39)类似,说明 P 型半导体中过剩载流子的输运由过剩少子电子主导。

2. N 型半导体小注入条件下的双极输运方程

对 N 型半导体,假设 $n_0 \gg p_0$,小注入条件就意味着过剩载流子浓度远小于热平衡多数载流子电子浓度,即 $n_0 \gg \delta n = \delta p$。这样,式(4.61)给出的双极扩散系数可以简化为

$$D' = \frac{D_p D_n (p_0 + \delta p_0 + n_0 + \delta n_0)}{D_p (p_0 + \delta p_0) + D_n (n_0 + \delta n_0)} \approx \frac{D_p D_n n_0}{D_p (p_0 + \delta p_0) + D_n n_0} \tag{4.68}$$

若电子的扩散系数近似等于空穴的扩散系数,则式(4.68)可进一步简化为

$$D' = \frac{D_p D_n n_0}{D_p (p_0 + \delta p_0) + D_n n_0} \approx \frac{D_p D_n n_0}{D_n (p_0 + n_0 + \delta p_0)} \approx \frac{D_p D_n n_0}{D_n n_0} = D_p \tag{4.69}$$

若对式(4.56)给出的双极迁移率应用 N 型半导体的小注入条件,则式(4.56)可简化为

$$\mu' \approx -\mu_p \tag{4.70}$$

双极扩散系数和双极迁移率简化为少数载流子空穴的扩散系数和迁移率。这样,N 型半导体中的双极输运方程式(4.59)化为

$$\frac{\partial \delta p}{\partial t} = -\mu_p E \frac{\partial \delta p}{\partial x} + D_p \frac{\partial^2 \delta p}{\partial x^2} + \delta G - \delta R \tag{4.71}$$

式(4.71)为 N 型半导体中的双极输运方程,该方程为线性微分方程。在 N 型半导体中,过剩载流子的复合率可表示为

$$\delta R = \frac{\delta n}{\delta \tau_n} = \frac{\delta p}{\delta \tau_p} = \frac{\delta p}{\tau_{p0}} \tag{4.72}$$

将式(4.72)代入式(4.71)可得

$$\frac{\partial \delta p}{\partial t} = -\mu_p E \frac{\partial \delta p}{\partial x} + D_p \frac{\partial^2 \delta p}{\partial x^2} + \delta G - \frac{\delta p}{\tau_{p0}} \tag{4.73}$$

显然,式(4.73)与式(4.40)类似,说明 N 型半导体中过剩载流子的输运由过剩少子空穴主导。

式(4.67)和式(4.73)分别是 P 型半导体和 N 型半导体中过剩载流子的双极输运方程。其中的参数均为少子参数,描述的是过剩少子的行为(漂移、扩散、产生、复合)。过剩多子的行为和过剩少子的行为相同,过剩多子的行为由过剩少子来决定。

4.3.4　双极输运方程应用

过剩载流子的输运方程求解,首先要根据过剩载流子是在 P 型半导体还是 N 型半导体中存在,从而确定过剩少子类型,以便确定选用式(4.67)还是式(4.73);其次根据是否存在

漂移、扩散、产生、复合等简化双极输运方程；最后求解方程，得到过剩少子分布和过剩多子分布。

双极输运方程是描述过剩载流子行为的方程，通过求解该方程，可以揭示过剩载流子的漂移、扩散、产生、复合等规律，进而了解和认识过剩载流子的特性。

表 4.3 给出了一些双极输运方程的简化条件和简化内容，以方便应用。

表 4.3　双极输运方程的简化条件和简化内容

简化条件	简化内容
稳定状态(浓度不随时间变化)	$\dfrac{\partial \delta n}{\partial t}=0;\ \dfrac{\partial \delta p}{\partial t}=0$
没有扩散(过剩载流子分布均匀)	$D_n\dfrac{\partial^2 \delta n}{\partial x^2}=0;\ D_p\dfrac{\partial^2 \delta p}{\partial x^2}=0$
没有漂移(无外场)	$\mu_n E\dfrac{\partial \delta n}{\partial x}=0;\ -\mu_p E\dfrac{\partial \delta p}{\partial x}=0$
没有过剩载流子产生	$\delta G=0$

[例 4.2]　当 $t=0$ 时，N 型半导体中存在均匀过剩载流子浓度 $\delta n(0)=\delta p(0)$，没有过剩载流子产生源，也无外场。试求过剩载流子浓度随时间的变化规律。

解： N 型半导体中少子为空穴，双极输运方程为式(4.73)，即

$$\frac{\partial \delta p}{\partial t}=-\mu_p E\frac{\partial \delta p}{\partial x}+D_p\frac{\partial^2 \delta p}{\partial x^2}+\delta G-\frac{\delta p}{\tau_{p0}}$$

根据已知条件可知

$$D_p\frac{\partial^2 \delta p}{\partial x^2}=0,\ -\mu_p E\frac{\partial \delta p}{\partial x}=0,\ \delta G=0$$

则双极输运方程简化为

$$\frac{\partial \delta p}{\partial t}=-\frac{\delta p}{\tau_{p0}}$$

解得

$$\delta p(t)=\delta p(0)\mathrm{e}^{-\frac{t}{\tau_{p0}}}=\delta n(t)$$

例 4.2 揭示了过剩载流子的复合规律，过剩载流子的浓度随时间指数衰减如图 4.3 所示，时间常数为半导体中的少子寿命。

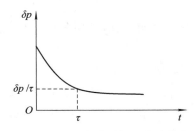

图 4.3　过剩载流子浓度随时间的变化曲线(例 4.2)

[例 4.3]　在 $x=0$ 处，N 型半导体中有稳定的过剩载流子浓度 $\delta n(0)=\delta p(0)$，其余空间没有过剩载流子产生源，也无外场。试求稳态时过剩载流子浓度在空间的分布。

解： N 型半导体中少子为空穴，双极输运方程为式（4.73），即

$$\frac{\partial \delta p}{\partial t} = -\mu_p E \frac{\partial \delta p}{\partial x} + D_p \frac{\partial^2 \delta p}{\partial x^2} + \delta G - \frac{\delta p}{\tau_{p0}}$$

根据已知条件可知

$$\frac{\partial \delta p}{\partial t} = 0, \quad -\mu_p E \frac{\partial \delta p}{\partial x} = 0, \quad \delta G = 0$$

则双极输运方程简化为

$$D_p \frac{\partial^2 \delta p}{\partial x^2} - \frac{\delta p}{\tau_{p0}} = 0$$

解得

$$\delta p(x) = \begin{cases} \delta p(0) e^{-\frac{x}{L_p}} = \delta n(x), & x \geqslant 0 \\ \delta p(0) e^{\frac{x}{L_p}} = \delta n(x), & x \leqslant 0 \end{cases}$$

其中

$$L_p = \sqrt{D_p \tau_{p0}}$$

为少子空穴的扩散长度，在扩散长度处过剩少子的浓度为 $x=0$ 处的 $1/e$。

从例 4.3 可以看出，过剩载流子边扩散边复合，在远离产生源处，过剩载流子浓度指数衰减如图 4.4 所示。可以认为，在扩散长度以外，过剩载流子浓度很小。所以，扩散长度代表了过剩载流子的扩散能力。若半导体的实际长度大于扩散长度，则过剩载流子的分布函数基本不变；若实际半导体的长度小于扩散长度，即过剩载流子还没有到达扩散长度处就已经到达半导体的边界，过剩载流子分布在实际半导体

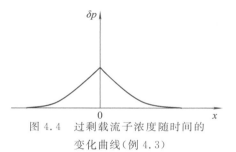

图 4.4　过剩载流子浓度随时间的
变化曲线（例 4.3）

中，则过剩载流子的实际扩散长度就是半导体的实际长度，此时过剩载流子的浓度分布中只需把扩散长度换成实际扩散长度即可。显然，在半导体表面处，过剩载流子寿命要小得多，因为在表面处必须完成复合。

4.4　准费米能级

在热平衡状态下，电子浓度和空穴浓度表达式中的费米能级是同一个费米能级，即

$$n_0 = n_i \exp\left(\frac{E_F - E_{Fi}}{kT}\right) \tag{4.74}$$

$$p_0 = n_i \exp\left(\frac{E_{Fi} - E_F}{kT}\right) \tag{4.75}$$

式（4.74）和式（4.75）说明费米能级 E_F 的变化既会改变电子浓度，又会改变空穴浓度，而电子浓度只与导带的量子态密度和电子占据导带量子态的概率相关，空穴浓度只与价带的量子态密度和空穴占据价带量子态的概率相关。衡量电子和空穴占据量子态概率是用费米-狄拉克分布函数，分布函数中的 E_F 决定了具体的概率。所以，在热平衡状态下，该费米能级可以看做是导带电子占据量子态概率为 $1/2$ 的能级，电子占据该能级以上量子态的概率小于 $1/2$，电

子占据该能级以下量子态的概率大于 1/2，但计算电子浓度时，这种概率分布只在导带有意义。同样，在热平衡状态下，该费米能级可以看做是价带空穴占据量子态概率为 1/2 的能级，空穴占据该能级以上量子态的概率大于 1/2，空穴占据该能级以下量子态的概率小于 1/2，但计算空穴浓度时，这种概率分布只在价带有意义。这样，导带电子浓度是导带电子费米能级 E_F 的函数；价带空穴浓度是价带空穴费米能级 E_F 的函数。对电子浓度而言，导带电子费米能级越高，电子浓度越大，导带电子费米能级越低，电子浓度越低；对空穴浓度而言，价带空穴费米能级越低，空穴浓度越大，价带空穴费米能级越高，空穴浓度越低。在热平衡状态下，描述导带电子占有率的费米能级和描述价带空穴占有率的费米能级是同一个费米能级，这也是热平衡状态的一个标志。

在非热平衡状态下，电子浓度和空穴浓度分别比热平衡电子浓度和空穴浓度高，即

$$n = n_0 + \delta n \tag{4.76}$$

$$p = p_0 + \delta p \tag{4.77}$$

若沿用式(4.74)表示非热平衡状态的电子浓度，比较式(4.74)和式(4.76)可知，此时的导带电子费米能级 E_{Fn} 一定高于热平衡费米能级 E_F，把此导带电子费米能级 E_{Fn} 定义为电子准费米能级，以区别热平衡状态下的费米能级 E_F，显然 $E_{Fn} > E_F$。若沿用式(4.75)表示非热平衡状态的空穴浓度，比较式(4.75)和式(4.77)可知，此时的价带空穴费米能级 E_{Fp} 一定低于热平衡费米能级 E_F，把此价带空穴费米能级 E_{Fp} 定义为空穴准费米能级，以区别热平衡状态下的费米能级 E_F，显然 $E_{Fp} < E_F$。尽管 E_{Fn}、E_{Fp} 分别为电子和空穴的准费米能级，但其费米能级的意义没变，即 E_{Fn}、E_{Fp} 分别是导带电子和价带空穴占据概率为 1/2 的能级，并且，其分布函数分别在导带和价带有意义。

在非热平衡状态下，电子浓度和空穴浓度可分别表示为

$$n = n_i \exp\left(\frac{E_{Fn} - E_{Fi}}{kT}\right) \tag{4.78}$$

$$p = n_i \exp\left(\frac{E_{Fi} - E_{Fp}}{kT}\right) \tag{4.79}$$

[例 4.4] 当 $T = 300$ K 时，N 型半导体的载流子浓度为 $n_0 = 10^{15}$ cm^{-3}，$n_i = 10^{10}$ cm^{-3}，$N_v = 10^{12}$ cm^{-3}。在非热平衡状态下，假设过剩载流子的浓度为 $\delta n = \delta p = 10^{12}$ cm^{-3}，试计算准费米能级，并计算电子占据价带顶量子态概率的变化。

解：热平衡状态下的费米能级可由式(4.74)计算，则有

$$E_F - E_{Fi} = kT \ln\left(\frac{n_0}{n_i}\right) = 0.0259 \ln\left(\frac{10^{15}}{10^{10}}\right) \approx 0.2982 \text{ (eV)}$$

在非热平衡状态下，电子准费米能级可由式(4.78)计算，则有

$$E_{Fn} - E_{Fi} = kT \ln\left(\frac{n_0 + \delta n}{n_i}\right) = 0.0259 \ln\left(\frac{10^{15} + 10^{12}}{10^{10}}\right) \approx 0.2982 \text{ (eV)}$$

在非热平衡状态下，空穴准费米能级可由式(4.79)计算，则有

$$E_{Fi} - E_{Fp} = kT \ln\left(\frac{p_0 + \delta p}{n_i}\right) = 0.0259 \ln\left(\frac{10^5 + 10^{12}}{10^{10}}\right) \approx 0.1193 \text{ (eV)}$$

在热平衡状态下，电子占据价带顶的概率为

$$f_{F}(E_{v}) = \cfrac{1}{1 + \exp\left(\cfrac{E_{v} - E_{F}}{kT}\right)} = \cfrac{1}{1 + \cfrac{N_{v}}{N_{v}}\exp\left(\cfrac{E_{v} - E_{F}}{kT}\right)}$$

$$= \cfrac{1}{1 + \cfrac{p_{0}}{N_{v}}} = \cfrac{1}{1 + \cfrac{10^{5}}{10^{12}}} = 0.99999$$

在非热平衡状态下，电子占据价带顶的概率为

$$f_{F}(E_{v}) = \cfrac{1}{1 + \exp\left(\cfrac{E_{v} - E_{Fp}}{kT}\right)} = \cfrac{1}{1 + \cfrac{N_{v}}{N_{v}}\exp\left(\cfrac{E_{v} - E_{Fi} + E_{Fi} - E_{Fp}}{kT}\right)}$$

$$= \cfrac{1}{1 + \cfrac{n_{i}}{N_{v}}\exp\left(\cfrac{E_{Fi} - E_{Fp}}{kT}\right)} = \cfrac{1}{1 + \cfrac{10^{10}}{10^{12}}\exp\left(\cfrac{0.1193}{0.0259}\right)} = 0.4997$$

从例 4.4 可以看出，在小注入条件下，多子电子浓度变化不大，所以电子准费米能级与热平衡费米能级差别也不大，几乎都在本征费米能级之上 0.2982 eV 处。少子空穴的浓度变化较大，所以空穴的准费米能级与热平衡费米能级有明显的差别，热平衡费米能级在本征费米能级之上 0.2982 eV 处，空穴准费米能级在本征费米能级之下 0.1193 eV 处。同时，在热平衡状态下，价带顶的电子占有率为 0.99999，而在非热平衡状态下，电子占有率为 0.4997。与热平衡状态相比，非热平衡状态下价带顶的电子占有率明显下降，说明非热平衡空穴浓度显著增加。

习　题

1. 什么是产生率? 什么是复合率?

2. 试分别写出电子的热平衡复合率、过剩电子复合率和总的电子复合率与各自寿命的关系式。

3. 对 P 型半导体，试比较电子和空穴的热平衡寿命、过剩载流子寿命和总寿命。

4. 当 $T = 300$ K 时，某锗材料中的施主杂质浓度 $N_{D} = 3 \times 10^{14}$ cm^{-3}，过剩空穴寿命为 10^{-8} s，过剩载流子浓度 $\delta n = \delta p = 10^{12}$ cm^{-3}。

(1) 求热平衡复合率；

(2) 计算过剩载流子复合率；

(3) 求总的复合率；

(4) 求电子的热平衡寿命、过剩电子寿命和电子总寿命。

5. 某 P 型半导体具有均匀的过剩载流子产生率 $\delta G = 10^{20}$ cm^{-3} s^{-1}，过剩少子寿命为 20 μs，无外场作用，试求过剩载流子浓度。

6. 对 N 型半导体，当 $T = 300$ K 时，在 $x = 0$ 处始终有过剩载流子浓度 $\delta n = \delta p = 10^{14}$ cm^{-3}，$x \neq 0$ 处无过剩载流子产生源，设迁移率分别为 $\mu_{n} = 7500$ cm^{2}/(V·s)，$\mu_{p} = 400$ cm^{2}/(V·s)，过剩空穴寿命为 10^{-7} s，试求过剩载流子浓度的稳态分布。

7. 某 N 型半导体材料掺杂浓度为 $N_{D} = 10^{15}$ cm^{-3}，$\delta n = \delta p = 10^{14}$ cm^{-3}，$n_{i} = 10^{10}$ cm^{-3}，试分别求电子准费米能级和空穴准费米能级与本征费米能级之差。

第 5 章 PN 结

在前面的几章中分别介绍了 N 型和 P 型半导体中的相关情况，了解了这两种半导体在平衡和非平衡状态下的一些性质。当把这两种不同类型的半导体结合起来，就在二者的交界面附近形成 PN 结。也就是说 PN 结是由 P 型半导体和 N 型半导体的紧密接触而形成的。实际中多采用控制掺杂工艺，使得半导体的一部分掺入受主杂质成为 P 型区，另外一部分掺入施主杂质成为 N 型区，在 P 型区和 N 型区的接触面附近就形成了 PN 结。PN 结一方面是构成复杂半导体器件的基本组成部分，另一方面也是最简单的半导体器件。几乎所有的半导体器件都至少包含一个 PN 结，PN 结更是二极管、晶体管及其他结型半导体器件的最重要组成部分。因为 PN 结的这种特殊性，本章将大篇幅讨论 PN 结。同时，由于分析 PN 结的基本方法也适用于分析其他的半导体器件。因此，学习 PN 结的相关知识也是学习半导体器件的基础。

本章主要讨论 PN 结的形成及其在零偏、正偏和反偏下的特性，重点讨论 PN 结在外加偏压下的电流-电压特性、PN 结的电容特性及击穿特性等。

5.1 PN 结的形成及其基本结构

图 5.1 是 PN 结的基本结构示意图。实际中制作 PN 结比较常用的工艺方法有合金法、扩散法、外延生长法及离子注入法等。通过利用这些方法，将半导体其中一部分变成 P 型，另外一部分变成 N 型，则在两种半导体的交界面附近就形成了 PN 结。由于不同的制作工艺导致形成的 PN 结的杂质分布也不相同，下面讨论两种典型的 PN 结制造工艺及由这种制造工艺形成的 PN 结的杂质分布。

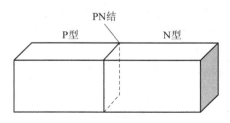

图 5.1 PN 结的结构示意图

5.1.1 合金法及其形成的 PN 结的杂质分布

用合金法制作 PN 结的基本过程如图 5.2 所示，图中的衬底材料是已经进行均匀掺杂的 N 型硅，在 N 型硅上，放置金属 Al，并对其加热使温度升高以形成 Al 和 N 型硅的共熔体。然后降温，由于在降温过程中，Al 将从共熔体中向衬底运动并随着温度的降低而再次凝固。在再凝固的区域，局部含有大量的 Al，使得该区域反转为 P 型，它和 N 型硅衬底的交界面处形成了 PN 结。利用这种方法制备的 PN 结称为合金结。

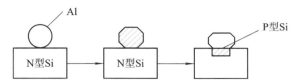

图 5.2　合金法制作 PN 结的过程示意图

利用合金法制备的合金结的杂质分布特点是：衬底的掺杂浓度是均匀分布的，用 N_D 表示；掺入 P 区的掺杂浓度也是均匀分布的，用 N_A 表示。在二者的交界面附近，杂质浓度将由一侧的 N_A（或 N_D）突变到 N_D（或 N_A）。把这种通过合金法制作在各自区域内具有杂质均匀分布的特点，而在界面附近发生突变的结称为突变结。突变结内的杂质分布为

$$\begin{cases} N(x) = N_A, \ x < x_j \\ N(x) = N_D, \ x > x_j \end{cases} \tag{5.1}$$

突变结的杂质分布如图 5.3 所示。如果在突变结中，两边的杂质浓度相差很大，掺杂浓度差别在 3～4 数量级或以上，则称其为单边突变结。在表示时，在掺杂浓度较大的半导体上标"＋"，即如果 $N_A \gg N_D$，则用 P^+N 结表示；如果 $N_D \gg N_A$，则用 PN^+ 结表示。

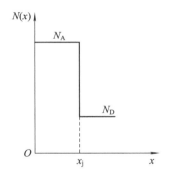

图 5.3　突变结的杂质分布示意图

5.1.2　扩散法及其形成的 PN 结的杂质分布

用扩散法制作 PN 结的基本过程如图 5.4 所示，同样用到的衬底材料也是已经进行了均匀掺杂的 N 型半导体。首先通过氧化，在 N 型硅的表面氧化生长一层二氧化硅薄膜，然后利用光刻工艺在已形成的二氧化硅薄膜上做出一个供后面扩散的窗口。最后将 P 型的杂质从窗口中通过扩散进入半导体内，为了提高扩散效率，扩散的过程可以在高温下进行。扩散结束后，就在窗口附近的位置形成了 PN 结。把利用扩散法制备的 PN 结称为扩散结。

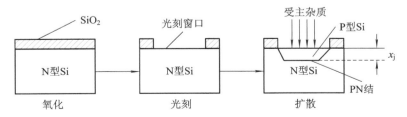

图 5.4　扩散法制作 PN 结的过程

和合金结相比，扩散结中的杂质分布要复杂得多，因为最终的杂质分布是由扩散过程和杂质补偿来共同决定的。一般来说，扩散结的杂质分布也不像合金结那样在交界面附近突然发生变化，而是由一种导电类型逐渐过渡到另一种导电类型。扩散结的杂质浓度分布如图5.5(a)所示。其杂质分布可表示为

$$\begin{cases} N_A > N_D, & x < x_j \\ N_D > N_A, & x > x_j \end{cases} \tag{5.2}$$

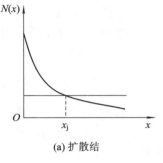
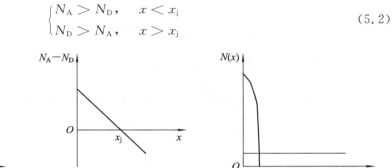

| (a) 扩散结 | (b) 线性缓变结近似 | (c) 突变结近似 |

图 5.5　扩散结的杂质分布

如果杂质浓度的变化近似按某一固定的浓度梯度变化，即可用线性变化来表示，则称这种 PN 结为线性缓变结，图 5.5(b) 为线性缓变结近似。其杂质浓度可表示为

$$N_D - N_A = \alpha_j(x - x_j) \tag{5.3}$$

对于高表面浓度的浅扩散结，可以用突变结来近似扩散结，图 5.5(c) 为突变结近似。

因此采用不同的制备工艺就会得到不同杂质分布的 PN 结，一般来说，典型的 PN 结的杂质分布主要有突变结和线性缓变结两种。

5.2　平衡 PN 结及其能带

在这一节中主要讨论平衡 PN 结的能带和在平衡状态下 PN 结的各种特性。

5.2.1　平衡 PN 结

在未形成 PN 结之前，独立的 P 型半导体和 N 型半导体都是电中性的，虽然在 P 型半导体内部存在着大量的带正电的空穴和带负电的电离受主，但其正负电荷数量相等，因而对外呈现出电中性，N 型半导体也是类似的。一旦 P 区和 N 区形成紧密接触，由于在 P 区内存在大量的空穴载流子，而在 N 区内存在大量的电子载流子，在交界面附近形成电子和空穴的浓度差，即形成电子和空穴的浓度梯度。在浓度梯度的作用下，N 区的多子电子向 P 区扩散；同时 P 区的多子空穴向 N 区扩散，如图 5.6(a) 所示。随着 P 区中多子空穴扩散的离去，P 区内部原来的电中性被破坏，而留下带负电的不能移动的电离受主离子；同样，随着 N 区中多子电子扩散的离去，N 区内部原来的电中性被破坏，而留下带正电的不能移动的电离施主离子。这样，在交界面的两侧分别形成了两个局部带电的区域，靠近 N 区附近带正电，靠近 P 区附近带负电，通常把在 PN 结附近这些电离受主和电离施主的电荷称为空间电荷，把这个带电的区域称为空间电荷区，如图 5.6(b) 所示。

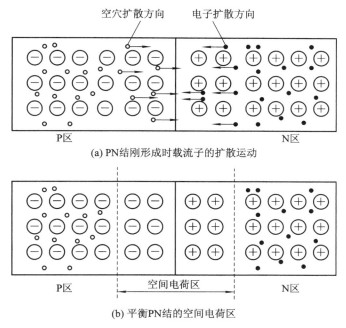

图 5.6　PN 结空间电荷区

在空间电荷区会存在电场，电场的方向是由带正电的 N 区指向带负电的 P 区，由于这个电场不是外加的，而是内部产生的，把这个电场称为内建电场。在内建电场的作用下，载流子还要发生电场作用下的漂移运动，由于电场的方向是由 N 区指向 P 区，因此电子在电场的作用下由 P 区向 N 区运动，空穴在电场的作用下由 N 区向 P 区运动。载流子漂移运动的方向与扩散运动的方向恰好相反，也就是说内建电场的出现起了阻碍载流子继续扩散的作用。扩散运动发展的结果是产生一个与扩散运动方向相反的漂移运动，最终达到平衡状态。刚开始的时候，扩散运动很强，空间电荷逐渐增加，内建电场逐渐变强，载流子的漂移运动逐渐变强。最终达到载流子的漂移运动和载流子的扩散运动之间的动态平衡。此时，空间电荷的数量不再继续增加，空间电荷区的宽度也不再继续变宽。此时 PN 结中没有电流流过，即流过 PN 结的净电流为零。

由于扩散运动，在空间电荷区，N 区中的电子和 P 区中的空穴几乎都扩散离开了这个区域，从这个角度出发，这个区域的载流子都耗尽了，因此也可以把这个区域命名为耗尽区。达到平衡状态的 PN 结如图 5.6(b)所示。平衡 PN 结主要有以下特征：

（1）扩散电流和漂移电流达到动态平衡，通过 PN 结的净电流为零；

（2）空间电荷区的正负电荷数量相等；

（3）空间电荷区之外的 N 型区和 P 型区为电中性区。

5.2.2　平衡 PN 结的能带

平衡独立时 P 区和 N 区的费米能级如图 5.7(a)、(b)所示。当 PN 结达到热平衡状态时，由于热平衡状态时的半导体要保持统一的费米能级，即费米能级处处相等，其能带图与 P 型半导体和 N 型半导体独立时的能带图相比要发生变化。为了使热平衡 PN 结费米能级达到统一，假设 P 区的能带不动时，N 区的能带要相对 P 区下移；或者假设 N 区的能带不动时，P 区的能带相对 N 区上移。这样做的目的并不仅仅是使得费米能级达到统一，也是内建电场的存在而导致的。由于内建电场的方向是由 N 区指向 P 区，因此 N 区的电势高，P 区的电势低，因为电子带负电，P 区的电势能比 N 区的电势能高，而能带图则是按照电子的能量高低表示的图示，因此 P 区的能带和 N 区相比上移，即表示出 P 区的电势能比 N 区高，同时也实现费米能级的统一。

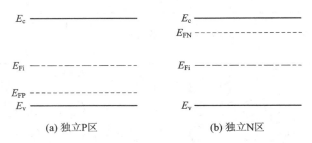

(a) 独立P区   (b) 独立N区

图 5.7　构成 PN 结前独立的 P 型区和独立的 N 型区的能带图

　　由于 P 区能带相对于 N 区发生了上移，因此空间电荷区的能带发生了弯曲。因为能带弯曲，N 区的电子在扩散时，遇到一个势垒，使得电子必须克服这个势垒才能运动到 P 区；同理，P 区的空穴也在扩散时，遇到一个势垒，使得空穴必须克服这个势垒才能运动到 N 区。因此，空间电荷区也可以称为势垒区。这个势垒称为内建电势差。正是由于这个电势差的存在，维持了 N 区电子和 P 区电子及 N 区空穴和 P 区空穴之间的平衡。平衡后 PN 结的能带图如图 5.8 所示。

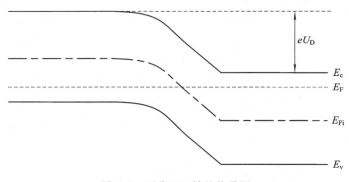

图 5.8　平衡 PN 结的能带图

5.3　平衡 PN 结的参数

　　在了解了 PN 结形成后内部发生的变化和能带图的变化后，这一小节讨论在平衡 PN 结中包括内建电势差、电场强度、电势和势垒区宽度等参数的表达式。

5.3.1　内建电势差

　　内建电势差乘以电子电量就是 PN 结能带图中的能带弯曲量，而 PN 结的能带弯曲量又等于平衡时 P 区和 N 区的费米能级之差，即

$$eU_D = E_{FN} - E_{FP} \tag{5.4}$$

在本章中用 N_A 和 N_D 分别表示在 PN 结中 P 区和 N 区的净受主浓度和净施主浓度。为了和第 2 章的符号区分，在本章中用 n_{N0}、p_{P0} 分别表示平衡 PN 结中 N 区的电子浓度和 P 区的空穴浓度，则有

$$n_{N0} = n_i \exp\left(\frac{E_{FN} - E_{Fi}}{kT}\right) = N_D \tag{5.5}$$

即

$$E_{FN} - E_{Fi} = kT \ln \frac{N_D}{n_i} \tag{5.6}$$

同理

$$p_{P0} = n_i \exp\left(\frac{E_{Fi} - E_{FP}}{kT}\right) = N_A \tag{5.7}$$

即

$$E_{Fi} - E_{FP} = kT \ln \frac{N_A}{n_i} \tag{5.8}$$

式(5.6)和式(5.8)相加得

$$E_{FN} - E_{FP} = kT \ln \frac{N_A N_D}{n_i^2} \tag{5.9}$$

因此内建电势差 U_D 可表示为

$$U_D = \frac{E_{FN} - E_{FP}}{e} = \frac{kT}{e} \ln \frac{N_A N_D}{n_i^2} \tag{5.10}$$

式(5.10)是突变结的内建电势差表达式，它与 PN 结两边的掺杂浓度、环境温度及材料种类有关。在一定温度下，PN 结两边的掺杂浓度越大，内建电势差越大。

[例 5.1]　处于室温 $T = 300$ K 的硅 PN 结其两侧的掺杂浓度分别为 $N_A = 2 \times 10^{17}$ cm^{-3}，$N_D = 3 \times 10^{15}$ cm^{-3}，设本征载流子浓度为 $n_i = 1.5 \times 10^{10}$ cm^{-3}，求内建电势差 U_D。

解：根据内建电势差的公式

$$U_D = \frac{kT}{e} \ln \frac{N_A N_D}{n_i^2}$$

将已知的数据代入后，可以得到

$$U_D = \frac{kT}{e} \ln \frac{N_A N_D}{n_i^2} = 0.0259 \ln \left[\frac{2 \times 10^{17} \times 3 \times 10^{15}}{(1.5 \times 10^{10})^2}\right] = 0.0259 \times 28.61 = 0.741 \text{ (V)}$$

说明：因为在内建电势差的计算中，PN 结的掺杂浓度要进行对数运算，所以掺杂浓度的变化体现在内建电势差上的变化并不大。

[例 5.2]　实际中有一种 PN 结为单边突变结，一侧的掺杂浓度远远大于另一侧的掺杂浓度，掺杂浓度的数量级相差在三个数量级上，用 P$^+$N 结或 PN$^+$ 结表示，其中带+号的一侧表示高掺杂。在计算单边突变结的内建电势差时，可假设费米能级与导带底(N 型)或价带顶(P 型)重合，根据假设，计算出硅单边突变结内建电势差 U_D 随低掺杂一边的掺杂浓度 N_B 的变化曲线。

解：
$$eU_D = E_{FN} - E_{Fi} + E_{Fi} - E_{FP}$$

对于 P$^+$N 结，根据题意

$$E_{\text{Fi}} - E_{\text{FP}} = \frac{E_{\text{g}}}{2}$$

$$eU_{\text{D}} = E_{\text{FN}} - E_{\text{Fi}} + \frac{E_{\text{g}}}{2} = kT\ln\left(\frac{N_{\text{D}}}{n_{\text{i}}}\right) + \frac{E_{\text{g}}}{2}$$

换为 PN$^+$ 结后，公式调整为

$$eU_{\text{D}} = kT\ln\left(\frac{N_{\text{A}}}{n_{\text{i}}}\right) + \frac{E_{\text{g}}}{2}$$

综合以上两个公式，可以写作

$$eU_{\text{D}} = kT\ln\left(\frac{N_{\text{B}}}{n_{\text{i}}}\right) + \frac{E_{\text{g}}}{2}$$

式中的 N_{B} 表示单边突变结中低掺杂一边的杂质浓度，N_{B} 的变化范围为 $10^{14} \sim 10^{16}$ cm^{-3}。
例 5.2对应的 MATLAB 程序如下：

```
%VD (P+n or n+p)
%Si constants
EG=1.12；
kt=0.0259；
ni=1.5e10；
%compution
NB=linspace(1.0e14，1.0e16，100)；
VD=EG/2+kt.*log(NB/ni)；
axis([1.0e14 1.0e16 0.56 1.12])；
semilogx(NB，VD)；
xlabel('NB(cm−3)')；
ylabel('VD(V)')；
```

计算得到的结果如图 5.9 所示。

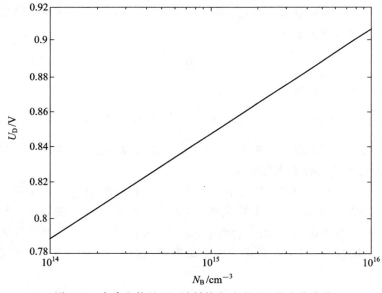

图 5.9　内建电势差 U_{D} 随低掺杂浓度 N_{B} 的变化曲线

[**例 5.3**]　画出在室温 $T=300$ K，硅 PN 结两边的掺杂浓度相等（$N_A=N_D$）时，内建电势差随着掺杂浓度变化的曲线，其中 N_A 或 N_D 的取值范围为 $10^{14}\sim10^{17}$。

解： 根据内建电势差的公式，在 $N_A=N_D$ 时，变为

$$U_D=\frac{kT}{e}\ln\frac{N_A N_D}{n_i^2}=\frac{kT}{e}\ln\frac{N_A^2}{n_i^2}=\frac{kT}{e}\ln\frac{N_D^2}{n_i^2}$$

例 5.3 对应的 MATLAB 程序如下：

```
%VD (NA＝ND)
%Si constants
EG=1.12;
kt=0.0259;
ni=1.5e10;
%compution
NA=linspace(1.0e14，1.0e17，100);
ND=NA;
r=(ND. * NA)/(ni. * ni);
VD=kt. * log(r);
axis([1.0e14 1.0e17 0 1.12]);
semilogx(NA，VD);
xlabel('NA or ND(cm－3)');
ylabel('VD(V)');
```

计算得到的结果如图 5.10 所示。

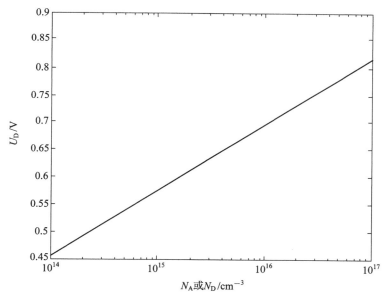

图 5.10　内建电势差随掺杂浓度的变化曲线

[**例 5.4**]　室温（300 K）下的 GaAs PN 结，其掺杂浓度为 $N_A=2\times10^{17}$ cm^{-3}，$N_D=3\times10^{15}$ cm^{-3}，$n_i=1.8\times10^6$ cm^{-3}，画出 $300\sim500$ K 内建电势差随温度的变化曲线。

解： 由于在内建电势差的表达式中有两项都随温度的变化而变化，因此内建电势差随温度

的变化较为复杂，先要计算出砷化镓的本征载流子浓度随温度的变化。例 5.4 对应的 MATLAB 程序如下：

```
%VD（with T）
%GaAs constants
NA＝2e17；
ND＝3e15；
ni＝1.8e6；%300K ni
k＝0.0259/300；
%compution
T＝linspace(300，500，100)；
p＝k.＊T；
ncnv＝(1.8e6^2)/exp(－1.42/0.0259)；%300K ncnv
m＝T./300；
q＝－1.42./p；
ni＝sqrt(ncnv.＊m.^3.＊exp(q))；
r＝(ND＊NA)./(ni.＊ni)；
VD＝p.＊log(r)；
semilogx(T，VD)；
xlabel('T(K)')；
ylabel('VD(V)')；
axis([300 500 0.9 1.25])；
```

计算得到的结果如图 5.11 所示。

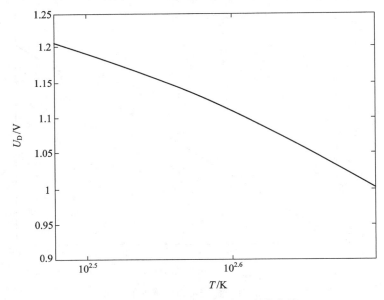

图 5.11　内建电势差随温度的变化曲线

5.3.2　平衡 PN 结的内建电场强度及电势分布函数

根据一维泊松方程

$$\frac{\mathrm{d}^2 \phi(x)}{\mathrm{d}x^2} = - \frac{\mathrm{d}E(x)}{\mathrm{d}x} = \frac{-\rho(x)}{\varepsilon_s} \tag{5.11}$$

式中：$\phi(x)$ 表示电势；$E(x)$ 表示电场；$\rho(x)$ 表示电荷密度；ε_s 表示物质的介电常数。从式中可以看出当确定电荷密度后，就可以求出电场和电势的表达式。对于突变结，其电荷密度分布如图 5.12 所示，可表示为

$$\begin{cases} \rho(x) = -eN_A, & -x_P \leqslant x \leqslant 0 \\ \rho(x) = eN_D, & 0 \leqslant x \leqslant x_N \end{cases} \tag{5.12}$$

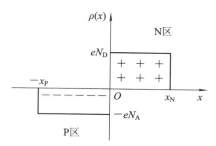

图 5.12　平衡突变结的电荷密度分布

对 PN 结 P 区一侧的泊松方程进行一次积分得到

$$E = \int \frac{\rho(x)}{\varepsilon_s} \mathrm{d}x = - \int \frac{eN_A}{\varepsilon_s} \mathrm{d}x = \frac{-eN_A x}{\varepsilon_s} + C_1 \tag{5.13}$$

式中，C_1 为积分常数，要根据边界条件来确定。由前面对 PN 结的分析可知，只有空间电荷区内存在电场，因为电场是连续的，因此 $x = -x_P$ 处的电场强度为零。可以根据这个条件确定 C_1，即

$$E(x = -x_P) = \frac{eN_A x_P}{\varepsilon_s} + C_1 = 0$$

解得

$$C_1 = \frac{-eN_A x_P}{\varepsilon_s} \tag{5.14}$$

对 PN 结中 N 区一侧的泊松方程进行一次积分，得到

$$E = \int \frac{eN_D}{\varepsilon_s} \mathrm{d}x = \frac{eN_D x}{\varepsilon_s} + C_2$$

并利用 $x = x_N$ 处的电场强度为零，确定 C_2，得到

$$C_2 = - \frac{eN_D x_N}{\varepsilon_s} \tag{5.15}$$

得出电场的表达式为

$$\begin{cases} E = \frac{-eN_A}{\varepsilon_s}(x + x_P), & -x_P \leqslant x \leqslant 0 \\ E = \frac{-eN_D}{\varepsilon_s}(x_N - x), & 0 \leqslant x \leqslant x_N \end{cases} \tag{5.16}$$

除了在 $x = x_N$，$x = -x_P$ 处的电场强度为零之外，在 $x = 0$ 处电场还应满足连续条件，即

$$E = \frac{-eN_A x_P}{\varepsilon_s} = \frac{-eN_D x_N}{\varepsilon_s} \tag{5.17}$$

则有

$$N_A x_P = N_D x_N \tag{5.18}$$

式(5.18)说明空间电荷区 P 区内负电荷总量与空间电荷区 N 区正电荷总量相等。

将式(5.18)进行变换，可表示为

$$\frac{x_P}{x_N} = \frac{N_D}{N_A} \tag{5.19}$$

式(5.19)表明：PN 结空间电荷区在 N 区和 P 区的宽度与它们的杂质浓度成反比，特别在单边突变结中，高掺杂一边的势垒宽度非常窄，低掺杂一边的势垒宽度非常宽，可以认为整个空间电荷区的宽度主要在低掺杂区一边。

图 5.13 为 PN 结空间电荷区内的电场随位置变化的曲线，因为 PN 结内的电场方向沿着 $-x$ 轴的方向，因此在图 5.13 中将 E 的曲线画在纵轴的负半轴的方向上。从图中可以看出电场强度在 N 区和 P 区各自都是距离的线性函数，在 PN 的交界面 $x = 0$ 处得到电场的最大值。

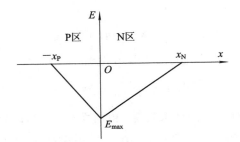

图 5.13　平衡突变结中的电场

对 P 区一侧电场强度的表达式再进行一次积分，得到电势的表达式为

$$\phi(x) = -\int E(x)\mathrm{d}x = \int \frac{eN_A(x + x_P)}{\varepsilon_s}\mathrm{d}x, \quad -x_P \leqslant x \leqslant 0$$

即

$$\phi(x) = \frac{eN_A}{\varepsilon_s}\left(\frac{x^2}{2} + x_P \cdot x\right) + C_1' \tag{5.20}$$

式(5.20)中，C_1' 为积分常数，要根据边界条件来确定。为了计算方便起见，将电势最低的位置设为电势零点，即 $x = -x_P$ 处电势为零，则有

$$\phi(x) = \frac{eN_A}{\varepsilon_s}\left[\frac{(-x_P)^2}{2} + x_P \cdot (-x_P)\right] + C_1' = 0$$

解得

$$C_1' = \frac{eN_A}{2\varepsilon_s}x_P^2 \tag{5.21}$$

因此，P 区一侧电势的表达式为

$$\phi(x) = \frac{eN_A}{2\varepsilon_s}(x + x_P)^2 \tag{5.22}$$

同理，对 N 区一侧的电场强度进行积分，得到

$$\phi(x) = -\int E(x)\mathrm{d}x = \int \frac{eN_D(x_N - x)}{\varepsilon_s}\mathrm{d}x, \quad 0 \leqslant x \leqslant x_N$$

即

$$\phi(x) = \frac{eN_D}{\varepsilon_s}\left(x_N \cdot x - \frac{x^2}{2}\right) + C_2' \qquad (5.23)$$

由于

$$\phi(x=0) = \frac{eN_D}{\varepsilon_s}\left(0 \times 0 - \frac{0^2}{2}\right) + C_2' = \frac{eN_A x_P^2}{2\varepsilon_s}$$

因此

$$C_2' = \frac{eN_A x_P^2}{2\varepsilon_s} \qquad (5.24)$$

综合以上求解结果，PN 结内的电势表达式为

$$\begin{cases} \phi(x) = \dfrac{eN_A}{2\varepsilon_s}(x + x_P)^2, & -x_P \leqslant x \leqslant 0 \\ \phi(x) = \dfrac{eN_D}{\varepsilon_s}\left(x_N \cdot x - \dfrac{x^2}{2}\right) + \dfrac{eN_A}{2\varepsilon_s}x_P^2, & 0 \leqslant x \leqslant x_N \end{cases} \qquad (5.25)$$

PN 结空间电荷区内的电势随位置变化的曲线如图 5.14 所示。

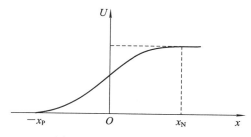

图 5.14　平衡突变结的电势

因为 $x = -x_P$ 处的电势为零，所示 $x = x_N$ 处的电势为内建电势差 U_D，由式(5.25)可以推出

$$U_D = \phi_{x=x_N} = \frac{e}{2\varepsilon_s}(N_D x_N^2 + N_A x_P^2) \qquad (5.26)$$

由于电势能是电势乘以电子电量，因此电子电势能也是距离的二次函数，也就是说，在能带图中空间电荷区的能带弯曲也是按照二次函数的规律变化的，如图 5.15 所示。

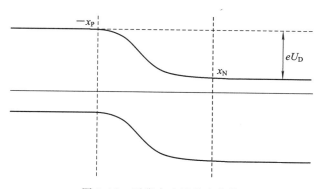

图 5.15　平衡突变结的电势能

5.3.3 空间电荷区宽度

由前面推导的式(5.19)变形后得到

$$x_P = \frac{N_D x_N}{N_A} \tag{5.27}$$

将其代入式(5.26)，得到

$$U_D = \frac{e}{2\varepsilon_s}(N_D x_N^2 + N_A x_P^2) = \frac{e}{2\varepsilon_s}\left[N_D x_N^2 + N_A\left(\frac{N_D x_N}{N_A}\right)^2\right]$$

$$= \frac{e}{2\varepsilon_s}\left[N_D x_N^2 + \frac{N_D^2 x_N^2}{N_A}\right]$$

则有

$$x_N = \left[\frac{2\varepsilon_s U_D}{e}\left(\frac{N_A}{N_D}\right)\left(\frac{1}{N_A + N_D}\right)\right]^{1/2} \tag{5.28}$$

类似地，先用 x_P 表示 x_N，再代入式(5.26)，也可以求出 x_P 的表达式为

$$x_P = \left[\frac{2\varepsilon_s U_D}{e}\left(\frac{N_D}{N_A}\right)\left(\frac{1}{N_A + N_D}\right)\right]^{1/2} \tag{5.29}$$

总势垒区宽度为

$$W = x_P + x_N = \left[\frac{2\varepsilon_s U_D}{e}\left(\frac{N_A + N_D}{N_A N_D}\right)\right]^{1/2} \tag{5.30}$$

根据前面推出的内建电势差的公式，代入到式(5.30)中，可以计算得到总势垒区宽度。

[例5.5] 计算处于热平衡状态下 Si 的 PN 结的势垒区宽度和最大电场强度，其中温度为室温(300 K)，PN 结两边的掺杂浓度分别为 $N_A = 2 \times 10^{17}$ cm^{-3}，$N_D = 3 \times 10^{15}$ cm^{-3}。

解：根据势垒区宽度的公式，有

$$W = \left[\frac{2\varepsilon_s U_D}{e}\left(\frac{N_A + N_D}{N_A N_D}\right)\right]^{1/2}$$

将例5.1中计算出的 U_D 及其他已知参数代入上式，计算可得

$$W = \left[\frac{2\varepsilon_s U_D}{e}\left(\frac{N_A + N_D}{N_A N_D}\right)\right]^{1/2}$$

$$= \left\{\frac{2 \times 11.7 \times 0.741 \times 8.85 \times 10^{-14}}{1.6 \times 10^{-19}} \times \left[\frac{2 \times 10^{17} + 3 \times 10^{15}}{2 \times 10^{17} \times 3 \times 10^{15}}\right]\right\}^{1/2}$$

$$= 5.7 \times 10^{-5} (\text{cm}) = 0.57 (\mu\text{m})$$

因为 PN 结两边的掺杂浓度相差两个数量级，故

$$W = x_P + x_N \approx x_N$$

内建电场的最大值出现在 PN 结的交界面处即 $x = 0$ 处，其值为

$$E = \frac{-eN_D x_N}{\varepsilon_s} = \frac{-1.6 \times 10^{-19} \times 3 \times 10^{15} \times 0.57 \times 10^{-4}}{11.7 \times 8.85 \times 10^{-14}} = -2.64 \times 10^4 (\text{V/cm})$$

[例5.6] 对于在 $T = 300$ K 时的硅 PN 结，请根据给定的两边的掺杂浓度，画出平衡时 PN 结的能带图。

例5.6 对应的 MATLAB 程序如下：

```
%energy band
%Si constant
```

```
T=300；
k=8.617e−5；
e0=8.85e−14；
e=1.6e−19；
es=11.7；
ni=1.5e10；
eg=1.12；
%NA=3e16；
%ND=3e16；
NA=input('NA=')；
ND=input('ND=')；
nv=1.04e19；
vd=k*T*log((NA*ND)/ni^2)；
xn=sqrt(2*es*e0*vd*NA/(e*ND*(ND+NA)))；
xp=sqrt(2*es*e0*vd*ND/(e*NA*(ND+NA)))；
c=−xp；
x1=linspace(c, 0, 100)；
x2=linspace(0, xn, 100)；
vx1=((e*NA)/(2*es*e0)).*(x1+xp).^2；
vx2=((e*NA*xp^2)/(2*es*e0))+((e*ND)/(es*e0)).*((xn.*x2)−(x2.^2./2))；
x=[x1, x2]；
v1=−e*vx1；
v2=−e*vx2；
v=[v1, v2]；
vx3=v1−e*eg；
vx4=v2−e*eg；
vx=[vx3, vx4]；
plot(x, v)；
hold on
plot(x, vx)；
hold on
xa=max(xn, xp)；
z=linspace(−2*xa, −xp, 100)；
u=linspace(xn, 2*xa, 100)；
m1=v1(1)；
m2=v2(100)；
m3=vx3(1)；
m4=vx4(100)；
plot(z, m1, 'r', z, m3, 'r')；
hold on
plot(u, m2, 'g', u, m4, 'g')；
ev=k*T*log(nv/NA)；
q=vx3(1)+ev*e；
```

```
p=[z, x, u];
plot(p, q);
```

画出的能带图如图 5.16 所示，其中两边的掺杂浓度均为 3×10^{16} cm^{-3}。

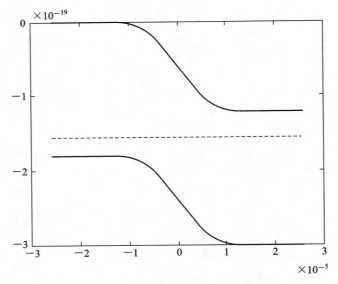

图 5.16　两边掺杂浓度相同时的能带图

当 P 型一边掺杂浓度为 3×10^{15} cm^{-3}，N 型一边掺杂浓度为 3×10^{16} cm^{-3} 时，画出的能带图如图 5.17 所示。

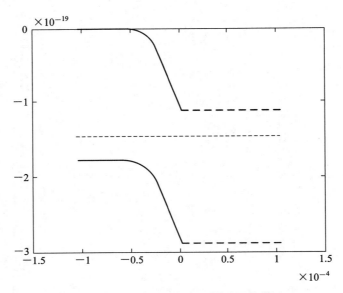

图 5.17　两边掺杂浓度不相同时的能带图

5.3.4　空间电荷区的载流子浓度

由内建电势差的表达式

$$U_{\mathrm{D}} = \frac{kT}{e} \ln \frac{N_{\mathrm{A}} N_{\mathrm{D}}}{n_{\mathrm{i}}^2} \tag{5.31}$$

变换可得

$$\frac{n_{\mathrm{i}}^2}{N_{\mathrm{A}} N_{\mathrm{D}}} = \exp\left(\frac{-eU_{\mathrm{D}}}{kT}\right) \tag{5.32}$$

在假设杂质完全电离的情况下

$$n_{\mathrm{N0}} \approx N_{\mathrm{D}}, \ n_{\mathrm{P0}} \approx \frac{n_{\mathrm{i}}^2}{N_{\mathrm{A}}} \tag{5.33}$$

则有

$$n_{\mathrm{P0}} = n_{\mathrm{N0}} \exp\left(\frac{-eU_{\mathrm{D}}}{kT}\right) \tag{5.34}$$

同理有

$$p_{\mathrm{N0}} = p_{\mathrm{P0}} \exp\left(\frac{-eU_{\mathrm{D}}}{kT}\right) \tag{5.35}$$

式(5.35)中，p_{N0}、n_{P0} 分别表示平衡 PN 结中 N 区的少子空穴浓度和 P 区的少子电子浓度。式(5.34)和式(5.35)表示出平衡 PN 结内部的载流子浓度分布，也说明同一载流子在势垒区两边的浓度关系服从玻尔兹曼分布函数的关系，如图 5.18 和图 5.19 所示。

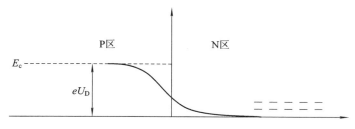

图 5.18　平衡突变结导带的能量分布图

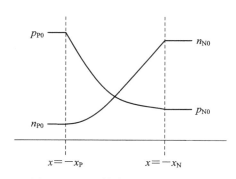

图 5.19　PN 结中的载流子分布图

5.4　正偏 PN 结

当 PN 结中 P 区接电源的正极，N 区接电源的负极时，如图 5.20 所示，此时外加电压产生的电场方向与内建电场方向相反，称此时的 PN 结为正向偏置下的 PN 结。由上一节的讨论可知，空间电荷区内的载流子几乎耗尽，因此该区域对应的电阻值很大，相比之下，耗尽区外的 P 区和 N 区中的载流子浓度很大,电阻较小。因此外加的正向偏压几乎完全降落在耗尽区,为了分析方便起见,设外加电压全部降落在耗尽区。由于正向偏压产生的电场方向与 PN 结原有的内建电场方向相反,且一般外加电压小于 PN 结的内建电势差,故 PN 结内部的场仍然沿内建电场方向,但其数值被削弱。空间电荷区两端的电势差降低,空间电荷的数量减小,空间电荷区的宽度变窄。由于空间电荷区两端的电势差降低,PN 结在空间电荷区中的能带弯曲量也相应地降低,如图 5.20 所示。为了方便对比起见,在图 5.20 中用虚线画出平衡 PN 结的能带图。

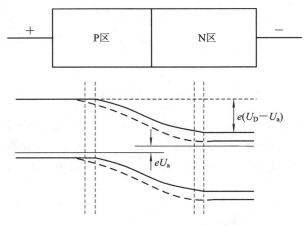

图 5.20　正偏 PN 结的能带图

正偏时势垒区宽度的公式变为

$$W = \left[\frac{2\varepsilon_s (U_D - U_a)}{e} \left(\frac{N_A + N_D}{N_A N_D} \right) \right]^{1/2} \tag{5.36}$$

外加的正向偏压(即 V_a)破坏了 PN 结内部原有的扩散电流和漂移电流之间的平衡,由于电场受到了削弱,漂移电流变小,扩散电流大于漂移电流。也就是说,此时发生了电子由 N 区向 P 区的净扩散流以及空穴由 P 区向 N 区的净扩散流。相当于电子由 N 区向 P 区注入,空穴由 P 区向 N 区注入,由于这种注入是在正向偏压作用下发生的,也称为正向注入。此时有净电流流过 PN 结,构成了 PN 结的正向电流。

根据第 4 章的讨论,对于在外加正向偏压下处于非平衡状态的 PN 结来说,应用准费米能级的概念有

$$p = p_0 + \delta p = n_i \exp \left(\frac{E_{Fi} - E_{Fp}}{kT} \right)$$

$$n = n_0 + \delta n = n_i \exp \left(\frac{E_{Fn} - E_{Fi}}{kT} \right)$$

画出正向偏压下的准费米能级后的能带图,如图 5.21 所示。

在后面对理想 PN 结的假设中会提到,假设载流子在通过空间电荷区时数量不发生变化,故认为在空间电荷区内准费米能级不变。在 N 区内($x > x_N$)电子的浓度高,故叠加上的过剩载流子对总电子浓度的影响很小,因此在 N 区内电子准费米能级可以看做不变,而在 N 区,空穴浓度很小,叠加上过剩载流子后变化很大,因此在 $x = x_N$ 处有大量从 P 区扩散过来的空穴,故空穴准费米能级有明显的降低。随着深入到 N 型半导体内部,以及过剩载流子空

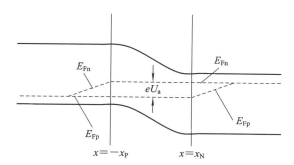

图 5.21　正偏 PN 结的准费米能级

穴的扩散，发生过剩空穴的复合，过剩空穴的浓度减小，空穴准费米能级逐渐与电子准费米能级靠拢，当过剩空穴通过复合减小为零时，二者重合，恢复到平衡状态。在 P 区内（$x < -x_P$）空穴的浓度较高，故叠加上的过剩载流子空穴对总空穴浓度的影响很小，因此在 P 区内空穴准费米能级可以看做不变，而在 P 区，电子浓度很小，叠加上过剩载流子电子后总电子变化很大，在 $x = -x_P$ 处有大量从 N 区扩散过来的电子，因此在 $x = -x_P$ 处电子准费米能级有明显的升高。随着深入到 P 型半导体内部，以及过剩电子的扩散，发生过剩电子的复合，过剩电子的浓度减小，电子准费米能级逐渐与空穴准费米能级靠拢，当过剩电子通过复合减小为零时，二者重合，恢复到平衡状态。

　　无论是从 N 区注入 P 区的电子，还是从 P 区注入 N 区的空穴，当它们通过扩散方式运动到另外一种导电类型的半导体中后，它们的角色将由多子变成少子。因此它们只能通过边扩散边复合的方式在半导体内运动，直至全部被复合完为止，因此这一区域称为扩散区。其中 P 区为电子扩散区，N 区为空穴扩散区。

　　对于从 N 区向 P 区扩散的电子来说，它到达空间电荷区的边界 $x = x_N$ 后，穿过空间电荷区到达其另外一个边界 $x = -x_P$，在经过空间电荷区的过程中，载流子的数量没有发生变化，即通过 $x = x_N$ 的电子数目和通过 $x = -x_P$ 的电子数目相等。进入 P 区后，边扩散边复合，电子和从 P 区内部向 N 区运动的空穴相遇之后发生复合，通过复合将电子扩散电流转化成空穴漂移电流，一般假设 PN 结中 P 区和 N 区的宽度远大于少子的扩散长度，当电子全部被复合完时，电子扩散电流全部转化成空穴漂移电流。对于从 P 区向 N 区扩散的空穴来说，也有类似的分析。经过以上过程，扩散区中的少子扩散电流都通过复合转化成了多子漂移电流。

　　因此，伴随着载流子的运动，在不同截面处，电子电流和空穴电流所占的比例并不相同。如果电子电流和空穴电流在通过势垒区时不发生变化，则 PN 结的总电流就是通过边界 $x = -x_P$ 的电子扩散流和通过 $x = x_N$ 的空穴扩散流之和。

　　所谓理想 PN 结，是指满足以下假设条件的 PN 结：

　　（1）突变耗尽层条件，即耗尽层中的电荷只有电离施主和电离受主，载流子完全耗尽。外加电压全部降落在耗尽层中，耗尽层以外的半导体是电中性的。

　　（2）满足小注入条件。

　　（3）载流子的统计分布满足麦克斯韦-玻尔兹曼近似。

　　（4）通过耗尽区的电子和空穴数量不发生变化。

　　（5）PN 结耗尽区的电子电流和空穴电流为定值，扩散区内的电子电流和空穴电流为连续函数，总电流值处处相等。

计算通过 PN 结的电流的基本步骤如下：

（1）确定边界 $x = x_N$ 和 $x = -x_P$ 处的少子浓度。

（2）求解扩散区的连续性方程。

（3）计算出在 $x = x_N$ 和 $x = -x_P$ 处的空穴扩散电流和电子扩散电流。

（4）将两种载流子的扩散电流密度相加，得到理想 PN 结的电流-电压方程。

当 PN 结两端加入正向偏压时，降低了 PN 结的内建电势差，这样 N 区的多子电子可以穿过空间电荷区而注入 P 区，因为注入的电子增加了 P 区少子电子的浓度，因此将式（5.34）应用到加正向偏压下 PN 结中，式（5.34）中的 U_D 用 $U_D - U_a$ 代替，则有

$$n_P(-x_P) = n_{N0} \exp\left(\frac{-eU_D + eU_a}{kT}\right) = n_{N0}\exp\left(\frac{-eU_D}{kT}\right)\exp\left(\frac{eU_a}{kT}\right)$$

$$= n_{P0}\exp\left(\frac{eU_a}{kT}\right) \tag{5.37}$$

同理，将式（5.35）中的 U_D 用 $U_D - U_a$ 代替，则有

$$p_N(x_N) = p_{P0}\exp\left(\frac{-eU_D + eU_a}{kT}\right) = p_{P0}\exp\left(\frac{-eU_D}{kT}\right)\exp\left(\frac{eU_a}{kT}\right)$$

$$= p_{N0}\exp\left(\frac{eU_a}{kT}\right) \tag{5.38}$$

[例 5.7] 已知硅 PN 结在室温 300 K 时，P 型一侧的掺杂浓度为 $N_A = 3 \times 10^{15}$ cm^{-3}，当正偏电压为 0.5 V 时，计算在 $x = -x_P$ 处的电子浓度。

解： 根据公式

$$n_P(-x_P) = n_{P0}\exp\left(\frac{eU_a}{kT}\right)$$

代入相关数值后，得到

$$n_P(-x_P) = n_{P0}\exp\left(\frac{eU_a}{kT}\right) = \frac{(1.5 \times 10^{10})^2}{3 \times 10^{15}}\exp\left(\frac{0.5}{0.0259}\right) = 1.816 \times 10^{13}(\text{cm}^{-3})$$

说明： 虽然外加正偏电压只有 0.5 V，但对载流子的浓度分布影响很大，使其增加了好几个数量级，但仍然比多数载流子小得多，满足小注入条件。

如图 5.22 所示，给 PN 结加正向偏压时，P 区和 N 区内均存在非平衡少数载流子。

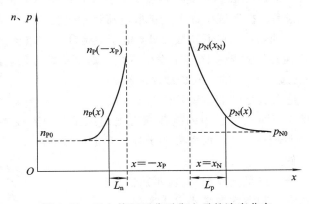

图 5.22　正向偏压下非平衡少子的浓度分布

在理想 PN 结的假设条件中，假设扩散区中的电场为零，满足小注入条件，该区域中产

生率为 0，则在空穴扩散区连续性方程简化为

$$D_{\mathrm{p}}\frac{\mathrm{d}^2\delta p_{\mathrm{N}}}{\mathrm{d}x^2}-\frac{\delta p_{\mathrm{N}}}{\tau_{\mathrm{p}}}=0 \tag{5.39}$$

在电子扩散区连续性方程简化为

$$D_{\mathrm{n}}\frac{\mathrm{d}^2\delta n_{\mathrm{P}}}{\mathrm{d}x^2}-\frac{\delta n_{\mathrm{P}}}{\tau_{\mathrm{n}}}=0 \tag{5.40}$$

式（5.39）的通解是

$$\delta p_{\mathrm{N}}(x)=p_{\mathrm{N}}(x)-p_{\mathrm{N0}}=A\exp\left(-\frac{x}{L_{\mathrm{p}}}\right)+B\exp\left(\frac{x}{L_{\mathrm{p}}}\right) \tag{5.41}$$

式（5.41）中，$L_{\mathrm{p}}=\sqrt{D_{\mathrm{p}}\tau_{\mathrm{p}}}$ 为定义的空穴扩散长度，根据式（5.38）及 $x\to\infty$ 时 $p_{\mathrm{N}}\to p_{\mathrm{N0}}$，求出 A、B，得到 $\delta p_{\mathrm{N}}(x)$ 的表达式

$$\delta p_{\mathrm{N}}(x)=p_{\mathrm{N0}}\left[\exp\left(\frac{eU_{\mathrm{a}}}{kT}\right)-1\right]\exp\left(\frac{x_{\mathrm{N}}-x}{L_{\mathrm{p}}}\right) \tag{5.42}$$

同理，注入 P 区的电子浓度为

$$\delta n_{\mathrm{P}}(x)=n_{\mathrm{P0}}\left[\exp\left(\frac{eU_{\mathrm{a}}}{kT}\right)-1\right]\exp\left(\frac{x_{\mathrm{P}}+x}{L_{\mathrm{n}}}\right) \tag{5.43}$$

在理想 PN 结条件中假设扩散区中不存在电场，在 $x=x_{\mathrm{N}}$ 处，空穴的扩散电流密度为

$$J_{\mathrm{p}}(x_{\mathrm{N}})=-eD_{\mathrm{p}}\frac{\mathrm{d}\delta p_{\mathrm{N}}(x)}{\mathrm{d}x}=\frac{eD_{\mathrm{p}}p_{\mathrm{N0}}}{L_{\mathrm{p}}}\left[\exp\left(\frac{eU_{\mathrm{a}}}{kT}\right)-1\right] \tag{5.44}$$

同理，在 $x=-x_{\mathrm{P}}$ 处，电子的扩散电流密度为

$$J_{\mathrm{n}}(-x_{\mathrm{P}})=eD_{\mathrm{n}}\frac{\mathrm{d}\delta n_{\mathrm{P}}(x)}{\mathrm{d}x}=\frac{eD_{\mathrm{n}}n_{\mathrm{P0}}}{L_{\mathrm{n}}}\left[\exp\left(\frac{eU_{\mathrm{a}}}{kT}\right)-1\right] \tag{5.45}$$

二者电流的方向均是沿着 x 轴的正方向，即由 P 区指向 N 区。总电流为通过界面 $x=-x_{\mathrm{P}}$ 的电子电流和通过界面 $x=x_{\mathrm{N}}$ 的空穴电流之和，如图 5.23 所示，其表达式为

$$J=J_{\mathrm{p}}(x_{\mathrm{N}})+J_{\mathrm{n}}(-x_{\mathrm{P}})=\left[\frac{eD_{\mathrm{n}}n_{\mathrm{P0}}}{L_{\mathrm{n}}}+\frac{eD_{\mathrm{p}}p_{\mathrm{N0}}}{L_{\mathrm{p}}}\right]\left[\exp\left(\frac{eU_{\mathrm{a}}}{kT}\right)-1\right] \tag{5.46}$$

令

$$J_{\mathrm{s}}=\left[\frac{eD_{\mathrm{n}}n_{\mathrm{P0}}}{L_{\mathrm{n}}}+\frac{eD_{\mathrm{p}}p_{\mathrm{N0}}}{L_{\mathrm{p}}}\right] \tag{5.47}$$

则

$$J=J_{\mathrm{s}}\left[\exp\left(\frac{eU_{\mathrm{a}}}{kT}\right)-1\right] \tag{5.48}$$

式中，J_{s} 称为反向饱和电流密度。

在理想 PN 结的假设下，通常认为耗尽区的电子电流和空穴电流为定值，二者之和就是 PN 结内的总电流，如图 5.23 所示。对于进入 P 区的电子而言，其角色变为少子，它是通过边扩散边复合的方式在 P 区运动的，随着电子逐步扩散到 P 区内部，伴随着复合的不断进行，电子扩散电流不断地减小，直至减小为 0。为了保持 PN 结内部的总电流为定值，这个减小为 0 的电子扩散电流是完全转化成了空穴漂移电流。也就是是说，考虑到有一部分空穴会和扩散到 P 区的电子发生复合，从 P 区内部出发漂移的空穴数量要比到达边界 $x=-x_{\mathrm{P}}$ 处的空穴数量多，其中多出的那一部分就是预留出来和扩散过来的电子复合的。这部分空穴在向 $x=-x_{\mathrm{P}}$ 漂移的过程中产生空穴漂移流，当电子扩散电流减小为 0 时，空穴漂移电流达到最

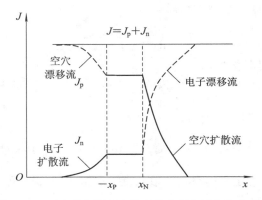

图 5.23　正向偏压下 PN 结内的电子电流和空穴电流

大，电子扩散电流完全转化成空穴漂移电流。在电子扩散区的其他部分，电子扩散电流和空穴漂移电流都不为零，各占一定的比例，保持总和一定。与 P 区内电子扩散电流的讨论类似，也可以分析 N 区内的空穴扩散电流，随着复合的不断进行和扩散的深入，空穴扩散电流不断减小，直至减小为零，此时空穴扩散电流完全转化为电子漂移电流，在电流之间的不断转化中保持总电流为定值。

　　式(5.48)称为理想 PN 结的电流-电压方程，其曲线图如图 5.24 所示。

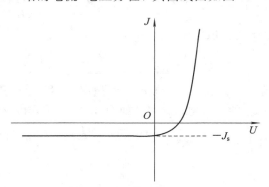

图 5.24　理想 PN 结的电流-电压特性曲线

　　在已知 PN 结两边杂质的浓度及两边载流子的寿命后，就可以计算出在一定的外加电压下 PN 结内流过的电流。从式(5.48)中还可以看出以下几点：

　　(1) PN 结正向电流随着正向偏压的增加而指数式增加。从方程的表达式中可以看出，当 PN 结加正向偏压时，正向电流随着正向偏压的增加而指数式增加，当 U_a 增加至 $eU_a \gg kT$ 时，式(5.48)可近似为

$$J = J_s \exp\left(\frac{eU_a}{kT}\right) \tag{5.49}$$

　　(2) 环境温度可以影响 PN 结的电流密度。从方程的表达式中可以看出，温度影响方程中出现的多项参量 D_n、D_p、n_{P0}、p_{P0}、L_n、L_p 等均与温度有关，但它们随温度变化的程度却不相同，其中温度处在指数位置的 n_i^2、$\exp(eU_a/kT)$ 起决定性的作用。为了更清楚表示出 PN 结的电流密度随温度的变化，可将式(5.46)改写为

$$J = J_0 \exp\left(\frac{eU_a - E_g}{kT}\right) \tag{5.50}$$

式 (5.50) 中，J_0 为不随温度而变化的项，随温度变化的项主要在指数部分。

（3）式 (5.48) 虽然是在假设 PN 结外加正向偏压下推导出来的，但其结果也适用于 PN 结加反向偏压时的情形。这一部分将在下一节反偏 PN 结中详细讨论。

［例 5.8］　对处于室温 300 K 下的硅 P^+N 结，$N_A = 1 \times 10^{18}$ cm^{-3}，$N_D = 1 \times 10^{16}$ cm^{-3}，$D_p = 12$ cm^2/s，少子空穴的寿命为 $\tau_{p0} = 10^{-7}$ s，P^+N 结的横截面积为 $A = 10^{-3}$ cm^2，计算该 P^+N 结的反向饱和电流和正向偏压为 0.6 V 时的正偏电流。

解： 先计算反向饱和电流，根据反向饱和电流密度的公式，有

$$J_s = \left[\frac{eD_n n_{P0}}{L_n} + \frac{eD_p p_{N0}}{L_p}\right] = e\left[\sqrt{\frac{D_n}{\tau_{n0}}} \frac{n_i^2}{N_A} + \sqrt{\frac{D_p}{\tau_{p0}}} \frac{n_i^2}{N_D}\right]$$

因为 D_p、D_n 和 τ_p、τ_n 的数值相差不大，对于本题中的 P^+N 单边突变结而言，$N_A \gg N_D$，上式中的第一项略去，只保留第二项，从而有

$$I_s = eA \sqrt{\frac{D_p}{\tau_{p0}}} \frac{n_i^2}{N_D}$$

$$= 1.6 \times 10^{-19} \times 10^{-3} \sqrt{\frac{12}{10^{-7}}} \times \frac{(1.5 \times 10^{10})^2}{1 \times 10^{16}} = 3.94 \times 10^{-14} \, (\text{A})$$

当外加正向偏压为 0.5 V 时，正偏电流为

$$I = I_s\left[\exp\left(\frac{eU_a}{kT}\right) - 1\right] = 3.94 \times 10^{-14}\left[\exp\left(\frac{0.5}{0.0259}\right) - 1\right] = 0.4531 \, (\text{mA})$$

［例 5.9］　对处于室温 300 K 下的硅 PN 结，$N_D = 1 \times 10^{16}$ cm^{-3}，$D_p = 12$ cm^2/s，$D_n = 35$ cm^2/s，$\tau_{p0} = 10^{-7}$ s，$\tau_{n0} = 10^{-6}$ s，当 1×10^{15} cm$^{-3} \leqslant N_A \leqslant 1 \times 10^{18}$ cm^{-3} 时，画出随着 N_A 的变化，空穴电流占总电流的比例。

解： 根据前面推导的公式

$$\frac{J_p}{J_n + J_p} = \frac{\dfrac{eD_p p_{N0}}{L_p}\left[\exp\left(\dfrac{eU_a}{kT}\right) - 1\right]}{\left(\dfrac{eD_p p_{N0}}{L_p} + \dfrac{eD_n n_{P0}}{L_n}\right)\left[\exp\left(\dfrac{eU_a}{kT}\right) - 1\right]}$$

$$= \frac{\dfrac{eD_p p_{N0}}{L_p}}{\dfrac{eD_p p_{N0}}{L_p} + \dfrac{eD_n n_{P0}}{L_n}} = \frac{1}{1 + \sqrt{\dfrac{D_n \tau_{p0}}{D_p \tau_{n0}}} \times \dfrac{N_D}{N_A}}$$

例 5.9 对应的 MATLAB 程序如下：

```
clear
ND=1e16;
dp=12;
dn=35;
taup=1e-7;
taun=1e-6;
NA=logspace(15.18,100);
p=sqrt((dn*taup)/(dp*taun))*ND;
```

```
m=1./(1+(p./NA));
semilogx(NA, m)
grid on
axis([1e15 1e18 0 1])
```

计算得到的结果如图 5.25 所示。

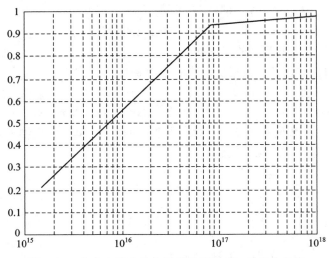

图 5.25　空穴电流占总电流的比例随 N_A 的变化曲线

5.5　反偏 PN 结

当 PN 结的 P 区接电源的负极，N 区接电源的正极时，如图 5.26 所示，就是处于反向偏压下的 PN 结。此时，外加电压产生的电场方向与 PN 结内建电场方向相同，空间电荷区电场变强，由于空间电荷区的电荷密度是由半导体的掺杂浓度决定的，所以要增加空间电荷区的电荷总量必须将空间电荷区变宽，如图 5.26 所示。同时势垒高度增加，空间电荷区的能带弯曲量增加，破坏了 PN 结在热平衡时扩散电流和漂移电流之间的平衡关系。此时载流子的漂移运动大于扩散运动，存在净漂移流。

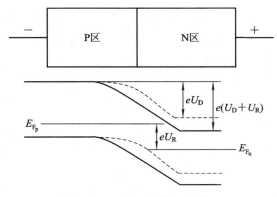

图 5.26　反偏 PN 结的能带图

在电场的作用下，电子从 P 区向 N 区运动，空穴从 N 区向 P 区运动。使得在空间电荷区边缘 $x=x_N$ 附近的空穴浓度和 $x=-x_P$ 附近的电子浓度减小，并几乎降低为零。这种作用称为 PN 结的反向抽取少子作用。当空间电荷区中的少子被电场抽取之后，由于存在浓度梯度，中性 P 区和 N 区的少子在浓度梯度的作用下补充到空间电荷区。这种少子扩散运动产生的电流，即 $x=x_N$ 附近的空穴扩散电流和 $x=-x_P$ 附近的电子扩散电流之和，构成了 PN 结的反向电流。由于少子的浓度较低，当反向偏压较大时，$x=x_N$ 附近的空穴和 $x=-x_P$ 附近的电子浓度近似等于零，在扩散长度基本不变，且反向偏压的前提下，少子的浓度梯度不再随外加反向偏压的增加而变化，因此，PN 结的反偏电流较小且不随外加反向偏压的变化而改变。PN 结的反向电流产生示意图如图 5.27 所示。

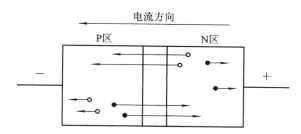

图 5.27　PN 结的反向电流产生示意图

5.5.1　反向偏压时的相关公式

以上是对反偏时 PN 结的定性分析，前面对 PN 结正偏时得出的结论中只要令所加电压由 U_a 变为 $-U_R$，其结果也适用于反偏时的 PN 结。此时势垒区宽度公式变为

$$W = \left[\frac{2\varepsilon_s(U_D+U_R)}{e} \left(\frac{N_A+N_D}{N_AN_D} \right) \right]^{1/2} \tag{5.51}$$

外加反向偏压时，空间电荷区发生的变化如图 5.26 所示，为了方便对比起见，在图 5.26 中用虚线表示零偏时的能带，用实线表示反偏时的能带。

图 5.28 为 PN 结加反向偏压时，准费米能级的变化示意图，准费米能级在势垒区、N 区（$x>x_N$）和 P 区（$x<-x_P$）的变化与正偏时类似。势垒区内的准费米能级略去不计；在 N 区电子准费米能级的变化很小，可看做不变；在 N 区空穴准费米能级的变化近似为一斜线；在 P 区的变化与 N 区类似。在正向偏压下电子准费米能级高于空穴准费米能级，而在反向偏压下空穴准费米能级高于电子准费米能级。

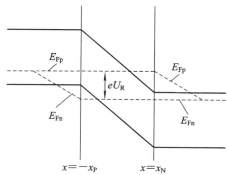

图 5.28　反偏电压下 PN 结的准费米能级

在边界 $x = x_N$ 附近的空穴浓度和在 $x = -x_P$ 附近的电子浓度分别为

$$p_N(x_N) = p_{N0} \exp\left(\frac{-eU_R}{kT}\right) \tag{5.52}$$

$$n_P(-x_P) = n_{P0} \exp\left(\frac{-eU_R}{kT}\right) \tag{5.53}$$

由于加反向偏压时，$U_R \gg \dfrac{kT}{e}$，则 $\exp\left(\dfrac{-eU_R}{kT}\right) \to 0$，所以边界处的少子浓度近似为

$$\begin{cases} p_N(x_N) \approx 0 \\ n_P(-x_P) \approx 0 \end{cases} \tag{5.54}$$

求解连续性方程后得到的 P 区中的少子电子浓度为

$$\delta n_P(x) = n_{P0}\left[\exp\left(\frac{-eU_R}{kT}\right) - 1\right]\exp\left(\frac{x_P + x}{L_n}\right) \tag{5.55}$$

由于加反向偏压时，$U_R \gg \dfrac{kT}{e}$，则 $\exp\left(\dfrac{-eU_R}{kT}\right) \to 0$，式 (5.55) 可化简为

$$\delta n_P(x) = -n_{P0} \exp\left(\frac{x_P + x}{L_n}\right) \tag{5.56}$$

同理，N 区中的少子空穴的浓度为

$$\delta p_N(x) = p_{N0}\left[\exp\left(\frac{-eU_R}{kT}\right) - 1\right]\exp\left(\frac{x_N - x}{L_p}\right) \tag{5.57}$$

由于加反向偏压时，$U_R \gg \dfrac{kT}{e}$，则 $\exp\left(\dfrac{-eU_R}{kT}\right) \to 0$，式 (5.57) 可化简为

$$\delta p_N(x) = -p_{N0} \exp\left(\frac{x_N - x}{L_p}\right) \tag{5.58}$$

对于 P 区中的电子而言，$\delta n_P(x) = n_P(x) - n_{P0} = -n_{P0}\exp\left(\dfrac{x_P + x}{L_n}\right)$，在 $x = -x_P$ 处，$n_P(x) \to 0$，$\delta n_P(x) \to -n_{P0}$，与前面讨论的结果一样，对于 N 区中的空穴也有类似的结果。反向偏压下非平衡少子的浓度分布如图 5.29 所示。

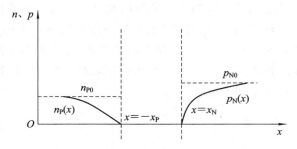

图 5.29　反向偏压下非平衡少子的浓度分布

根据前面推出的理想 PN 结的电流-电压方程，令其中的正向偏压 U_a 变为反向偏压 $-U_R$，则其结果适用于反向偏压下的 PN 结，即

$$J = J_s\left[\exp\left(\frac{-eU_R}{kT}\right) - 1\right] \tag{5.59}$$

通常反向偏压的数值 $U_R \gg \dfrac{kT}{e}$，$\exp\left(\dfrac{-eU_R}{kT}\right) \to 0$，则式 (5.59) 变为

$$J = -J_s = -\left[\frac{eD_n n_{P0}}{L_n} + \frac{eD_p p_{N0}}{L_p}\right] \tag{5.60}$$

与前面定性讨论的结果一致，式(5.60)表示出反向电流较小，且随着反向电压的增加，反向电流恒定，不随着反向电压的增加而增加，这也是将 J_s 称为反向饱和电流密度的原因。式(5.60)中的负号表示反向时产生的电流方向与正向时相反，是从 N 区流向 P 区的。

将前面分析的 PN 结在正向和反向时的电流-电压方程结合起来得到 PN 结的电流-电压特性，其特性曲线如图 5.24 所示。从图中可以看出在正向和反向时，特性曲线是不对称的。正向时，电流随电压的增加呈指数式增加，称为正向导通；反向时，电流很小且与外加电压无关，称为反向截止，说明 PN 结具有单向导电性。

PN 结的这种单向导电性是由正向时的多子注入和反向时的少子抽取所决定的，正向时多子的注入能产生大的浓度梯度和大的扩散电流，且浓度梯度随着正向偏压的增加而指数式增加，而反向抽取时，少子的浓度随着反向偏压的增加，很快减小为零，少子的浓度梯度不可能再随着反向偏压的增加而增加，导致反向电流小且恒定。

［例 5.10］　假设半导体在 300～500 K 之间变化，迁移率、扩散系数、少子寿命都不变（采用室温 300 K 下的数值），$\tau_{n0} = 10^{-6}$ s，$\tau_{p0} = 10^{-7}$ s，$N_D = 3 \times 10^{15}$ cm^{-3}，$N_A = 5 \times 10^{16}$ cm^{-3}，分别画出硅和砷化镓理想反向饱和电流密度随温度的变化曲线。

解：根据反向饱和电流密度的表达式

$$J = -\left[\frac{eD_n n_{P0}}{L_n} + \frac{eD_p p_{N0}}{L_p}\right]$$

变形后得到

$$J = -en_i^2\left[\frac{1}{N_A}\sqrt{\frac{D_n}{\tau_{n0}}} + \frac{1}{N_D}\sqrt{\frac{D_p}{\tau_{p0}}}\right]$$

根据题意假设扩散系数和少子寿命都不随温度变化，导致理想反向饱和电流密度随温度变化的只有本征载流子浓度。

硅材料对应的 MATLAB 程序如下：

```
%si
NA=5e16;
ND=3e15;
taun=1e−6;
taup=1e−7;
dn=35;
dp=12.4;
e=1.6e−19;
ni=1.5e10;
eg=1.12;
%compution
p=e*((1/NA)*sqrt(dn/taun)+(1/ND)*sqrt(dp/taup));
ncnv=ni^2/exp(−eg/0.0259);
t=linspace(300,500,100);
ncnv1=ncnv.*(t./300).^3;
k=0.0259/300;
```

```
k1＝k. * t；
nit2＝ncnv1. * exp(－eg. /k1)；
js＝p. * nit2；
semilogy(t，js)；
grid on
```

程序画出的图如图 5.30 所示。

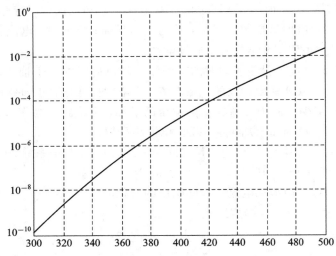

图 5.30 硅的理想反向饱和电流密度随温度的变化曲线

把硅材料换成砷化镓后，相应的 MATLAB 程序如下：

```
%GAAS
NA＝5e16；
ND＝3e15；
taun＝1e－6；
taup＝1e－7；
dn＝220；
dp＝10.4；
e＝1.6e－19；
ni＝1.8e6；
eg＝1.42；
%compution
p＝e * ((1/NA) * sqrt(dn/taun)＋(1/ND) * sqrt(dp/taup))；
ncnv＝ni^2/exp(－eg/0.0259)；
t＝linspace(300, 500, 100)；
ncnv1＝ncnv. * (t. /300).^3；
k＝0.0259/300；
k1＝k. * t；
nit＝ncnv1. * exp(－eg. /k1)；
js＝p. * nit；
semilogy(t，js)；
```

grid on

程序画出的图如图 5.31 所示。

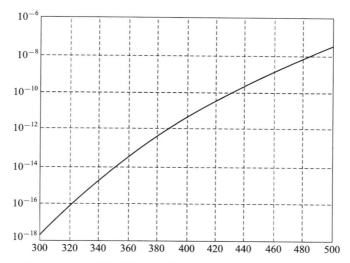

图 5.31　砷化镓的理想反向饱和电流密度随温度的变化曲线

[例 5.11]　画出 PN 结在正偏和反偏时的能带图。

例 5.11 的 MATLAB 程序是在例 5.6 的基础上修改而来的,具体程序如下:

```
%energy band
%Si constant
T=300;
k=8.617e-5;
e0=8.85e-14;
e=1.6e-19;
es=11.7;
ni=1.5e10;
eg=1.12;
NA=3e16;
ND=3e16;
nv=1.04e19;
nc=2.8e19;
vd=k*T*log((NA*ND)/ni^2);
va=-0.3;
xn=sqrt(2*es*e0*(vd-va)*NA/(e*ND*(ND+NA)));
xp=sqrt(2*es*e0*(vd-va)*ND/(e*NA*(ND+NA)));
c=-xp;
x1=linspace(c,0,100);
x2=linspace(0,xn,100);
vx1=((e*NA)/(2*es*e0)).*(x1+xp).^2;
vx2=(vd-va)-((e*ND)/(2*es*e0)).*(xn-x2).^2;
x=[x1,x2];
```

```
v1=-e * vx1;
v2=-e * vx2;
v=[v1, v2];
vx3=v1-e * eg;
vx4=v2-e * eg;
vx=[vx3, vx4];
plot(x, v);
hold on
plot(x, vx);
hold on
xa=max(xn, xp);
z=linspace(-2 * xa, -xp, 100);
u=linspace(xn, 2 * xa, 100);
m1=v1(1);
m2=v2(100);
m3=vx3(1);
m4=vx4(100);
plot(z, m1, 'r', z, m3, 'r');
hold on
plot(u, m2, 'g', u, m4, 'g');
efp=k * T * log(nv/NA);
q=vx3(1)+efp * e;
plot(z, q);
efn=k * T * log(nc/ND);
p=m2-efn * e;
plot(u, p);
```

$U_a = 0.3$ V 时的能带图如图 5.32 所示。

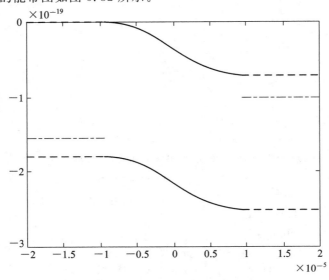

图 5.32 $U_a = 0.3$ V 时 PN 结的能带图

$U_R = 0.3$ V 时的能带图如图 5.33 所示。

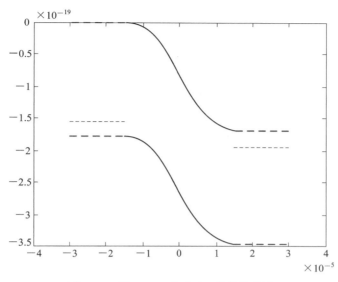

图 5.33　$U_R = 0.3$ V 时 PN 结的能带图

将零偏、$U_a = 0.3$ V 及 $U_R = 0.3$ V 的能带图画在一个图中，结果如图 5.34 所示。

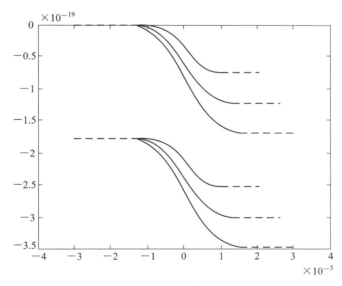

图 5.34　PN 结在零偏、正偏、反偏时的能带图

从图 5.34 中可以看出当外加电压变化时，势垒区宽度和能带弯曲量的变化。

5.5.2　影响 PN 结偏离理想电流-电压方程的因素

在前面的推导中，采用理想 PN 结的假设，认为载流子在通过空间电荷区时，其数量不发生改变。这不符合实际 PN 结的情况，实际的空间电荷区中会有其他的电流成分，导致实际 PN 结的电流-电压曲线与理想 PN 结的电流-电压曲线发生偏离，下面简单地分析一下空间电荷区中的其他电流成分。

1. 反偏时的产生电流

当 PN 结处于反偏状态时，由于反向抽取的作用，使得在反偏时空间电荷区中载流子浓度低于平衡时的值。系统为了向平衡状态过渡，在此时的空间电荷区中，产生率大于复合率，会有载流子的净产生。载流子一旦在空间电荷区产生，就会被强大的电场驱逐而离开空间电荷区，其中电子被拉到 N 区，空穴被拉到 P 区，其运动产生的电流方向与理想反偏电流方向一致，如图 5.35 所示。该产生电流将叠加在理想反偏电流上，使实际 PN 结的反向电流比理想 PN 结的反偏电流大，且因为产生电流是势垒区宽度的函数，而势垒区宽度又是外加反向偏压的函数，故产生电流会随着反向偏压的增加而增加，所以总反向电流不再恒定，而是随着反向偏压的增加而缓慢增加。

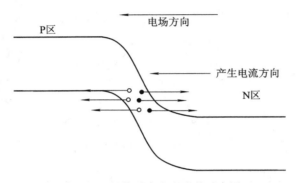

图 5.35　反偏时产生电流的示意图

2. 正偏时的复合电流

当 PN 结处于正偏状态时，将有大量的电子从 N 区向 P 区运动，大量的空穴从 P 区向 N 区运动。此时空间电荷区内的载流子浓度远大于平衡时的载流子浓度，复合率大于产生率，存在净复合率。当载流子在穿过空间电荷区的时候会发生复合。由于复合的存在，为了保证从 N 区向 P 区扩散的电子不变，即到达 $x=-x_P$ 处的电子数值不变，从 N 区出发时就要多一些电子，以供其在空间电荷区复合，同样对于从 P 区向 N 区扩散的空穴也是类似的。这些供在空间电荷区复合的载流子在复合前由于漂移运动而产生的电流即是复合电流，如图 5.36 所示。

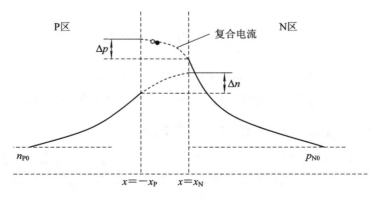

图 5.36　正偏 PN 结空间电荷区内的复合电流的示意图

正偏时，PN 结内的总正偏电流是复合电流与理想正偏电流的和，它随外加正向偏压变化，也不再是简单的指数关系。

5.6 PN 结的电容效应

PN 结电容包括势垒电容和扩散电容两种，下面分别讨论这两种电容。

5.6.1 PN 结的势垒电容

从前面的分析中可以看出，在 PN 结两端接反向偏压时，空间电荷区存在着空间电荷，当外加的反向偏压由原来的 U_R 增加至 U_R+dU_R 时，为了使空间电荷区中的电荷量增加，必须有一股放电电流，从原来的紧邻空间电荷区的 N 区（流出电子）和 P 区（流出空穴）流走使其变为新加入的空间电荷区，图 5.37 为反向偏压增加时 PN 结空间电荷区的变化。类似地，当外加的反向偏压由原来的 U_R 减小至 U_R-dU_R 时，为了使空间电荷区中的电荷量减小，必须使一些载流子流入空间电荷区，中和掉部分原来空间电荷区的正负电荷，使其空间电荷区的宽度减小。这个过程非常类似于电容器的充放电过程。因为这个电容效应发生在 PN 结的势垒区，因此称为 PN 结的势垒电容。

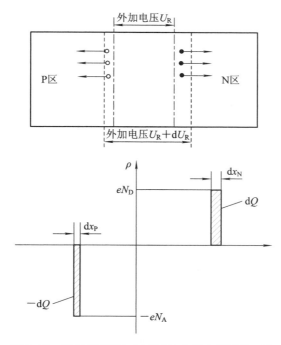

图 5.37 反向偏压增加时 PN 结空间电荷区的变化

势垒电容是微分电容，其定义式为

$$C = \frac{dQ}{dU_R} \tag{5.61}$$

根据前面的讨论

$$dQ = eN_D dx_N = eN_A dx_P \tag{5.62}$$

根据前面推导出的势垒宽度的表达式

$$x_{\mathrm{N}} = \left\{\frac{2\varepsilon_{\mathrm{s}}(U_{\mathrm{D}}+U_{\mathrm{R}})}{e}\left[\frac{N_{\mathrm{A}}}{N_{\mathrm{D}}}\right]\left[\frac{1}{N_{\mathrm{A}}+N_{\mathrm{D}}}\right]\right\}^{1/2}$$

得

$$C = \frac{\mathrm{d}Q}{\mathrm{d}U_{\mathrm{R}}} = eN_{\mathrm{D}}\frac{\mathrm{d}x_{\mathrm{N}}}{\mathrm{d}U_{\mathrm{R}}} \tag{5.63}$$

对 x_{N} 求微分后乘以 eN_{D} 得到势垒电容的表达式

$$C = \left[\frac{e\varepsilon_{\mathrm{s}}N_{\mathrm{A}}N_{\mathrm{D}}}{2(U_{\mathrm{D}}+U_{\mathrm{R}})(N_{\mathrm{A}}+N_{\mathrm{D}})}\right]^{1/2} \tag{5.64}$$

也可以利用 x_{P} 的表达式求微分后乘以 eN_{A} 后得到相同的结果。将势垒电容的表达式与势垒区宽度的表达式(5.30)对比后发现

$$C = \frac{\varepsilon_{\mathrm{s}}}{W} \tag{5.65}$$

这个表达式与平行板电容器的电容表达式是类似的。但不同的是，PN 结势垒区宽度 W 为外加反向偏压的函数，会随着反向偏压的增加而增加，而不是一个常数。

在单边突变结中，上述势垒电容的表达式可进一步简化。对于 $\mathrm{P^+N}$ 结，由于 $N_{\mathrm{A}} \gg N_{\mathrm{D}}$，则式(5.64)简化为

$$C = \left[\frac{e\varepsilon_{\mathrm{s}}N_{\mathrm{D}}}{2(U_{\mathrm{D}}+U_{\mathrm{R}})}\right]^{1/2} \tag{5.66}$$

对于 $\mathrm{PN^+}$ 结，由于 $N_{\mathrm{D}} \gg N_{\mathrm{A}}$，则式(5.64)简化为

$$C = \left[\frac{e\varepsilon_{\mathrm{s}}N_{\mathrm{A}}}{2(U_{\mathrm{D}}+U_{\mathrm{R}})}\right]^{1/2} \tag{5.67}$$

也可将式(5.66)和式(5.67)简化为一个式子，即

$$C = \left[\frac{e\varepsilon_{\mathrm{s}}N_{\mathrm{B}}}{2(U_{\mathrm{D}}+U_{\mathrm{R}})}\right]^{1/2} \tag{5.68}$$

式(5.68)中，N_{B} 表示单边突变结中低掺杂一边的掺杂浓度。从式(5.68)中可以看出单边突变结的势垒电容与低掺杂一边的掺杂浓度的平方根成正比，降低单边突变结低掺杂一边的掺杂浓度是减小单边突变结势垒电容的有效方法。

单边突变结的势垒电容还与 $U_{\mathrm{D}}+U_{\mathrm{R}}$ 的平方根成反比，一方面可以利用这一特性制作变容二极管，另一方面可以用来测试 PN 结附近低掺杂一边的掺杂浓度。将式(5.68)的平方取倒数后得到

$$\frac{1}{C^2} = \frac{2(U_{\mathrm{D}}+U_{\mathrm{R}})}{e\varepsilon_{\mathrm{s}}N_{\mathrm{B}}} \tag{5.69}$$

可以通过实验测试出一组 $1/C^2$ 与 U_{R} 数据，画出一条直线，可由直线的斜率求出低掺杂一边的掺杂浓度，由直线的截距求出 PN 结的内建电势差，如图 5.38 所示。

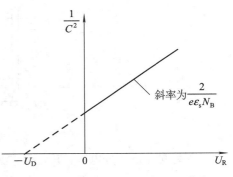

图 5.38 单边突变结的 $1/C^2 - U_{\mathrm{R}}$ 曲线

[例 5.12] 已知单边突变结硅 $\mathrm{P^+N}$ 结，通过实验测量得到 $1/C^2 - U_{\mathrm{R}}$ 曲线，如图 5.39 所示，已知环境温度为 300 K，求该 PN 结两边的掺杂浓度。

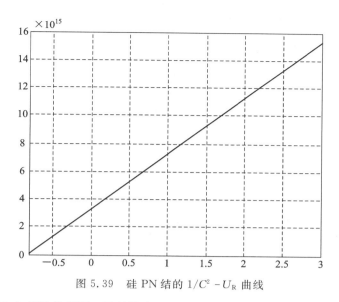

图 5.39　硅 PN 结的 $1/C^2 - U_R$ 曲线

解：根据图 5.39 中直线的截距，可以得出 $U_D = 0.8007$，根据直线的斜率 4.024×10^{15}，得

$$\frac{2}{e\varepsilon_s N_B} = 4.024 \times 10^{15}$$

即

$$\frac{2}{e\varepsilon_s \times 4.024 \times 10^{15}} = N_B$$

得

$$N_B = 3 \times 10^{15} (cm^{-3})$$

5.6.2　PN 结的扩散电容

当 PN 结两端加正向偏压时，由于正向注入作用，在 P 区（$x < -x_P$ 区域）中有一定数量的电子，在 N 区（$x > x_N$ 区域）中有一定数量的空穴，由它们的扩散形成扩散电流。当外加正向偏压发生变化时，P 区中电子的数量和 N 区中空穴的数量都要发生相应的变化。当正向偏压增加时，P 区（电子扩散区）中积累的电子数增加，N 区（空穴扩散区）中积累的空穴数增加，如图 5.40 所示。这种扩散区内的电荷数随着外加正向偏压的变化而变化的效应称为 PN 结的扩散电容。

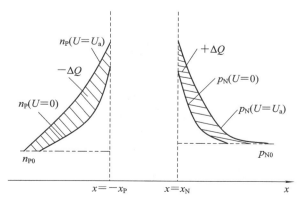

图 5.40　正向偏压变化时改变的少子浓度示意图

由前面讨论的扩散区内非平衡少子的分布函数

$$\delta p_{\mathrm{N}}(x) = p_{\mathrm{N0}}\left[\exp\left(\frac{eU_{\mathrm{a}}}{kT}\right) - 1\right]\exp\left(\frac{x_{\mathrm{N}} - x}{L_{\mathrm{p}}}\right) \tag{5.70}$$

$$\delta n_{\mathrm{P}}(x) = n_{\mathrm{P0}}\left[\exp\left(\frac{eU_{\mathrm{a}}}{kT}\right) - 1\right]\exp\left(\frac{x_{\mathrm{P}} + x}{L_{\mathrm{n}}}\right) \tag{5.71}$$

乘以电子电量，并对整个扩散区进行积分，得到扩散区内积累的载流子的总电量

$$Q_{\mathrm{p}} = \int_{x_{\mathrm{N}}}^{\infty} e\delta p_{\mathrm{N}}(x)\,\mathrm{d}x = ep_{\mathrm{N0}}L_{\mathrm{p}}\left[\exp\left(\frac{eU_{\mathrm{a}}}{kT}\right) - 1\right] \tag{5.72}$$

$$Q_{\mathrm{n}} = \int_{-\infty}^{-x_{\mathrm{P}}} e\delta n_{\mathrm{P}}(x)\,\mathrm{d}x = en_{\mathrm{P0}}L_{\mathrm{n}}\left[\exp\left(\frac{eU_{\mathrm{a}}}{kT}\right) - 1\right] \tag{5.73}$$

在式(5.72)计算中将积分限取为正无穷，而不是空穴扩散区的终端，主要是因为一方面在空穴扩散区以外的 N 型半导体中的非平衡载流子空穴已经减小至零，故将积分限取为正无穷和取为空穴扩散区的终端结果是一样的。另一方面将积分限变为正无穷，会在数学计算上带来极大的方便。式(5.73)的情况与式(5.72)类似。

根据微分电容的定义，做微分运算后得单位面积的扩散电容

$$C_{\mathrm{dp}} = \frac{\mathrm{d}Q_{\mathrm{p}}}{\mathrm{d}U} = \frac{e^2 p_{\mathrm{N0}}L_{\mathrm{p}}}{kT}\left(\exp\left(\frac{eU_{\mathrm{a}}}{kT}\right)\right) \tag{5.74}$$

$$C_{\mathrm{dn}} = \frac{\mathrm{d}Q_{\mathrm{n}}}{\mathrm{d}U} = \frac{e^2 n_{\mathrm{P0}}L_{\mathrm{n}}}{kT}\left(\exp\left(\frac{eU_{\mathrm{a}}}{kT}\right)\right) \tag{5.75}$$

式(5.74)和式(5.75)相加得到单位面积的总微分扩散电容为

$$C_{\mathrm{d}} = C_{\mathrm{dp}} + C_{\mathrm{dn}} = \frac{e^2}{kT}(p_{\mathrm{N0}}L_{\mathrm{p}} + n_{\mathrm{P0}}L_{\mathrm{n}})\left(\exp\left(\frac{eU_{\mathrm{a}}}{kT}\right)\right) \tag{5.76}$$

设 PN 结的结面积为 A，PN 结加正向偏压时总的微分扩散电容为

$$AC_{\mathrm{d}} = \frac{Ae^2}{kT}(p_{\mathrm{N0}}L_{\mathrm{p}} + n_{\mathrm{P0}}L_{\mathrm{n}})\left(\exp\left(\frac{eU_{\mathrm{a}}}{kT}\right)\right) \tag{5.77}$$

对于单边突变 $\mathrm{P^+N}$ 结，式(5.77)扩散电容的表达式则可简化为

$$AC_{\mathrm{d}} = \frac{Ae^2 p_{\mathrm{N0}}L_{\mathrm{p}}}{kT}\left(\exp\left(\frac{eU_{\mathrm{a}}}{kT}\right)\right) \tag{5.78}$$

类似地，对于 $\mathrm{PN^+}$ 结有

$$AC_{\mathrm{d}} = \frac{Ae^2 n_{\mathrm{P0}}L_{\mathrm{n}}}{kT}\left(\exp\left(\frac{eU_{\mathrm{a}}}{kT}\right)\right) \tag{5.79}$$

5.7 PN 结的击穿

只有在理想 PN 结的情况下，PN 结的反偏电流很小且恒定。实验中发现当加在 PN 结两端的反向偏压增加至某一数值后，会出现反向电流随着反向偏压的增加而迅速增加的现象，这种现象称为 PN 结的击穿，如图 5.41 所示。发生击穿时对应的反向偏压称为击穿电压。

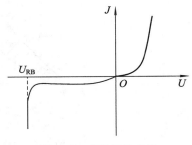

图 5.41 PN 结的击穿

PN 结的击穿特性是 PN 结的重要特性之一，了解 PN 结的击穿机理具有一定的实际意义。显然，载流子的迁移率没有发生明显变化，反向电流的突然增加，是由于载流子数目的突然增加而导致的，根据载流子数目增加的机理不同，可将 PN 结的击穿分为雪崩击穿、隧道击穿(齐纳击穿)和热电击穿。下面分别对这三种击穿进行介绍。

5.7.1　雪崩击穿

PN 结在反向偏压下的电流是由 N 区漂移到 P 区的空穴和 P 区漂移到 N 区的电子共同构成的。当外加反向偏压很大时，空间电荷区的电场很强，上述载流子在运动经过空间电荷区时，在强电场的作用下，载流子在很短的时间内就积累了很大的动能。当其积累的动能能使半导体晶格中的受共价键束缚的电子摆脱共价键的束缚时，从能带的角度来说，相当于价带中的电子吸收了动能，获得大于等于禁带宽度的能量后，向导带跃迁，同时产生一个电子-空穴对，此时由原来的一个载流子增加至三个载流子。这三个载流子在电场的作用下还会继续运动，继续积累能量，继续产生新的载流子。这样的过程一直进行下去，直至其运动离开空间电荷区。这种产生载流子的方式称为载流子的倍增效应，这是因为空间电荷区中载流子数量的增加，就如同发生雪山上的雪崩效应一样迅速。这样由于载流子浓度的迅速增加，导致反向电流的急剧增加，发生雪崩击穿，如图 5.42 所示。

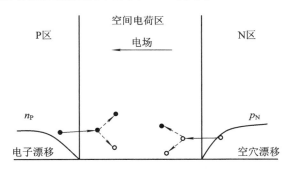

图 5.42　雪崩倍增的原理

雪崩击穿是由碰撞电离决定的，因此空间电荷区宽度越大，载流子在其中运动的时间越长，倍增的次数也越多，越容易发生雪崩效应。

5.7.2　隧道击穿(齐纳击穿)

隧道击穿是指当 PN 结两端加入很强的反向偏压时，由于隧道效应导致 P 区价带的电子直接过渡到 N 区的导带，引起载流子浓度的迅速增加而导致的击穿现象。因为这一现象最初是由齐纳提出解释的，故也称为齐纳击穿。当 PN 结加反向偏压时，空间电荷区的能带弯曲量增大，所加的反向偏压越大，能带弯曲量越大，能带的倾斜越厉害。N 区的导带底比 P 区的价带顶还低。P 区价带的电子和 N 区导带的电子具有相同的能量，但是 N 区和 P 区之间还隔着禁带，由于能带的倾斜很厉害，禁带在 x 方向上的距离很小。当反向偏压大到一定程度，x 方向的距离短到一定程度后，由于隧道效应将使 P 区价带的电子直接穿过禁带到达 N 区的导带的概率大大增加，P 区价带的电子直接到达 N 区的导带的数量可观，使反向电流急剧增加，发生击穿，如图 5.43 所示。

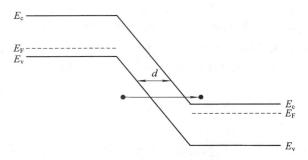

图 5.43　反偏 PN 结隧道击穿示意图

隧道击穿取决于隧道效应发生的概率大小，此概率值与禁带在 x 方向的水平距离有关，距离越小，发生隧道效应的概率越大。当 PN 结两边都是高掺杂的半导体时，发生隧道效应的概率越大，越容易发生隧道击穿。

5.7.3　热电击穿

当 PN 结上施加反向偏压时，PN 结上流过的反向电流要引起热损耗。当反向电压增大时，热损耗也相应增大，产生大量的热能，如果没有有效的散热条件将这些热量传递出去，将导致 PN 结的温度上升。由前面讨论的 J_s 随温度的变化规律可知，J_s 随着温度的上升而指数式增加，导致 PN 结产生的热量进一步增加，反过来又导致 PN 结温度上升，反向饱和电流密度增加，造成恶性循环，使 PN 结发生击穿。对于用禁带宽度较小的半导体材料制成的 PN 结，容易发生热电击穿。

5.8　隧道二极管

当构成 PN 结的两种半导体的掺杂浓度都非常大，以至于可以认为 N 型和 P 型半导体都是简并半导体时，构成的这种 PN 结称为隧道二极管。隧道二极管由于其高掺杂导致它的 I-V 曲线和普通二极管的不同，下面简单地讨论一下隧道二极管的 I-V 曲线的变化规律。

先了解一下，隧道二极管平衡状态时的能带图，由于 N 型半导体的费米能级进入导带，P 型半导体的费米能级进入价带，为了达到平衡时统一的费米能级，隧道二极管的能带弯曲量和普通二极管相比更大，如图 5.44 所示。

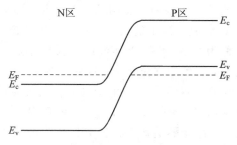

图 5.44　隧道二极管在热平衡时的能带图

在图 5.44 中，严格地讲，能带弯曲的函数并不是直线，但一方面由于两边的掺杂浓度很大，故空间电荷区的宽度较窄，另一方面由于在空间电荷区中的能带弯曲量很大，故可以近似将能带弯曲的曲线近似为直线。下面在热平衡状态的基础上讨论给隧道二极管加电压时产生电流的变化规律。为了方便理解起见，参考在不同偏压下隧道二极管的能带变化得出它的电流变化。

当隧道二极管外加较小的正向偏压时，N 区导带能级提升，导致 N 区导带中被电子占据的量子态和 P 区空的量子态相对应，发生隧道效应，电子发生如图 5.45(a)所示的转移，产生电流。随着外加正向偏压的进一步增加，N 区的能带进一步提升，N 区导带中被电子占据的量子态和 P 区的空量子态之间的重合最多，如图 5.45(b)所示，此时产生的电流增加。在图 5.45(c)中，随着外加正向偏压的进一步增加，N 区的能带进一步提升，N 区导带中被电子占据的量子态和 P 区的空量子状态之间的重合减小，电流和图 5.45(b)情况相比减小。在图 5.45(d)中，随着外加电压的进一步增加，N 区有电子的量子态和 P 区空量子态之间的重合消失，不会产生隧道电流，只会发生 N 区导带的电子向 P 区导带扩散的电流。

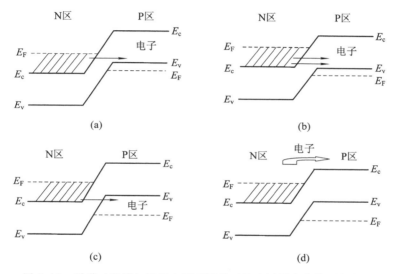

图 5.45　隧道二极管加正偏电压时随着正偏电压增大能带图的变化

当对隧道二极管加反向偏压时，其能带图的变化如图 5.46 所示，从图中可以看出，此时 P 区价带内有电子的量子态和 N 区导带内空的量子态之间有重合，通过隧道效应，电子发生转移，产生隧穿电流。而且在反向偏压下，随着反向偏压的增加，二者的重合不断增加，隧道电流也单调地随着反向偏压的增加而增加。

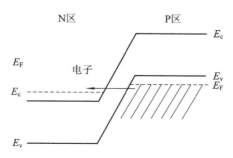

图 5.46　反向偏压下隧道二极管的能带图

结合上面讨论的隧道二极管在外加偏压下的行为，画出隧道二极管的电流-电压特性，如图 5.47 所示。

从图 5.47 中可以看出，图 5.45(a)、(b)所示隧道电流增加至最大值，图 5.45(c)、(d)所示隧道电流减小至最小值，当电压继续增加时，电流成分变为扩散电流。在图 5.47 中出现一段随着电压的增加而电流减小的区域，对应这个区域的电阻是负的，实际中可以利用隧道二极管的这个区域制作振荡器。

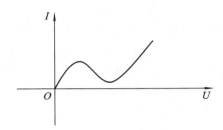

图 5.47　隧道二极管的电流-电压特性曲线

习　题

1. 由掺杂浓度为 $N_D = 5 \times 10^{15}$ cm^{-3} 的 N 型硅和 $N_A = 1 \times 10^{16}$ cm^{-3} 的 P 型硅组成 PN 结，

(1) 示意性地画出该 PN 结的能带图，标出能带图中的特征量；

(2) 计算 PN 结的内建电势差；

(3) 计算 n_{N0}、n_{P0}、p_{P0}、p_{N0}，画出载流子浓度分布曲线。

2. 和习题 1 中相同杂质分布的硅 PN 结，在热平衡状态下，计算：

(1) P 区一侧的势垒区宽度、N 区一侧的势垒区宽度及势垒区总宽度；

(2) 最大电场强度。

3. 和习题 1 中相同杂质分布的硅 PN 结，当施加正偏电压 $U_a = 0.6$ V 时，计算：

(1) 在 $x = x_N$ 处的空穴扩散电流密度；

(2) 在 $x = -x_P$ 处的电子扩散电流密度；

(3) 当施加反向偏压 $U_R = -3$ V 时，计算反向电流密度。

4. 利用 MATLAB 编写程序，将热平衡状态下 PN 结的 N_A 及 N_D 作为输入值，计算该 PN 结的内建电势差、N 区一侧的势垒区宽度、P 区一侧的势垒区宽度、势垒区总宽度及最大电场强度值，并利用这一程序验证习题 1 和习题 2 的计算结果。

5. 已知硅 PN 结，$N_D = 1 \times 10^{15}$ cm^{-3}，$N_A = 1 \times 10^{17}$ cm^{-3}，分别计算其在热平衡状态、外加正向偏压 0.6 V 及外加反向偏压 5 V 时的势垒区宽度。

6. 在 $T = 300$ K 时，已知 PN 结中 P 区一侧 $E_F - E_v = 0.2$ eV，N 区一侧 $E_c - E_F = 0.16$ eV，

(1) 求出 PN 结的内建电势差；

(2) 求出 P 区和 N 区各自的掺杂浓度。

7. PN 结的其他条件和习题 5 相同，计算 PN 结在热平衡状态、外加正向偏压 0.6 V 及外加反向偏压 5 V 时的最大电场强度。

8. 在 $T=300$ K 时，已知硅 PN 结中 $N_D=2\times10^{15}$ cm^{-3}，$N_A=1\times10^{17}$ cm^{-3}，$\tau_{p0}=10^{-7}$ s，$D_p=12$ cm^2/s，已知 PN 结的横截面积是 3×10^{-4} cm^2，计算 PN 结的反向饱和电流密度和外加正向偏压为 0.4 V 时的正向电流。

9. 已知一个硅 PN 结，由电阻率为 1.5 $\Omega\cdot$cm 的 P 型半导体和电阻率为 2 $\Omega\cdot$cm 的 N 型半导体组成，计算 PN 结的内建电势差。

10. 证明 PN 结的空穴电流和电子电流的比值为

$$\frac{J_n}{J_p}=\frac{\sigma_N L_P}{\sigma_P L_N}$$

式中：σ_N 和 σ_P 分别为 PN 结中 P 型半导体和 N 型半导体的电导率；L_N 和 L_P 分别为 PN 结中 N 型半导体和 P 型半导体的扩散长度。

11. 在 $T=300$ K 时，硅 PN 结中 N 区和 P 区的掺杂浓度分别为 $N_D=2\times10^{15}$ cm^{-3}，$N_A=1\times10^{16}$ cm^{-3}，已知 P 区中的电子扩散系数和 N 区的空穴扩散系数分别为 $D_n=15$ cm^2/s，$D_p=10$ cm^2/s，两区中非平衡载流子的寿命均为 $N_A=5\times10^{-7}$ s，PN 结的横截面积为 1×10^{-3} cm^2，求：

(1) 当外加正向偏压为 0.5 V 时，PN 结流过的电流；

(2) 取 P 区指向 N 区为 x 轴的正方向，写出 N 区内的空穴和电子浓度分布的函数表达式。

12. 已知 PN 结的杂质分布如图 5.48 所示，求：

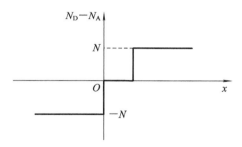

图 5.48　题 12 图

(1) 在满足耗尽层近似的前提下，画出电荷密度分布示意图；

(2) 耗尽区的电场随 x 变化的函数；

(3) 画出这种情况下，PN 结的能带图，并与突变 PN 结进行比较。

第 6 章　金属半导体接触和异质结

前一章讨论的 PN 结是由同一种半导体材料的 P 型和 N 型在交界面附近形成的结构，也可称为同质结。在这一章中，将利用讨论 PN 结时的方法讨论由不同材料在其交界面附近构成的结，包括金属–半导体结和异质结。在本章的讨论中也会涉及利用这两种结形成的半导体器件和欧姆接触。

6.1　金属半导体接触

在这一节中将讨论金属和不同导电类型的半导体接触的情况。

6.1.1　金属和半导体的功函数

金属和半导体类似，也存在自己的费米能级。在绝对零度时，费米能级以下的所有能级都被电子所占据，而费米能级以上的能级则是全空的。随着温度的升高，此时虽然有少量电子通过热激发能获得能量跃迁到高于费米能级的地方，但费米能级以下的所有能级几乎都被电子所占据，而费米能级以上的能级几乎是全空的。因此，金属中的电子虽然可自由运动，但它仍受金属的束缚。用 E_0 表示真空能级，金属费米能级的位置如图 6.1 所示，其中定义金属费米能级与真空能级 E_0 的差为金属的功函数即

$$W_m = E_0 - E_{Fm} \tag{6.1}$$

式中，E_{Fm} 表示金属的费米能级，下标 m 表示金属。

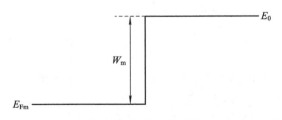

图 6.1　金属的功函数

功函数标志着金属中的电子摆脱金属的束缚所需要的能量，表 6.1 为几种常见金属的功函数。类似地，也可定义半导体的功函数为半导体的费米能级与真空能级之差，即

$$W_s = E_0 - E_{Fs} \tag{6.2}$$

表 6.1　几种金属的功函数

金属	功函数/eV
Al(铝)	4.28
Au(金)	5.1
Cr(铬)	4.5
Ti(钛)	4.33

图 6.2 为半导体的功函数，图 6.2 中出现的 E_{Fs} 表示半导体的费米能级，χ 为半导体的电子亲和能，表示半导体导带底的电子要逸出体外所需的最小能量。不同的半导体材料具有不同的电子亲和能，表 6.2 中给出常见的几种半导体的电子亲和能。半导体的功函数是随着半导体的掺杂浓度的变化而变化的，但当材料的种类确定后，半导体的电子亲和能则是定值，不随掺杂浓度的变化而改变。

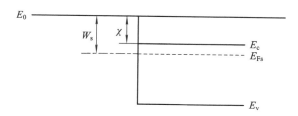

图 6.2　半导体的功函数

表 6.2　几种半导体的电子亲和能

半导体	电子亲和能/eV
Si(硅)	4.03
Ge(锗)	4.13
GaAs(砷化镓)	4.07

6.1.2　理想的金属半导体接触

一旦形成 PN 结，由于两边存在载流子的浓度梯度，而引发载流子的扩散运动，即电子从 N 区向 P 区扩散，空穴从 P 区向 N 区扩散。金属半导体接触形成后，载流子的流动方向取决于功函数的大小。由前面金属和半导体的功函数的定义可知，功函数大的物质，电子占据较高能级的概率小、数目少，费米能级的位置低；相反功函数小的物质，电子占据较高能级的概率大、数目多，费米能级的位置高。因此电子将从功函数小的一边向功函数大的一边流动，也就是电子从高能级的一边向低能级的一边流动。同 PN 结的讨论类似，载流子运动后将导致局部带电，但整体保持电中性。局部带电将出现空间电荷区。空间电荷区的存在又使能带发生弯曲，这种电子的流动一直进行直到达到两边费米能级的统一。下面将针对具体情况进行具体讨论。

当金属与 N 型半导体接触时，设它们具有共同的真空能级。如果 N 型半导体的功函数小于金属的功函数，即 N 型半导体的费米能级高于金属的费米能级，则电子将从费米能级高的 N 型半导体向费米能级低的金属流动。金属一侧将带负电，半导体一侧将带正电，由于金属一侧的电荷密度很大，积累的负电荷位于非常靠近金属表面的区域内；相比之下，半导体一侧的电荷密度较小，是由掺杂浓度决定的，积累的正电荷将位于从半导体表面开始向内部延伸到相当厚的区域内，即空间电荷区。空间电荷区内存在内建电场，电场的方向是由带正电的半导体指向带负电的金属，即由半导体体内指向表面。电场的存在导致电势的变化，进而导致电势能的变化，即能带的弯曲，如图 6.3 所示。

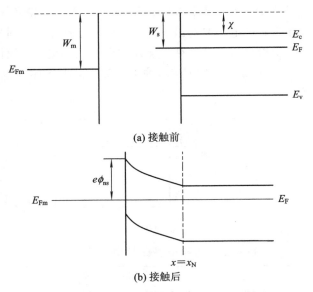

(a) 接触前

(b) 接触后

图 6.3　金属和 N 型半导体接触($W_s < W_m$)时的能带图

　　和 PN 结的讨论类似，金属与 N 型半导体接触开始形成时，电子由半导体向金属大量流动，伴随着内建电场的产生，出现能带弯曲，当半导体中的电子再向金属流动时，遇到了势垒，阻止半导体中的电子进一步向金属流动，从而达到动态平衡状态，此时金属和半导体两侧的费米能级统一。在图 6.3 中，也可以把能带弯曲的部分称为势垒区，势垒区内主要是由带正电的电离施主构成的，因此该区域是一个高阻的区域，称为阻挡层。由于金属中存在大量的电子，因此改变金属的费米能级较为困难，金属和半导体二者费米能级的统一也可以看做是，金属的费米能级几乎不动，而主要是半导体的费米能级向金属的费米能级靠近的过程。

　　由于在金属和半导体接触的界面处，在接触前和接触后各能级之间的关系没有发生变化，因此有

$$e\phi_{ns} = W_m - \chi \tag{6.3}$$

　　若金属与 N 型半导体接触，金属的功函数小于半导体的功函数，则电子从金属向半导体流动，半导体一侧带负电，金属一侧带正电，电场的方向是由带正电的金属指向带负电的半导体，即电场是由半导体的表面指向体内。沿着电场的方向就是电势降低的方向，乘以电子电量，就是电子电势能增加的方向，因此从半导体表面到体内，能带向上弯，从半导体体内向半导体表面看的话，能带是向下弯。此时在能带弯曲的部分，积累了大量的电子，是一个高电导的区域，与前面的阻挡层相对应，将其称为反阻挡层。其平衡时的能带图如图 6.4所示。

　　下面对金属与 N 型半导体的这两种接触，定性研究它们在外加偏压下的行为。对于 $W_m > W_s$ 的接触而言，内建电场的方向为由半导体指向金属。因此如果外加电压产生的电场方向与内建电场方向相反，则为正向偏压，即金属接电源的正极，半导体接电源负极为正偏；反之，金属接负极，半导体接正极为反偏。下面结合这两种偏压下的能带图定性讨论其电流-电压特性关系。

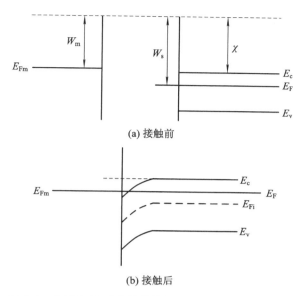

(a) 接触前

(b) 接触后

图 6.4　金属和 N 型半导体接触（$W_s > W_m$）时的能带图

当加正偏电压时，能带弯曲减弱，从半导体一侧来看，向金属这边运动的势垒减小了，因此会有电子从半导体向金属流动，产生正向电流。随着外加正向偏压的增加，势垒进一步降低，正向电流呈指数式增加，如图 6.5(a)所示。当加反偏电压时，能带弯曲量进一步增加，势垒增强，阻止了半导体一侧的电子向金属流动，而金属一侧的电子可以越过势垒到达半导体一侧。由于金属这边的势垒几乎不受外加反偏电压的影响，因此在反偏电压增加至一定数值后，反向电流几乎保持不变。由于金属中的电子要越过势垒才能到达半导体中，反向电流很小，因此定性分析的结果表明这种 $W_m > W_s$ 的金属与 N 型半导体接触的行为类似于 PN 结。

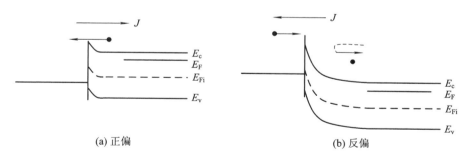

(a) 正偏

(b) 反偏

图 6.5　$W_m > W_s$ 的金属与 N 型半导体接触在正偏、反偏时的能带图

$W_m < W_s$ 的金属与 N 型半导体的接触在外加偏压下的行为与 $W_m > W_s$ 的行为完全不同。如果金属接电源的正极，半导体接电源的负极，即反向偏压，则能带弯曲量增加，电子很容易向低电势能的方向流动，发生电子由半导体向金属的流动，如图 6.6(a)所示。反之如果半导体接电源的正极，则能带弯曲量减小，电子很容易穿过势垒从金属流向半导体，如图 6.6(b)所示，这种接触就是欧姆接触。

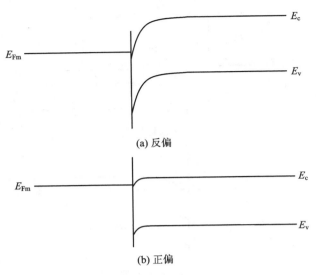

图 6.6　$W_m < W_s$ 的金属与 N 型半导体接触在反偏、正偏时的能带图

　　对于金属和 P 型半导体之间形成的接触也可以进行类似的讨论。当 $W_m < W_s$ 时，能带向下弯，形成空穴的势垒，即 P 型阻挡层，如图 6.7(a) 所示；当 $W_m > W_s$ 时，能带向上弯，形成 P 型反阻挡层，如图 6.7(b) 所示。

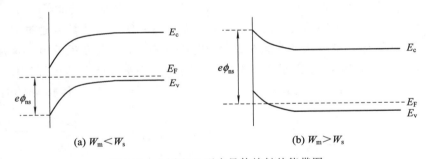

图 6.7　金属和 P 型半导体接触的能带图

　　阻挡层可以形成整流接触，反阻挡层可以形成欧姆接触，以上的四种情况总结在表 6.3 中。

表 6.3　金属半导体接触的特性

金属与半导体的功函数的关系	N 型半导体	P 型半导体
$W_m > W_s$	阻挡层 整流接触	反阻挡层 欧姆接触
$W_m < W_s$	反阻挡层 欧姆接触	阻挡层 整流接触

6.1.3　理想金属半导体接触的特性

　　可以用和处理 PN 结类似的办法确定金属半导体接触中的特性。首先利用泊松方程写出

$$\frac{\mathrm{d}E}{\mathrm{d}x} = \frac{\rho(x)}{\varepsilon_s} \tag{6.4}$$

金属与 N 型半导体接触在 $W_m > W_s$ 时的电荷密度的分布如图 6.8(a)所示,电场和电势随位置的变化如图 6.8(b)、(c)所示。

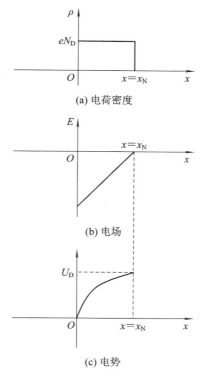

(a) 电荷密度

(b) 电场

(c) 电势

图 6.8　平衡状态下 $W_m > W_s$ 时,金属与 N 型半导体接触

同第 5 章一样用 $\rho(x)$ 表示电荷密度,假设所用的半导体为均匀掺杂,则有

$$E = \int \frac{eN_D}{\varepsilon_s}\mathrm{d}x = \frac{eN_D}{\varepsilon_s}x + C_1 \tag{6.5}$$

根据半导体空间电荷区的边界处电场为零,即 $x = x_N$ 处电场为零确定 C_1,则

$$E = -\frac{eN_D}{\varepsilon_s}(x_N - x) \tag{6.6}$$

由

$$\frac{\mathrm{d}U}{\mathrm{d}x} = -E$$

得

$$U = \int \frac{eN_D}{\varepsilon_s}(x_N - x)\mathrm{d}x \tag{6.7}$$

将 $x = 0$ 处的电势定义为零,确定积分常数,得到

$$U = -\frac{eN_D x^2}{2\varepsilon_s} + \frac{eN_D x_N x}{\varepsilon_s} \tag{6.8}$$

在式(6.8)中,令 $x = x_N$,则 $U = U_D$,有

$$U_D = \frac{eN_D x_N^2}{2\varepsilon_s} \tag{6.9}$$

从式(6.9)中解出 x_N，得到

$$x_N = \left(\frac{2\varepsilon_s U_D}{e N_D}\right)^{1/2} \tag{6.10}$$

当金属半导体接触外加反偏电压时，式(6.10)变为

$$W = x_N = \left[\frac{2\varepsilon_s (U_D + U_R)}{e N_D}\right]^{1/2} \tag{6.11}$$

利用与 PN 结求电容的方法一样的方法求出

$$C = e N_D \frac{dx_N}{dU_R} = \left[\frac{e \varepsilon_s N_D}{2(U_D + U_R)}\right]^{1/2} \tag{6.12}$$

[例 6.1] 对于在室温 $T = 300$ K 下的由金属铬和 N 型硅半导体形成的金属半导体接触，已知金属铬的功函数为 4.5 eV，硅的电子亲和能为 4.03 eV，N 型半导体的掺杂浓度为 5×10^{17} cm^{-3}，求它的势垒高度、内建电势差、空间电荷区宽度和最大场强。

解： 按照已知的条件，结合前面对肖特基势垒的定义，可得

$$e\phi_{ns} = W_m - \chi = 4.5 - 4.03 = 0.47$$

根据图 6.3(b)所示，对于 N 型半导体而言

$$E_c - E_F = kT \ln\left(\frac{N_c}{N_D}\right) = 0.0259 \ln\left(\frac{2.8 \times 10^{19}}{5 \times 10^{17}}\right) = 0.1043$$

内建电势差为

$$U_D = 0.47 - 0.1043 = 0.3657 \text{ (V)}$$

空间电荷区宽度为

$$W = x_N = \left[\frac{2\varepsilon_s U_D}{e N_D}\right]^{1/2} = \left[\frac{2 \times 11.7 \times (8.85 \times 10^{-14}) \times 0.3657}{(1.6 \times 10^{-19}) \times (5 \times 10^{17})}\right]^{1/2} = 0.307 \times 10^{-5} \text{ (cm)}$$

最大电场强度为

$$E = -\frac{e N_D x_N}{\varepsilon_s} = -\frac{1.6 \times 10^{-19} \times 5 \times 10^{17} \times 0.307 \times 10^{-5}}{11.7 \times 8.85 \times 10^{-14}} = 2.384 \times 10^5 \text{ (V/cm)}$$

6.1.4 金属半导体接触的电流-电压关系

从前面的定性分析可以得出，对于金属和 N 型半导体形成的接触主要取决于多数载流子电子能否超越势垒到达另一边。从这个角度来看，计算金属半导体接触产生的电流归结为计算超越势垒的多数载流子的数目，这就是热电子发射理论。

热电子发射理论的前提是假设势垒高度大于 kT，在这一假设下，热平衡的载流子浓度分布没有发生改变，可视为常数。电流 $J_{s \to m}$ 表示电子由半导体向金属流动产生的电流密度；$J_{m \to s}$ 表示电子由金属向半导体流动产生的电流密度。

先考虑电子从半导体向金属流动的情况，将电子在导带底以上的能量认为是其动能，由第 2 章的结论，单位体积内在 $E \sim E + dE$ 范围内的电子数为

$$dn = 4\pi \frac{(2m_n^*)^{3/2}}{h^3} (E - E_c)^{1/2} \exp\left(-\frac{E_c - E_F}{kT}\right) \exp\left(-\frac{E - E_c}{kT}\right) dE \tag{6.13}$$

$$E - E_c = \frac{1}{2} m_n^* v^2 \tag{6.14}$$

$$dE = m_n^* v dv \tag{6.15}$$

将式(6.14)和式(6.15)代入式(6.13)，并利用

$$n_0 = 2 \left(\frac{2\pi m_n^* kT}{h^2} \right)^{3/2} \exp\left(-\frac{E_c - E_F}{kT} \right)$$

得到

$$\mathrm{d}n = 4\pi n_0 \left(\frac{m_n^*}{2\pi kT} \right)^{3/2} v^2 \exp\left(-\frac{m_n^* v^2}{2kT} \right) \mathrm{d}v \tag{6.16}$$

乘以电子电量后得到从半导体到金属的电流密度为

$$J_{s \to m} = \frac{4\pi e m_n^* k^2}{h^3} T^2 \exp\left(-\frac{e\phi_{ns}}{kT} \right) \exp\left(\frac{eU_a}{kT} \right) \tag{6.17}$$

可以定义

$$A^* = \frac{4\pi e m_n^* k^2}{h^3} \tag{6.18}$$

代入式(6.17)可得

$$J_{s \to m} = A^* T^2 \exp\left(-\frac{e\phi_{ns}}{kT} \right) \exp\left(\frac{eU_a}{kT} \right) \tag{6.19}$$

式中，A^* 称为理查森常数，与半导体材料的种类有关。

对于电子从金属到半导体的流动而产生的电流密度，由于电子从金属到半导体面临的势垒高度不随外加电压的变化而改变，它是个常量。因为在热平衡状态下，净电流为零，故 $J_{m \to s}$ 与 $U_a = 0$ 时的 $J_{s \to m}$ 大小相等，方向相反，即

$$J_{m \to s} = -A^* T^2 \exp\left(-\frac{e\phi_{ns}}{kT} \right) \tag{6.20}$$

总电流密度为

$$J = J_{s \to m} + J_{m \to s} = A^* T^2 \exp\left(-\frac{e\phi_{ns}}{kT} \right) \left[\exp\left(\frac{eU_a}{kT} \right) - 1 \right] = J_{st} \left[\exp\left(\frac{eU_a}{kT} \right) - 1 \right] \tag{6.21}$$

其中

$$J_{st} = A^* T^2 \exp\left(-\frac{e\phi_{ns}}{kT} \right) \tag{6.22}$$

由金属和半导体的整流接触形成的二极管称为肖特基势垒二极管，从式(6.21)可以看出肖特基势垒二极管的电流电压关系与 PN 结的相同。但是肖特基势垒二极管与 PN 结最主要的区别主要有两点。第一，PN 结中的正向电流是由 N 区扩散到 P 区的电子和 P 区扩散到 N 区的空穴形成的，它们在边界处先形成积累，以少数载流子的身份扩散形成电流。这种载流子的积累称为电荷储存效应，会影响 PN 结的高频性能。肖特基势垒二极管是以多数载流子电子跃过势垒进入金属变成漂移电流而流走形成的，因此，肖特基势垒二极管比 PN 结具有更好的高频特性。第二，对于相同的势垒高度，肖特基势垒二极管的 J_{st} 比 PN 结的 J_s 大得多。也就是说，对于同样的使用电流，肖特基势垒二极管具有较低的正向导通电压。PN 结的正向导通电压约为 0.7 V，肖特基势垒二极管的正向导通电压约为 0.3 V。

[例 6.2]　对于金属钨和半导体硅形成的肖特基二极管，设温度 $T = 300$ K，肖特基势垒为 0.52，有效理查德常数为 114 A/($K^2 \cdot cm^2$)。计算肖特基二极管的反向饱和电流密度，并与第 5 章中例 5.8 中 PN 结中的反向饱和电流密度相比较，计算要产生一个 5 A/cm^2 的正偏电流密度，对肖特基二极管和 PN 结需要加的电压分别是多少？

解： 根据肖特基二极管反向饱和电流密度的定义式

$$J_{st} = A^* T^2 \exp\left(-\frac{e\phi_{ns}}{kT}\right)$$

代入数值后得到

$$J_{st} = 114 \times 300^2 \exp\left(-\frac{0.52}{0.0259}\right) = 0.0196 \, (\text{A/cm}^2)$$

例 5.8 中计算得到的反向饱和电流密度为 3.94×10^{-11} A/cm²，要产生 5 A/cm² 的正向电流密度，根据公式

$$J = J_{st}\left[\exp\left(\frac{eU_a}{kT}\right) - 1\right]$$

变换后得到(在变换时，略去－1 这一项)

$$U_a = \frac{kT}{e}\ln\left(\frac{J}{J_{st}}\right) = 0.0259\ln\left(\frac{5}{0.0196}\right) = 0.1435 \, (\text{V})$$

对于 PN 结类似的有

$$U_a = \frac{kT}{e}\ln\left(\frac{J}{J_s}\right) = 0.0259\ln\left(\frac{5}{3.94 \times 10^{-11}}\right) = 0.6622 \, (\text{V})$$

从上面的计算结果可以看出，正是由于肖特基二极管的反向饱和电流密度比 PN 结的反向饱和电流密度大好几个数量级，要产生同样的正偏电流，肖特基二极管上所加的电压比 PN 结上的电压小得多。肖特基二极管和 PN 结的电流-电压特性曲线的比较如图 6.9 所示。

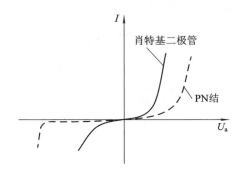

图 6.9　肖特基二极管和 PN 结的电流-电压特性曲线的比较

6.1.5　欧姆接触

对于金属和半导体形成的接触，不仅需要整流接触，当任何半导体器件向外引出连线时，都需要欧姆接触。与外加偏压的正负无关，且始终保持低阻抗的金属半导体接触就是欧姆接触。半导体器件在和外部电路相连时必须采用欧姆接触。对于任何一个半导体器件都需要欧姆接触。在前面的讨论中得到，当 $W_m < W_s$ 的金属与 N 型半导体的接触和 $W_m > W_s$ 的金属与 P 型半导体的接触时可以形成欧姆接触。但在实际中，由于表面态的存在很难通过金属材料的选择来获得欧姆接触。为了保证低阻抗的欧姆接触，在实际中可以将半导体进行高浓度掺杂。在 PN 结的讨论中，我们知道，一侧半导体掺杂浓度的增加会导致势垒区宽度的减小。在金属半导体接触中也有类似的规律，随着半导体掺杂浓度的不断增加，势垒区宽度即能带弯曲的部分变得非常窄，很容易发生隧道效应，电子可以在金属和半导体之间流动。此时虽然势垒仍然存在，但由于高掺杂导致的隧道效应，并不影响电子的流动，如图 6.10 所示。此时垫垒和金属材料的选择没关系，在图 6.10 中通过高掺杂可以将阻挡层变为欧姆接触。

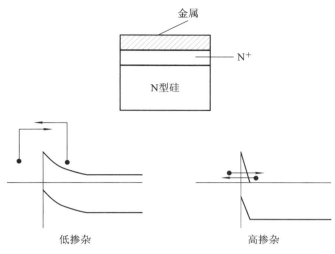

图 6.10　高掺杂下欧姆接触的形成

6.2　异　质　结

当结的两边是不相同的半导体材料时，这种结称为异质结。由于构成异质结的两种材料不同，这两种材料的禁带宽度、折射率、介电常数、吸收系数等参数都不相同，会给器件的设计提供更大的选择性和灵活性。在本章中将只介绍异质结的基本概念、能带结构、电流-电压特性方程，关于异质结在器件中的应用将在第 8 章中做详细介绍。

6.2.1　异质结的分类及其能带图

由于异质结是由两种不同的半导体材料形成的，根据两种半导体的情况，又可分为下面两种异质结。

1. 反型异质结

反型异质结是指由导电类型不同的半导体材料构成的异质结。反型异质结的一边是一种材料的 N 型半导体，另一边是另一种材料的 P 型半导体。例如一种反型异质结由 P 型的 Ge 和 N 型的 GaAs 形成，可以记为 p-N Ge-GaAs，或者(p)Ge-(N)GaAs。一般来说，对于异质结，用小写字母 n 或 p 来表示窄禁带材料的导电类型，而用大写字母 N 或 P 来表示宽禁带材料的导电类型，并习惯上将窄禁带的材料放在前面，将宽禁带的材料放在后面。因此对于反型异质结有 pN 异质结和 nP 异质结两种。

2. 同型异质结

同型异质结是指由导电类型相同的两种不同半导体材料构成的异质结。例如由 N 型的 Ge 和 N 型的 GaAs 构成的就是同型异质结，按照上面的规则，将其表示为 n-N Ge-GaAs，或者(n)Ge-(N)GaAs。同样用小写字母 n 或 p 来表示窄禁带材料的导电类型，而用大写字母 N 或 P 来表示宽禁带材料的导电类型，窄禁带的材料放在前面，将宽禁带的材料放在后面。同型异质结有 nN 异质结和 pP 异质结两种。

　　与同质结的定义类似，按照在界面处，异质结两边的掺杂浓度的分布情况可以将异质结分为突变异质结和缓变异质结两种。在下面的讨论中，主要以突变异质结为讨论对象。

　　与前面其他器件的讨论类似，器件的能带图对分析其工作特性有重要作用，异质结也不例外，它的能带图对研究异质结的特性有重要作用。首先以一种具体的突变异质结为例来分析其在理想情况下的能带图。所谓理想情况，是指忽略在两种半导体界面处存在的界面态，此时异质结的能带图只取决于两种半导体材料的禁带宽度和掺杂浓度等因素。

　　以 pN 突变异质结为例来分析其形成结前后的能带变化。图 6.11 为一种窄禁带的 P 型半导体和一种宽禁带的 N 型半导体在各自独立时的能带图。假设这两种物质具有共同的真空能级 E_0，在图中所有参量下标加 1 的表示窄禁带的 P 型半导体的参数，而所有参量下标加 2 的表示宽禁带的 N 型半导体的参数。在图 6.11 中标出了两种半导体的禁带宽度、功函数和电子亲和能，导带底、价带顶及共同的真空能级，除此之外，图中还标出了两种半导体的费米能级的位置。由于两种材料的禁带宽度不同，E_{c1} 和 E_{c2} 之间有能量差，用 ΔE_c 表示，类似地，用 ΔE_v 来表示两种材料价带顶的差值，如图 6.11 所示。

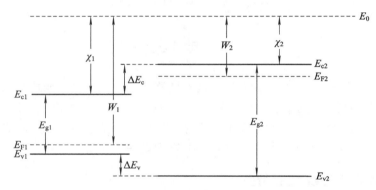

图 6.11　突变 pN 异质结形成前独立 P 型和 N 型的能带图

　　图 6.12 为形成异质结后突变 pN 异质结的能带图。由于独立时 N 型半导体的费米能级较 P 型半导体的费米能级高，接触一旦形成后，电子从 N 区向 P 区扩散，空穴从 P 区向 N 区

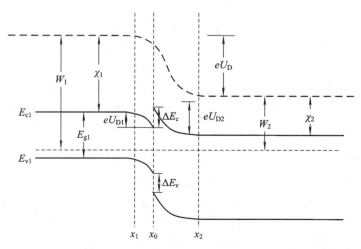

图 6.12　突变 pN 结形成后的平衡能带图

扩散,直至两边的费米能级持平为止,此时达到异质结的平衡状态,具有统一的费米能级。伴随着电子从 N 区向 P 区流动,空穴从 P 区向 N 区流动,与同质结的讨论类似,N 区内剩下带正电的电离施主,P 区内剩下带负电的电离受主,形成空间电荷区。空间电荷区内的正电荷的总量与负电荷的总量相等,空间电荷区内产生电场,称为内建电场。内建电场的存在阻碍了电子继续从 N 区向 P 区的转移,也阻止了 P 区空穴继续从 P 区向 N 区转移,达到了突变 pN 结的平衡状态。其在平衡时的能带图如图 6.12 所示,和 PN 结相同的是,异质结的能带也在空间电荷区发生了弯曲,其中 P 区的能带向下弯,N 区的能带向上弯,由于两边半导体的材料种类不同,禁带宽度不同,出现图 6.12 中所示的能带弯曲的不连续。

6.2.2　突变反型异质结的内建电势差和空间电荷区宽度

由于两种材料的介电常数不同,依据泊松方程计算得到的内建电场的电场强度在交界面处是不连续的。电场的存在导致在空间电荷区电势是随位置变化的函数,导致空间电荷区内各点均有附加电势能,空间电荷区内的能带发生弯曲。由于两种材料的禁带宽度不同,故能带的弯曲也是不连续的。P 区的能带向下弯,N 区的能带向上弯,而在界面处出现了导带底的突变和价带顶的突变。这个突变与 P 型半导体和 N 型半导体独立时两个能带的突变是一致的,因此有

$$\Delta E_c = \chi_1 - \chi_2 \qquad (6.23)$$

$$\Delta E_v = (E_{g2} - E_{g1}) - (\chi_1 - \chi_2) \qquad (6.24)$$

也就是

$$\Delta E_v + \Delta E_c = (E_{g2} - E_{g1}) \qquad (6.25)$$

异质结能带的总弯曲量是 P 型半导体一侧的能带弯曲量与 N 型半导体一侧的能带弯曲量的和,也就是这两种材料的功函数的差,即

$$eU_D = eU_{D1} + eU_{D2} \qquad (6.26)$$

$$eU_D = W_1 - W_2 \qquad (6.27)$$

与同质结的讨论类似,可以得到 pN 突变异质结的电势和势垒区宽度的公式。由于平衡时 pN 突变异质结的正负电荷数量相等,有

$$eN_{A1}(x_0 - x_1) = eN_{D2}(x_2 - x_0) = Q \qquad (6.28)$$

变形后可以得到

$$\frac{x_0 - x_1}{x_2 - x_0} = \frac{N_{D2}}{N_{A1}} \qquad (6.29)$$

式中:N_{A1} 表示窄禁带的 P 型半导体的净受主杂质浓度;N_{D2} 表示宽禁带的 N 型半导体的净施主杂质浓度。式(6.29)表明,pN 突变异质结的空间电荷区的宽度与其掺杂浓度成反比。如果一边的掺杂浓度远远大于另一边,称为单边突变 pN 异质结。单边突变 pN 异质结的空间电荷区主要分布在低掺杂浓度一侧。

与同质结的讨论类似,分别求解异质结两侧的泊松方程,即

$$\frac{d^2 U_1(x)}{dx^2} = -\frac{eN_{A1}}{\varepsilon_1} \quad (x_1 < x < x_0) \qquad (6.30)$$

$$\frac{d^2 U_2(x)}{dx^2} = \frac{eN_{D2}}{\varepsilon_2} \quad (x_0 < x < x_2) \qquad (6.31)$$

式中：ε_1 是 P 型半导体的介电常数；ε_2 是 N 型半导体的介电常数。一次积分后得

$$\frac{\mathrm{d}U_1(x)}{\mathrm{d}x} = -\frac{eN_{A1}x}{\varepsilon_1} + C_1 \quad (x_1 < x < x_0) \tag{6.32}$$

$$\frac{\mathrm{d}U_2(x)}{\mathrm{d}x} = \frac{eN_{D2}x}{\varepsilon_2} + C_2 \quad (x_0 < x < x_2) \tag{6.33}$$

式中，C_1 和 C_2 是积分常数，由边界条件决定。由于空间电荷区边界处的电场为零，固有

$$E(x_1) = -\frac{eN_{A1}x_1}{\varepsilon_1} + C_1 = 0 \rightarrow C_1 = \frac{eN_{A1}x_1}{\varepsilon_1} \tag{6.34}$$

$$E(x_2) = \frac{eN_{D2}x_2}{\varepsilon_2} + C_2 = 0 \rightarrow C_2 = -\frac{eN_{D2}x_2}{\varepsilon_2} \tag{6.35}$$

将 C_1 和 C_2 代入式(6.32)和式(6.33)得到

$$E_1(x) = \frac{eN_{A1}(x_1 - x)}{\varepsilon_1} \quad (x_1 < x < x_0) \tag{6.36}$$

$$E_2(x) = \frac{eN_{D2}(x - x_2)}{\varepsilon_2} \quad (x_0 < x < x_2) \tag{6.37}$$

又有

$$\phi(x) = -\int E(x)\mathrm{d}x = \int \frac{eN_{A1}(x - x_1)}{\varepsilon_1}\mathrm{d}x \quad (x_1 < x < x_0) \tag{6.38}$$

$$\phi(x) = -\int E(x)\mathrm{d}x = \int \frac{eN_{D2}(x_2 - x)}{\varepsilon_2}\mathrm{d}x \quad (x_0 < x < x_2) \tag{6.39}$$

对式(6.38)和式(6.39)进行积分，得到

$$\phi(x) = \frac{eN_{A1}x^2}{2\varepsilon_1} - \frac{eN_{A1}x_1 x}{\varepsilon_1} + C_1' \quad (x_1 < x < x_0) \tag{6.40}$$

$$\phi(x) = -\frac{eN_{D2}x^2}{2\varepsilon_2} + \frac{eN_{D2}x_2 x}{\varepsilon_2} + C_2' \quad (x_0 < x < x_2) \tag{6.41}$$

令电势最小处即 $x = x_1$ 处电势为零，$\phi(x = x_1) = 0$，有

$$\phi(x = x_1) = \frac{eN_{A1}x_1^2}{2\varepsilon_1} - \frac{eN_{A1}x_1^2}{\varepsilon_1} + C_1' = 0 \rightarrow C_1' = \frac{eN_{A1}x_1^2}{2\varepsilon_1} \tag{6.42}$$

将式(6.42)中得到的 C_1' 代入到式(6.40)中，得到

$$U_1 = \frac{eN_{A1}}{2\varepsilon_1}(x - x_1)^2 \tag{6.43}$$

在式(6.43)中令 $x = x_0$ 得到 P 区一侧电势差的表达式为

$$U_{D1} = \frac{eN_{A1}}{2\varepsilon_1}(x_0 - x_1)^2 \tag{6.44}$$

而又由于异质结的总内建电势差为

$$U_D = U_2(x_2) - U_1(x_1) \tag{6.45}$$

在 $x = x_0$ 处电势是连续的，$U_1(x_0) = U_2(x_0)$ 故有

$$U_D = U_2(x_2) - U_1(x_1) = U_2(x_2) - U_2(x_0) + U_1(x_0) - U_1(x_1) = U_{D1} + U_{D2} \tag{6.46}$$

根据 $x = x_2$ 处的电势为 U_D，确定 C_2'

$$U_2(x = x_2) = -\frac{eN_{D2}x_2^2}{2\varepsilon_2} + \frac{eN_{D2}x_2^2}{\varepsilon_2} + C_2' = U_D \rightarrow C_2' = U_D - \frac{eN_{D2}x_2^2}{2\varepsilon_2} \tag{6.47}$$

将 C_2' 代入式(6.41)得

$$U_2(x) = U_D - \frac{eN_{D2}}{2\varepsilon_2}(x_2 - x)^2 \tag{6.48}$$

根据式(6.43)和式(6.48)在 $x=x_0$ 处电势是连续的条件,得到

$$\frac{eN_{A1}}{2\varepsilon_1}(x_0 - x_1)^2 = U_D - \frac{eN_{D2}}{2\varepsilon_2}(x_2 - x_0)^2 \tag{6.49}$$

即

$$\frac{eN_{A1}}{2\varepsilon_1}(x_0 - x_1)^2 + \frac{eN_{D2}}{2\varepsilon_2}(x_2 - x_0)^2 = U_D \tag{6.50}$$

结合式(6.44)和式(6.46),有

$$U_{D2} = \frac{eN_{D2}}{2\varepsilon_2}(x_2 - x_0)^2 \tag{6.51}$$

由式(6.44)及式(6.51)并利用式(6.29)可得

$$\frac{U_{D1}}{U_{D2}} = \frac{\varepsilon_2}{\varepsilon_1}\frac{N_{A1}}{N_{D2}}\frac{(x_0 - x_1)^2}{(x_2 - x_0)^2} = \frac{\varepsilon_2}{\varepsilon_1}\frac{N_{D2}}{N_{A1}} \tag{6.52}$$

又由于 $U_D = U_{D1} + U_{D2}$,结合式(6.52),得到

$$U_{D1} = \frac{\varepsilon_2 N_{D2} U_D}{\varepsilon_2 N_{D2} + \varepsilon_1 N_{A1}} \tag{6.53}$$

$$U_{D2} = \frac{\varepsilon_1 N_{A1} U_D}{\varepsilon_2 N_{D2} + \varepsilon_1 N_{A1}} \tag{6.54}$$

将式(6.53)及式(6.54)代入式(6.43)及式(6.51),得到

$$(x_0 - x_1) = \left[\frac{2\varepsilon_1\varepsilon_2 N_{D2} U_D}{eN_{A1}(\varepsilon_2 N_{D2} + \varepsilon_1 N_{A1})}\right]^{1/2} \tag{6.55}$$

$$(x_2 - x_0) = \left[\frac{2\varepsilon_1\varepsilon_2 N_{A1} U_D}{eN_{D2}(\varepsilon_2 N_{D2} + \varepsilon_1 N_{A1})}\right]^{1/2} \tag{6.56}$$

总势垒区的宽度为

$$W = (x_0 - x_1) + (x_2 - x_0) = \left[\frac{2\varepsilon_1\varepsilon_2 (N_{A1} + N_{D2})^2 U_D}{eN_{D2} N_{A1}(\varepsilon_2 N_{D2} + \varepsilon_1 N_{A1})}\right]^{1/2} \tag{6.57}$$

以上的公式适用于处于平衡状态时的异质结,当异质结有外加电压时,只需要在上述公式中出现的 U_D、U_{D1} 及 U_{D2} 的地方分别用 $U_D - U$、$U_{D1} - U_1$ 及 $U_{D2} - U_2$ 代替即可。其中 U 是指外加偏压,U_1 是外加电压分配在 P 区一侧的电压降,U_2 是外加电压分配在 N 区一侧的电压降,并满足关系 $U = U_1 + U_2$。

对于突变反型异质结中的另外一种突变 nP 异质结,其能带图如图 6.13 所示。按照前面的惯例,将禁带宽度小的 N 型半导体的能带图放在左边。

突变 nP 结的情况与突变 pN 结类似,电子从 N 区向 P 区扩散,空穴从 P 区向 N 区扩散,伴随着扩散的进行 N 区局部带正电,P 区局部带负电,产生空间电荷区和内建电场,内建电场的出现阻止电子进一步向 P 区扩散和空穴进一步向 N 区扩散,直至达到载流子扩散运动和漂移运动之间的动态平衡。上面对突变 pN 结适用的内建电势差和空间电荷区宽度等公式也可推广至突变 nP 结,只需将上述公式中标 1 的材料改为窄禁带 N 型半导体,标 2 的材料改为宽禁带的 P 型半导的相关参数即可。

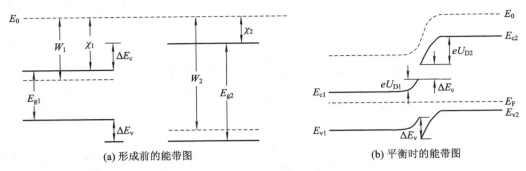

(a) 形成前的能带图   (b) 平衡时的能带图

图 6.13 突变 nP 结的能带图

6.2.3 突变同型异质结

下面以突变 nN 异质结为例来讨论突变同型异质结的一些特征和相关公式。图 6.14(a) 是在形成异质结前窄禁带和宽禁带 N 型半导体各自独立的能带图。

从图 6.14 中可以看出，宽禁带 N 型半导体的费米能级比窄禁带 N 型半导体的费米能级高，一旦形成接触，电子将从宽禁带 N 型半导体向窄禁带 N 型半导体流动。宽禁带 N 型半导体一侧形成耗尽区带正电，窄禁带 N 型半导体一侧成为电子积累区带负电。与反型异质结不同，在同型异质结中，只有一侧是载流子的耗尽区，另一侧则必定为载流子的积累区。电场方向从右向左。因此沿着电场的方向，电势能增加，宽禁带 N 型半导体能带向上弯，窄禁带 N 型半导体能带向下弯。由于在同型异质结中，独立时的窄禁带 N 型半导体的费米能级和宽禁带 N 型半导体的费米能级相差较小，因此 nN 同型异质结的内建电势差较小，能带弯曲量也较小。

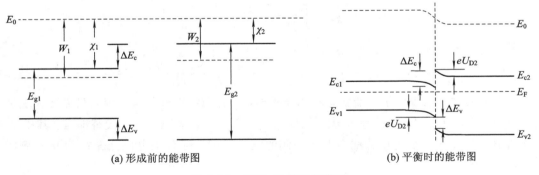

(a) 形成前的能带图   (b) 平衡时的能带图

图 6.14 突变 nN 结的能带图

6.3 异质结的电流-电压特性

与同质结类似，异质结的电流-电压特性对异质结的理论研究和实验研究都有很重要的作用。但因为在交界面附近存在能带的不连续，导致分析异质结的电流-电压特性较为复杂，只能根据不同的能带图中交界面附近的情况来提出各自的电流输运模型，下面将这几种模型做一简单介绍。

6.3.1　突变反型异质结中的电流输运模型

扩散模型是异质结中通过载流子扩散运动而产生电流的模型。在前面讨论同质结中的电流-电压特性时利用的就是这种理论。根据异质结中在界面附近可能出现的两种势垒的情况，将异质结的势垒分为负峰势垒和正峰势垒两种，分别如图 6.15(a)、(b)所示。

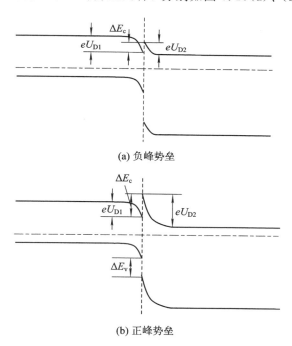

(a) 负峰势垒

(b) 正峰势垒

图 6.15　突变 pN 的平衡能带图

1. 负峰势垒突变 pN 结的电流-电压特性

对于图 6.15(a)中所示的情况禁带宽度较大的半导体的势垒峰位置低于禁带宽度小的半导体的导带底，为负峰势垒。此时，空穴从 P 区向 N 区运动的势垒为 $eU_D + \Delta E_v$，比电子从 N 区向 P 区运动的势垒 $eU_D - \Delta E_c$ 要大。所以电子电流的数值要大于空穴电流的数值。与同质结的讨论类似，有

$$n_{10} = n_{20} \exp\left[-\frac{(eU_D - \Delta E_c)}{kT}\right] \tag{6.58}$$

式中：下标为 1 的表示左边的材料即窄禁带 P 型半导体的参数；下标为 2 的表示右边材料即宽禁带 N 型半导体的参数；n_{10}、n_{20} 分别表示材料 1 和材料 2 在平衡状态下的电子浓度。当异质结两端加正向偏压 U_a 时，在 $x = x_1$ 处的电子浓度为

$$n_1(x_1) = n_{20} \exp\left[-\frac{(eU_D - \Delta E_c - eU_a)}{kT}\right] \tag{6.59}$$

与同质结中的计算类似，求解只包含扩散和复合两项的连续性方程，并利用式(6.58)和式(6.59)作为边界条件确定方程解中出现的常数，得到

$$J_n = \frac{eD_n n_{20}}{L_n} \exp\left[-\frac{(eU_D - \Delta E_c)}{kT}\right]\left[\exp\left(\frac{eU_a}{kT}\right) - 1\right] \tag{6.60}$$

类似地，两边空穴浓度的关系为

$$p_{20} = p_{10} \exp\left[-\frac{(eU_D + \Delta E_v)}{kT}\right] \tag{6.61}$$

式(6.61)中，p_{10}、p_{20}分别表示材料1和材料2在平衡状态下的空穴浓度。

当异质结两端加正向偏压U_a时，空穴电流为

$$J_p = \frac{eD_p p_{10}}{L_p} \exp\left[-\frac{(eU_D + \Delta E_v)}{kT}\right]\left[\exp\left(\frac{eU_a}{kT}\right) - 1\right] \tag{6.62}$$

如前所述，由于要产生空穴电流需要克服的势垒比产生电子电流需要克服的势垒大得多，所以空穴电流远远小于电子电流，总电流近似等于电子电流，有

$$J \approx J_n = \frac{eD_n n_{20}}{L_n} \exp\left[-\frac{(eU_D - \Delta E_c)}{kT}\right]\left[\exp\left(\frac{eU_a}{kT}\right) - 1\right] \tag{6.63}$$

在实际中，一般满足$eU_a \gg kT$，式(6.63)近似为

$$J = \frac{eD_n n_{20}}{L_n} \exp\left[-\frac{(eU_D - \Delta E_c)}{kT}\right]\exp\left(\frac{eU_a}{kT}\right) \tag{6.64}$$

因此与同质结类似，负峰势垒的突变pN异质结的正向电流随正向偏压的增加呈指数增加。

当加反向偏压时，一般来说，也满足$e|U_R| \gg kT$，式(6.63)近似为

$$J = -\frac{eD_n n_{20}}{L_n} \exp\left[-\frac{(eU_D - \Delta E_c)}{kT}\right] \tag{6.65}$$

式(6.65)表明反向偏压下的电流方向与正向偏压下的电流方向相反，而且反向电流与外加电压无关，是一个恒定值。因此突变反型异质结中的负反向势垒的电流-电压关系与同质结的类似，即正向偏压下，正向电流随着正向电压的增加而增加，反向偏压时，反向电流与反向偏压无关保持一个恒定值。

2. 正峰势垒突变 pN 结的电流-电压特性

当在异质结交界面处，禁带宽度大的N型半导体的势垒峰位置高于势垒区外的禁带宽度小的P型半导体的导带底时，称为正峰势垒，如图6.15(b)所示。从图6.15(b)中可以看出，要产生空穴电流所要克服的势垒远远大于产生电子电流所要克服的势垒，因此忽略空穴电流，只考虑电子电流。未加偏压时，从材料1扩散到材料2中的电子数和从材料2扩散到材料1中的电子数相等，即有

$$n_2 \exp\left(-\frac{eU_{D2}}{kT}\right) = n_1 \exp\left(-\frac{(\Delta E_c - eU_{D1})}{kT}\right) \tag{6.66}$$

当异质结外加偏压U_a时，材料2中的电子变成了要克服势垒高度为$eU_{D2} - U_2$才能到达材料1，形成扩散电流。与前面的计算类似，得到

$$J_1 = \frac{eD_n n_{20}}{L_n} \exp\left[-\frac{eU_{D2}}{kT}\right]\left[\exp\left(\frac{eU_2}{kT}\right) - 1\right] \tag{6.67}$$

当异质结外加偏压U_a时，对于材料1向材料2中扩散的电子，要克服的势垒高度变成了$\Delta E_c - eU_{D1} + eU_1$，扩散电流的结果为

$$J_2 = -\frac{en_1 D_n}{L_n} \exp\left[-\frac{(\Delta E_c - eU_{D1})}{kT}\right]\left[\exp\left(-\frac{eU_1}{kT}\right) - 1\right] \tag{6.68}$$

利用式(6.66)，经过化简得到通过异质结的总电流密度为

$$J = J_1 + J_2 = -\frac{en_2 D_n}{L_n} \exp\left[-\frac{eU_{D2}}{kT}\right]\left[\exp\left(\frac{eU_2}{kT}\right) - \exp\left(-\frac{eU_1}{kT}\right)\right] \tag{6.69}$$

式(6.69)中，U_1 和 U_2 分别为外加偏压 U_a 在材料 1 和材料 2 上的压降。

6.3.2　突变同型异质结中的电流输运模型

以图 6.13 中的突变 nN 异质结为例来说明其电流输运模型。因为同型异质结中，两边物质的载流子浓度相差较小，因此同型异质结的内建电场比反型异质结的要小得多。这限制了同型异质结所能施加的电压范围。由于在同型异质结中，左边的材料 1 是电子积累层，右边的材料 2 才是耗尽层。因此有 $U_1 \ll U_2$，前面适用于反型异质结的公式(6.69)简化为

$$J = J_1 + J_2 = -\frac{en_{20}D_n}{L_n}\exp\left[-\frac{eU_{D2}}{kT}\right]\left[\exp\left(\frac{eU_2}{kT}\right)-1\right] \tag{6.70}$$

式(6.70)即为同型异质结的总电流密度。

习　题

1. 什么是金属的功函数？什么是半导体的功函数？半导体的功函数由哪些因素决定？

2. 分别画出金属和 N 型半导体接触及金属和 P 型半导体接触四种情况下的能带图，说明哪些情况是阻挡层，哪些情况是反阻挡层。

3. 什么是欧姆接触？实现欧姆接触的方法有哪些？

4. 已知一个 N 型半导体和金属形成一个金属半导体接触，已知金属的功函数为 4.8 eV，半导体的电子亲和能为 4.03 eV，$N_D = 2 \times 10^{15}$ cm^{-3}，计算该接触的势垒高度、自建电势差及势垒区宽度。

5. 已知一个 N 型半导体硅的掺杂浓度为 $N_D = 1 \times 10^{16}$ cm^{-3}，已知硅的电子亲和能为 4.03 eV，当这种半导体分别与铝及金接触时，形成阻挡层还是反阻挡层，示意性的画出这两种情况下的能带图。

6. 一个肖特基二极管采用 N 型半导体和金属的接触形成，已知内建电势差为 0.75 V，半导体的掺杂浓度为 $N_D = 1 \times 10^{16}$ cm^{-3}，当外加反向偏压为 10 V 时，计算该接触的势垒区宽度和势垒电容。

7. 什么是异质结？什么是同型异质结？什么是反型异质结？

8. 证明式(6.44)、式(6.51)及式(6.57)。

第7章 MOS 结构及 MOSFET 器件

MOS 结构是当今微电子技术的核心结构。MOS 结构指的是金属（Metal）、氧化物（Oxide）二氧化硅和半导体（Semiconductor）硅构成的系统，更广义的说法是金属（Metal）-绝缘体（Insulator）-半导体（Semiconductor）结构，即 MIS 结构。其中用到的绝缘体不一定是二氧化硅。半导体也不一定是硅。由于 MIS 结构和 MOS 结构较为相似，在本章中将主要分析讨论 MOS 结构。

MOS 结构也是金属-半导体-氧化物场效应晶体管（MOSFET）的核心，在本章中将主要讨论 MOS 结构的能带图，定性描述在静态偏置下 MOS 结构的电荷、电场和电容，并讨论 MOS 结构的电容-电压特性。在此基础上讨论 MOSFET 的工作机理和直流特性。

7.1 理想 MOS 结构

在这一节中将讨论理想 MOS 结构的情况。

7.1.1 MOS 结构的构成

MOS 结构由三部分组成，即由氧化层、氧化层隔开的金属和半导体衬底三者共同组成。金属通常可以选用铝或者其他金属，还可以是具有高电导的多晶硅。对于这种结构，通常以理想 MOS 结构作为对象来讨论，如果满足以下条件，则被称为理想的 MOS 结构：

（1）氧化层是非常理想的绝缘层，该层内没有任何电荷且完全不导电；

（2）金属和半导体之间不存在功函数差；

（3）半导体本身均匀掺杂且足够厚。

上述理想 MOS 结构的假设很接近实际 MOS 结构，其结构如图 7.1 所示。这种假设是为了在刚开始讨论这种结构时能最简单地处理问题，后面将根据实际 MOS 结构的情况对理想 MOS 结构进行逐一修正，使理论分析的结果尽可能与实际相符。

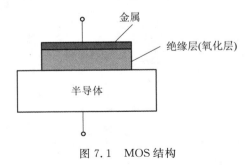

图 7.1 MOS 结构

7.1.2 热平衡时的 MOS 结构

在描述半导体器件的性能时，能带图是不可缺少的。为了和 MOS 结构外加偏压时的状态相比较，先画出组成 MOS 结构的三部分在未加偏压时各个部分的能带图，如图 7.2(a)所示。图 7.2(b)为热平衡时 MOS 结构的能带图。

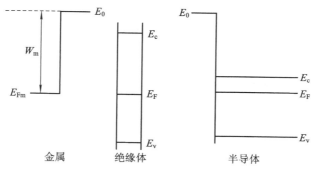

(a) 金属、绝缘体和半导体的分立能带图

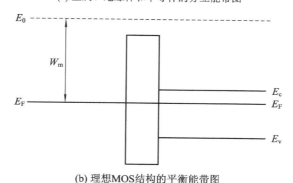

(b) 理想 MOS 结构的平衡能带图

图 7.2　MOS 结构不加电压时的能带图

假设这三种物质具有共同的真空能级 E_0，从图 7.2(a)中可以看出，半导体和绝缘体能带的差异与前面的讨论一致，绝缘体的禁带宽度要比半导体大得多。按照理想 PN 结的假设，MOS 结构中的金属和半导体的功函数相等，绝缘体的费米能级位置也与金属和半导体相同，如图 7.2(a)所示。

7.1.3　外加偏压时的 MOS 结构

由于 MOS 结构实际上就是一个电容，因此当其两端加上电压后，相当于金属和半导体的两个面上被充电，两边所带的电荷数量相等，电荷符号相反，保证器件中的电荷总和为零。但是这些电荷在两边的分布差别较大，由于金属这边电子密度很高，因此电荷只分布在靠近表面约为一个原子层的厚度范围内；对于半导体这边，载流子密度和金属相比要低很多，电荷只能分布在一定厚度的表面层内。通常把在半导体一侧有电荷存在的区域称为空间电荷区。从半导体表面开始的空间电荷区内存在电场，到空间电荷区的另一端，电场强度减小为零。由于存在电场，在空间电荷区内还存在电势的变化，并导致电势能在空间电荷区内逐点变化，导致了能带的弯曲。下面针对一种具体的 MOS 结构分析它在不同的外加偏压下空间电荷区内的具体变化情况。

假设所讨论的是一个由 P 型半导体构成的 MOS 结构，分以下三种情况分别讨论。

1. 多数载流子堆积状态

当半导体一侧接正，金属一侧接负时，P 型衬底 MOS 结构多数载流子堆积状态如图 7.3 (a)所示。类似电容器的充电过程，负电荷将出现在金属一侧，正电荷半导体一侧出现，半导体的空间电荷区内出现电场。

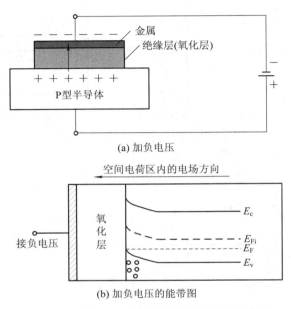

(a) 加负电压

(b) 加负电压的能带图

图 7.3　P 型衬底 MOS 结构多数载流子堆积状态

从图 7.3(b)中可以看出，由于电场的方向是由半导体体内指向半导体表面。沿着电场的方向是电势减小的方向，乘以电子电量 $-e$，就是电子电势能增加的方向。故表面处能带向上弯，而费米能级位置始终没有弯曲，保持平直，因此越向表面靠近，费米能级 E_{Fi} 和价带顶 E_v 之间的距离越近，根据载流子浓度的计算公式，空穴的浓度也越大。在这种状态下，越靠近半导体表面的地方有越多的空穴分布，称为多数载流子堆积的状态，堆积的空穴主要分布在靠近表面的薄层内。

2. 多数载流子耗尽状态

当金属一侧接正，半导体一侧接负时，P 型衬底 MOS 结构多数载流子堆积状态如图 7.4 (a)所示。此时类似电容器的充电过程，正电荷出现在金属一侧，负电荷出现在半导体一侧，产生电场的方向也与图 7.3(a)恰好相反。相应的空间电荷区的能带弯曲也与图 7.3(b)相反，能带向下弯。

从图 7.4(b)可以看出，由于能带向下弯，同样费米能级的位置始终没有弯曲，保持平直，因此越向表面靠近，费米能级 E_F 和价带顶 E_v 之间的距离越远，按照空穴浓度的计算公式，靠近表面附近的空穴浓度很小，比体内的空穴浓度小得多。这种情况近似为表面附近的多数载流子几乎为零，因此也把这种状态称为多数载流子耗尽状态。

3. 少数载流子反型状态

对 MOS 结构仍然保持金属一侧接正，半导体一侧接负，并对金属施加更大的正电压，此时两侧的正负电荷量增加及空间电荷区内存在的电场增强。对应空间电荷区的宽度更宽，能

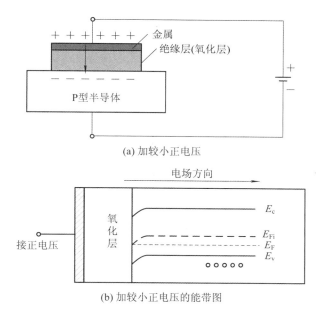

(a) 加较小正电压

(b) 加较小正电压的能带图

图 7.4　P 型衬底 MOS 结构多数载流子耗尽状态

带弯曲量更大。如图 7.5 所示，由于半导体表面处的能带进一步向下弯曲，可能出现表面处费米能级位置高于本征费米能级位置的情况，说明此时导带比价带更接近费米能级，费米能级位于禁带的上半部分，也就是说在靠近表面的半导体附近呈现出了 N 型半导体的特征。这种状态称为少数载流子反型状态，反型的意思是在半导体表面形成一层与半导体衬底导电类型相反的一层，可以把这一层称为反型层。从图 7.5 中可以看出反型层位于近表面处，从反型层到半导体内部还有一层耗尽层。

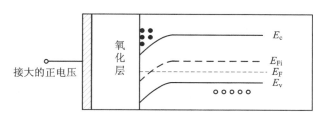

图 7.5　P 型衬底 MOS 结构加较大正电压的能带图

　　以上讲解的 MOS 结构中使用的是 P 型半导体作为衬底。对于用 N 型半导体作为衬底的 MOS 结构，也可以按照类似的方法画出它在三种情况下的能带图。

　　图 7.6 为 N 型衬底 MOS 结构加两种电压时的示意图，图中表示出了电荷的分布和电场的方向。图 7.7(a)、(b) 和 (c) 分别为 N 型衬底 MOS 结构在多数载流子堆积状态、多数载流子耗尽状态和少数载流子反型状态下的能带图。

　　对于 P 型衬底的 MOS 结构，因为电荷在金属一侧只分布在靠近表面几埃的范围内，求解 MOS 结构的电势等变量时，可以只针对 MOS 结构中的半导体部分求解即可。为了表述方便起见，用 $\phi(x)$ 表示半导体中 x 处的电势值，取 x 轴垂直半导体表面而指向半导体内部，取表面处为 x 轴的原点。定义半导体内部的空间电荷区边界处为电势零点，即 $x=W$（W 为空间电荷区宽度）处电势为零。只有在有电场的区域有能带弯曲，电势 $\phi(x)$ 不为零。对于半导体

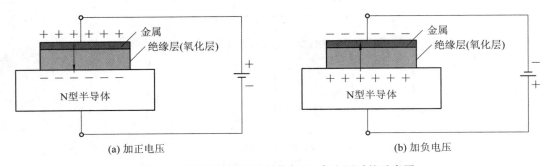

(a) 加正电压   (b) 加负电压

图 7.6   N 型衬底 MOS 结构加正、负电压时的示意图

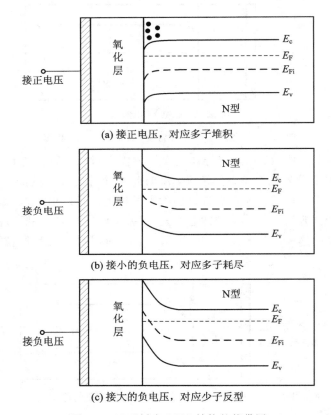

(a) 接正电压，对应多子堆积

(b) 接小的负电压，对应多子耗尽

(c) 接大的负电压，对应少子反型

图 7.7   N 型衬底 MOS 结构的能带图

的表面，即 $x=0$ 处的电势定义为 ϕ_s，称为表面势。表面势是半导体体内的 E_{Fi} 与表面的 E_{Fi} 的差值，如图 7.8 所示。表面势也是 MOS 结构空间电荷区的电势差。

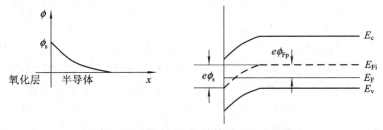

图 7.8   P 型衬底 MOS 结构 ϕ_s 和 ϕ_{Fp} 的定义

由图 7.8 可得

$$\phi_s = \frac{1}{e}\big[E_{Fi}(衬底) - E_{Fi}(表面)\big] \tag{7.1}$$

$$\phi_{Fp} = \frac{1}{e}\big[E_{Fi}(衬底) - E_F\big] \tag{7.2}$$

由前面的知识可知，ϕ_{Fp} 与 P 型半导体的掺杂浓度有关，有

$$\phi_{Fp} = \frac{kT}{e}\ln\left(\frac{N_A}{n_i}\right)$$

对于 P 型衬底的 MOS 结构来说，$\phi_{Fp} > 0$，如果 MOS 结构处于多数载流子积累，则 $\phi_s <$ 0，当 $\phi_s > 0$ 时是反型或耗尽。为了找到耗尽和反型的临界状态，定义了一个耗尽-反型临界点，如图 7.9 所示。从图中可以看出，当 $\phi_s = 2\phi_{Fp}$ 时，表面处的费米能级远在本征费米能级之上。这样的能级关系说明，此时表面处反型后的多子（即电子）浓度等于体内的多子（即空穴）浓度，这就是耗尽-反型临界点，对应此时 MOS 结构外加的电压称为阈值电压。当 MOS 结构外加的电压大于阈值电压时，其处于少子反型状态。

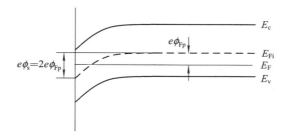

图 7.9　P 型衬底 MOS 结构的耗尽-反型临界点的能带图

对于 P 型衬底的 MOS 结构的多数载流子耗尽状态，与 PN 结的求解类似，采用泊松方程可以得到 MOS 结构中半导体一侧的电场、电势及空间电荷区宽度等参数的值。采用耗尽近似，有

$$\rho = e(p - n + N_D^+ - N_A^-) \approx -e(p - n + N_D - N_A) \approx -eN_A \tag{7.3}$$

$$\frac{dE}{dx} = \frac{\rho}{\varepsilon_s} = -\frac{eN_A}{\varepsilon_s} \tag{7.4}$$

$$E = -\frac{d\phi}{dx} = -\frac{eN_A x}{\varepsilon_s} + C \tag{7.5}$$

在确定式(7.5)中的 C 时，利用 $x = W$ 处电场为零，其中 W 表示 MOS 结构中空间电荷区的宽度，有

$$E(x = W) = -\frac{eN_A W}{\varepsilon_s} + C = 0$$

得

$$C = \frac{eN_A W}{\varepsilon_s}$$

将其代入式(7.5)得到

$$E = \frac{eN_A(W - x)}{\varepsilon_s} \tag{7.6}$$

对式(7.6)进行二次积分，并利用 $x = W$ 处电势为零的条件，得到

$$\phi(x) = \frac{eN_A}{2\varepsilon_s}(W-x)^2 \tag{7.7}$$

由前面的定义可知在半导体表面，$x=0$ 处的电势为 ϕ_s，故在式(7.7)中令 $x=0$ 得到的就是表面势 ϕ_s 的表达式，有

$$\phi_s = \frac{eN_A}{2\varepsilon_s}W^2 \tag{7.8}$$

变换后得到空间电荷区宽度的表达式为

$$W = \left(\frac{2\varepsilon_s\phi_s}{eN_A}\right)^{1/2} \tag{7.9}$$

前面讨论的耗尽-反型临界点是 MOS 结构所能达到的最大耗尽区宽度，此时的耗尽区宽度为

$$W_T = \left(\frac{4\varepsilon_s\phi_{Fp}}{eN_A}\right)^{1/2} \tag{7.10}$$

反型层中积累的电子屏蔽了外电场的作用，耗尽层的宽度达到最大。

类似地，对于 N 型衬底的 MOS 结构，其最大耗尽层宽度为

$$W_T = \left(\frac{4\varepsilon_s\phi_{Fn}}{eN_D}\right)^{1/2} \tag{7.11}$$

7.1.4 理想 MOS 结构的电容-电压特性

由于在 MOS 结构中存在氧化层，因此没有直流电流，MOS 结构中最常用的特性就是电容-电压特性。与 PN 结的电容的定义类似，MOS 结构的电容定义为

$$C = \frac{dQ}{dU} \tag{7.12}$$

本节先讨论在理想 MOS 结构上加一偏压时，计算外加偏压变化时器件的电容-电压特性，然后再讨论一些实际 MOS 结构中的因素对器件的电容-电压特性的影响。

MOS 电容有三种工作状态：多子堆积、多子耗尽和少子反型。P 型衬底的 MOS 电容在加负电压时为多子空穴堆积状态。一个小的电压变化对应引起的 MOS 结构中金属层和空穴堆积层中的电荷变化如图 7.10 所示。

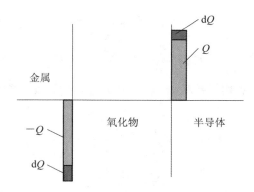

图 7.10　多子堆积下外加电压变化时微分电荷分布示意图

从图 7.10 可以看出，一个小的微分电压改变将导致金属一侧和空穴堆积电荷的微分量发生变化，因为这种电荷的微分变化发生在氧化层的两边，类似于平行板电容器。因此多子堆积时 MOS 结构的单位面积电容就是氧化层电容，即

$$C(\mathrm{acc}) = C_{\mathrm{ox}} = \frac{\varepsilon_{\mathrm{ox}}}{t_{\mathrm{ox}}} \tag{7.13}$$

式中，t_{ox} 为氧化层的宽度。

图 7.11 显示了施加小正向偏压 MOS 电容的电荷分布。图 7.12 为 MOS 结构的等效电路，从图 7.12 中可以看出总电容是氧化层电容和耗尽层电容串联形成的，因为耗尽层电容的表达式为 $C_{\mathrm{s}} = \dfrac{\varepsilon_{\mathrm{s}}}{W}$，因此串联总电容为

$$\frac{1}{C(\mathrm{depl})} = \frac{1}{C_{\mathrm{ox}}} + \frac{1}{C_{\mathrm{s}}} \rightarrow C(\mathrm{depl}) = \frac{C_{\mathrm{ox}} C_{\mathrm{s}}}{C_{\mathrm{ox}} + C_{\mathrm{s}}} \tag{7.14}$$

$$C(\mathrm{depl}) = \frac{C_{\mathrm{ox}}}{1 + \dfrac{C_{\mathrm{ox}}}{C_{\mathrm{s}}}} = \frac{\varepsilon_{\mathrm{ox}}}{t_{\mathrm{ox}} + \left(\dfrac{\varepsilon_{\mathrm{ox}}}{\varepsilon_{\mathrm{s}}}\right) W} \tag{7.15}$$

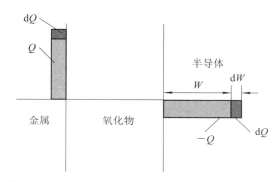

图 7.11　多子耗尽时外加电压变化时的微分电荷分布

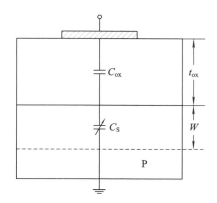

图 7.12　MOS 结构的等效电路

串联总电容随着空间电荷区宽度的增加而减小。

当 P 型衬底的 MOS 电容施加的正电压足够大时，达到耗尽-反型临界点，此时空间电荷区宽度不变。若反型层内的电荷能跟得上 MOS 电容所加电压的变化，从图 7.13 中可以看出，这时的 MOS 结构的总电容就是氧化层电容。

综合前面的讨论结果，在多子堆积的情况下，MOS 电容的电容值近似为氧化物的电容 C_{ox}，此时从半导体内部到表面是导通的，半导体的作用像一个导体，正负电荷聚集在氧化物两边，所以 MOS 结构的总电容就等于氧化物的电容 C_{ox}。随着外加电压由负变正，MOS 结构

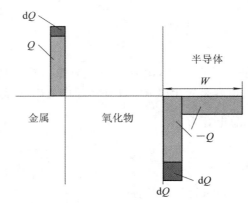

图 7.13　少子反型时外加电压变化时的微分电荷分布

变为耗尽状态，半导体耗尽层的电容依赖于外加电压，MOS 结构的总电容看做是由氧化层电容和耗尽层电容串联组成的，电容值下降。随着外加正电压数值的增加，MOS 结构达到反型状态，大量电子聚集在半导体表面，相当于绝缘层两边堆积着电荷，MOS 结构的总电容又近似等于绝缘层电容。理想 MOS 结构的整个 $C-U$ 特性曲线如图 7.14 中实线所示。

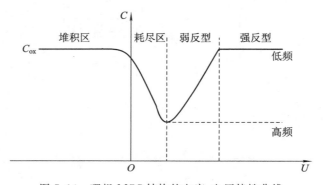

图 7.14　理想 MOS 结构的电容-电压特性曲线

当外加信号频率较高时，反型层中电子的产生跟不上外加信号的变化，也就是说反型层中的电子数量不能随着外加高频信号的变化而变化，此时不存在图 7.13 所示的电荷分布，反型层中存在的电子对电容没有贡献，电荷的分布情况如图 7.15 所示。此时，只由耗尽层的电荷变化决定 MOS 电容，当耗尽层的厚度达到最大值时，电容值就达到最小值并且保持不变，

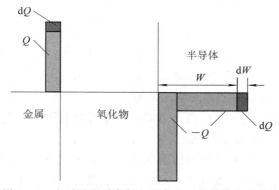

图 7.15　少子反型时高频电压变化时的微分电荷分布

其电容-电压特性曲线如图 7.14 中的虚线所示。

　　在以上的讨论中均以 P 型衬底的 MOS 结构为例进行，N 型衬底的 MOS 结构的，情况与 P 型类似，其电容-电压特性曲线如图 7.16 所示。

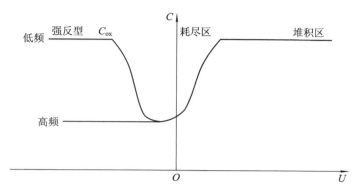

图 7.16　N 型衬底 MOS 结构的电容-电压特性曲线

7.1.5　金属与半导体的功函数差对 MOS 结构 C - U 特性曲线的影响

　　在前面的讨论中，讨论的对象是理想 MOS 结构，金属和半导体之间费米能级持平，功函数差为零。实际中往往所选择的金属和半导体的功函数差并不为零，此时 MOS 结构的 C - U 曲线也将受到影响。

　　仍以 P 型衬底的 MOS 结构为例说明，假设 P 型半导体的功函数和金属的功函数不相等。如果 P 型半导体的功函数比金属的大，则 MOS 结构一旦形成，电子就将从金属流向 P 型半导体，直至金属和半导体的费米能级统一。此时半导体一侧带负电，金属表面带正电，这些局部带电的区域将导致产生电场，其方向是由半导体表面指向半导体体内。有电场存在的区域就有能带弯曲，与前面的讨论类似，半导体表面的能级向下弯。这说明当金属和半导体之间存在功函数差时，即便在没有外加电压的时候，半导体表面已经发生了能带弯曲，如图 7.17 所示。为了使半导体表面恢复到平带状态，可以在 MOS 结构两端加一电压，这个电压称为平带电压。对于前面的假设（P 型半导体的功函数比金属的大），当金属接负，半导体接正时，产生的电场方向刚好和前面由于功函数差出现的电场方向相反，起到平带的作用。

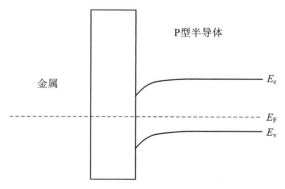

图 7.17　功函数差对 MOS 结构半导体表面的影响

　　平带电压的大小由金属和半导体的功函数差决定，由于功函数差导致半导体一侧的电势

能比金属一侧的高，其提高的数值为

$$eU_{ms} = W_s - W_m \tag{7.16}$$

为了使半导体的能带恢复到平带，抵消由于功函数差导致的能带弯曲和内建电场，所加的平带电压为

$$U_{FB} = -U_{ms} = \frac{W_m - W_s}{e} \tag{7.17}$$

平带电压的存在对理想 MOS 结构的电容-电压特性曲线产生影响。相当于将原来理想 MOS 结构的电容-电压特性曲线中 $U=0$ 的位置移动到 U_{FB} 处，因为 U_{FB} 是负值，故由于金属和半导体之间存在功函数差，导致 MOS 结构的电容-电压特性曲线向左移动，移动量为 U_{FB}，如图 7.18 所示。

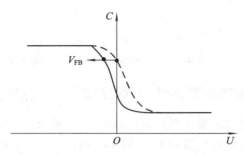

图 7.18　金属和半导体的功函数差对 MOS 结构电容-电压高频特性曲线的影响
（虚线表示理想 MOS 结构电容-电压高频特性曲线）

如图 7.18 所示，先找到理想 MOS 结构的 $C\text{-}U$ 特性曲线与 y 轴的交点，做横轴的平行线，其与实际 MOS 结构曲线的交点间的距离就是平带电压。

7.1.6　氧化层中的电荷对 MOS 结构 $C\text{-}U$ 特性曲线的影响

相比于金属和半导体的功函数差对 MOS 结构 $C\text{-}U$ 特性曲线的影响，氧化层中存在的电荷对 MOS 结构 $C\text{-}U$ 特性曲线的影响则要大得多。假设氧化层中有一薄层电荷，它的存在将分别在金属和半导体一侧产生感应电荷，如图 7.19 所示。

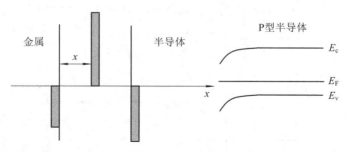

图 7.19　氧化层中存在电荷及其对半导体能带的影响

由于这些电荷的存在，半导体表面附近存在电场，电场的方向从半导体表面指向半导体体内，导致半导体空间电荷区的能带向下弯曲。同前面的讨论一样，为了使半导体的能带变平，需要外加电压，其中半导体接正，金属接负。同时考虑金属和半导体的功函数差和氧化层中的电荷后，平带电压的公式修正为

$$U_{\text{FB}} = U_{\text{sm}} - \frac{Q}{C_{\text{ox}}} \qquad (7.18)$$

式中：Q 为氧化层中的电荷；C_{ox} 为氧化层电容。如果氧化层中出现的电荷为正，平带电压将更大，$C\text{-}U$ 曲线将进一步向左移动，如图 7.20 所示。

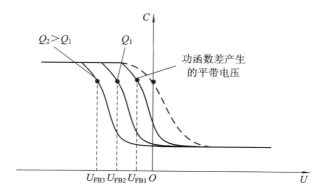

图 7.20　金属、半导体的功函数差和氧化层中电荷对 MOS 结构电容-电压高频特性曲线的影响
（虚线表示理想 MOS 结构电容-电压高频特性曲线）

7.2　MOSFET 基础

基于 MOS 结构的 MOS 电路元件已在半导体器件中成为主流器件。所谓 MOSFET，是指金属-氧化物-半导体场效应晶体管。在本节中，将介绍 MOSFET 的结构、分类、工作机理及直流工作特性。

7.2.1　MOSFET 的结构和分类

图 7.21 是一个典型的 MOSFET 结构示意图，它是一个四端口器件。可以认为 MOSFET 是由一个 MOS 电容和两个 PN 结共同构成的。其中衬底可以是 N 型半导体，也可以是 P 型半导体。如果衬底是 P 型半导体，则源极和漏极就是 N^+ 掺杂；如果衬底是 N 型半导体，则源极和漏极就是 P^+ 掺杂，图中的阴影部分表示欧姆接触。

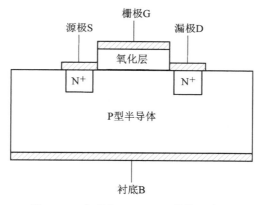

图 7.21　典型的 MOSFET 结构示意图

使用时，一般源极接地，衬底接地，栅极上施加的电压用 U_G 表示，漏极上施加的电压用 U_D 表示。实际中存在四种类型的 MOSFET，分别是 N 沟道增强型 MOSFET、N 沟道耗尽型 MOSFET、P 沟道增强型 MOSFET 和 P 沟道耗尽型 MOSFET。这四种类型的 MOSFET 结构如图 7.22 所示。N 沟道 MOS 场效应晶体管是指在 P 型半导体衬底上形成局部高掺杂的源极和漏极，当栅极上施加足够强的正电压时，在 MOS 结构中的 P 型半导体反型，从而形成 N 型导电沟道，当源极和漏极之间加偏置电压时，电子将从源极流向漏极。而 P 沟道 MOS 场效应晶体管是指在 N 型半导体衬底上，形成局部高掺杂的源极和漏极，当栅极上施加足够强的负电压时，在 MOS 结构中栅极下方的 N 型半导体反型，从而形成 P 型导电沟道，当源极和漏极之间加偏置电压时，空穴将从源极流向漏极。其中，"增强"是指在 MOS 场效应管中当外加栅压为零时，栅极下面的半导体没有形成反型，需要外加合适的栅压才可以使栅极下面的半导体形成反型层，从而将源极和漏极连接起来；"耗尽"是指当栅压为零时，栅极下面的半导体已经形成沟道。

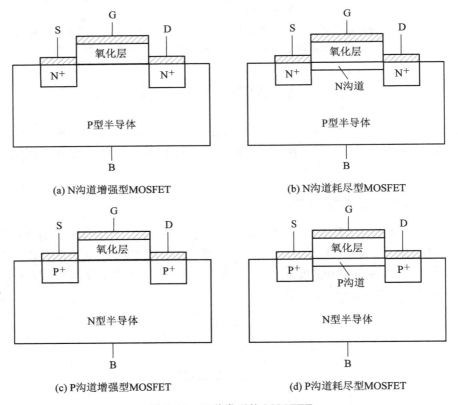

图 7.22　四种类型的 MOSFET

因此，从上面的分析可以看出，在 MOS 场效应管中参与工作的只有一种载流子，在 N 沟道 MOS 场效应晶体管中工作的载流子是电子，在 P 沟道 MOS 场效应晶体管中工作的载流子是空穴，这一点与 PN 结不同。要使 N 沟道 MOS 场效应晶体管工作，需要加正的栅极电压，而要使 P 沟道 MOS 场效应晶体管工作，需要加负的栅极电压。

7.2.2　MOSFET 的工作机理

以 N 沟道增强型 MOSFET 为例，简单分析其工作原理。源极和衬底都接地，当所加的栅极电压较小，且小于 MOS 结构的阈值电压时，漏极电压较小。在这种情况下，没有产生电子反型层，源极和漏极之间的区域应该是空穴耗尽及少量的电子，源极和漏极之间相当于开路，源极和漏极之间的电流为 0。随着栅极上电压的增加，MOS 结构的状态也逐渐由多子耗尽向少子反型过渡，当栅极上所加的电压等于前面讨论的 MOS 结构的阈值电压后，半导体表面达到强反型。此时强反型下的电子在源极和漏极之间形成了导电沟道，导电沟道将源极和漏极连接起来。如果栅极和漏极之间加上电压，则载流子通过前面形成的导电沟道形成漏电流。因此 MOS 场效应晶体管的基本工作原理是通过外加栅压控制漏电流的过程，是电压控制电流的器件。图 7.23 表示了 N 沟道增强型 MOSFET 在这两种情况下的变化。

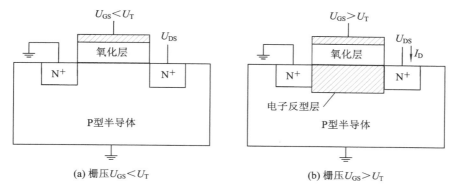

(a) 栅压 $U_{GS} < U_T$　　　　　　　　(b) 栅压 $U_{GS} > U_T$

图 7.23　N 沟道增强型 MOSFET

对于图 7.23 中讨论的 N 沟道增强型 MOSFET 来说，在满足 $U_{GS} > U_T$ 后，一方面栅极上的电压越大，反型层中的电子越多，沟道的电阻越小，流过沟道中源漏之间的电流越大；另一方面栅极上的电压减小，反型层中的电子减小，沟道的电阻增大，流过沟道中源漏之间的电流减小。图 7.24 为当 U_{GS} 较小时，在不同的 U_{GS} 下，I_D 随 U_{DS} 变化而呈现出的变化规律。从图 7.24 中呈现出来的规律和前面的定性分析结果一致。

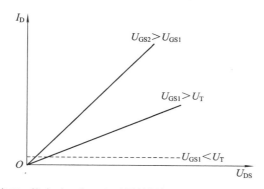

图 7.24　当 U_{DS} 较小时，在三个不同的栅极电压下，I_D 随 U_{DS} 变化的曲线

在保证 $U_{GS} > U_T$ 后，在某一确定的 U_{GS} 下，考察 I_D 随着 U_{DS} 的变化规律，如图 7.25 所示。在图 7.25(a) 中 U_{DS} 的值较小，左边的图展示了器件中反型层内的电子分布示意图，右边

的图是 I_D 随 U_{DS} 的变化曲线，此时反型层的电阻值恒定，曲线近似为斜率一定的直线。在图 7.25(b)中 U_{DS} 的值增加，漏端附近的电压增加，氧化层上的电压降减小，漏端附近的反型层中电荷密度减小，漏端附近的电阻增加。以上这一过程也可认为是处于反偏状态的漏 PN 结，随着外加反向偏压的增加，耗尽区增加，导致在漏极附近的沟道变窄。因此这一变化反映在 I_D 随 U_{DS} 的变化曲线上表现为 I_D 随着 U_{DS} 的增加速率变慢，如图 7.25(b)中的 AB 段所示。在图 7.25(c)中 U_{DS} 的值增加至 U_{Dsat}（沟道在漏端处发生夹断时的漏源电压），漏端附近的反型层中电荷密度减小为零，沟道在漏端一侧消失，出现沟道夹断现象，此时 I_D 随着 U_{DS} 的变化曲线斜率为 0。此时 I_D 达到最大值，如图 7.25(c)中 BC 段所示。当漏电压进一步增加时，沟道夹断的部分会加宽，夹断点向源极发生移动，电子从源极进入沟道向漏极运动，在到达夹断点时，进入空间电荷区，在电场的作用下漂移至漏极。如果假设沟道夹断导致的沟道长度变化对总的沟道长度影响不大，则此时的漏电流为常数，如图 7.25(d)中 CD 段所示。

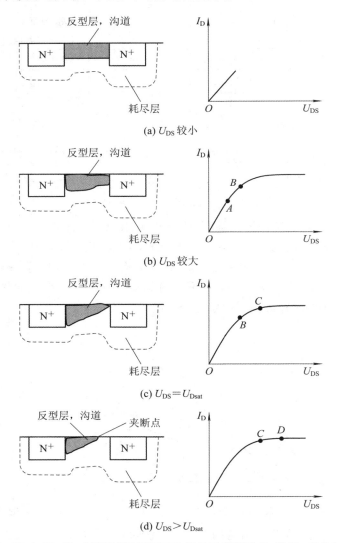

(a) U_{DS} 较小

(b) U_{DS} 较大

(c) $U_{DS}=U_{Dsat}$

(d) $U_{DS}>U_{Dsat}$

图 7.25　$U_{GS}>U_T$ 时，MOSFET 不同工作区的示意图及 I_D 随 U_{DS} 变化特性曲线

图 7.26 为 N 沟道增强型 MODFET 的 I_D-U_{DS} 特性曲线，在图中不同的曲线表示在不同栅压下的结果。图中出现的黑点是对应在某一 U_{GS} 下的 U_{Dsat}，黑点以右对应的都是饱和区。

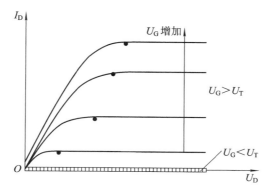

图 7.26　N 沟道增强型 MODFET 的 I_D-U_{DS} 特性曲线

7.2.3　MOSFET 的电流-电压关系

1. 阈值电压

在前面的讲述中将 MOS 场效应管的阈值电压定义为使 MOS 结构中半导体的表面势满足 $\phi_s = 2\phi_{Fp}$ 时所加的栅极电压。由于阈值电压决定了 MOS 场效应管是否导通，因此它是 MOS 场效应管的重要参数。下面将从 MOS 场效应管的电荷分布出发，得到阈值电压的表达式。

仍然以 N 沟道的 MOS 场效应管为例说明，如图 7.27 所示。在 MOS 结构中的电荷分布图中，Q_m 表示金属一侧由于外加栅压产生的电荷密度，Q_{ss} 表示在氧化层中存在的电荷，Q_n 表示 P 型衬底反型后的电荷密度，Q_B 表示耗尽层中电离后的电离受主产生的电荷密度，由衬底的掺杂浓度决定。

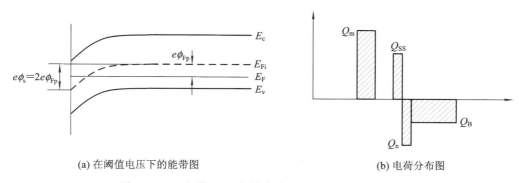

(a) 在阈值电压下的能带图　　　　　　(b) 电荷分布图

图 7.27　N 沟道 MOS 场效应管的能带图和电荷分布图

按照电中性条件的要求，总电荷为零，即

$$Q_m + Q_{ss} + Q_n + Q_B = 0 \tag{7.19}$$

因为在刚达到强反型时，反型层中的电子浓度等于体内的空穴浓度，并只存在于靠近半导体表面的极薄的一层内，如图 7.27 所示，因此与 Q_B 相比，可以略去 Q_n，则式(7.19)简化为

$$Q_m + Q_{ss} + Q_B = 0 \tag{7.20}$$

而在理想 MOS 结构满足的第一个条件中提到，假设氧化层中不存在电荷，因此式(7.20)进

一步简化为

$$Q_m + Q_B = 0 \tag{7.21}$$

同时考虑到

$$U_G = U_{ox} + U_s \tag{7.22}$$

式(7.22)说明外加电压一部分降落在氧化层中产生电荷,另一部分降落在半导体上产生反型,先计算氧化层上的电压降 U_{ox},其值为

$$U_{ox} = \frac{Q_m}{C_{ox}} = -\frac{Q_B}{C_{ox}} \tag{7.23}$$

在式(7.23)的变换中,利用了式(7.21),因此理想 MOS 结构的阈值电压为

$$U_T = -\frac{Q_B}{C_{ox}} + \phi_{Fp} \tag{7.24}$$

2. MOSFET 电流-电压特性

仍然以 N 沟道增强型场效应管为例进行分析,其结构如图 7.28 所示,假设在沟道中的电流流动仅沿 y 方向。在沟道中选出一块位于 y 位置、厚度为 dy 的薄片,在图 7.28 中用黑色区域表示,计算它的电阻值为

$$dR = \rho \frac{dy}{Wd(y)} \tag{7.25}$$

式中:W 表示沟道的宽度;d 表示沟道的厚度;$d(y)$ 表示在 y 处的沟道厚度。按照欧姆定律,在该电阻上电流流过而产生的电压降为

$$dU = I_{DS} \times \rho \frac{dy}{Wd(y)} \tag{7.26}$$

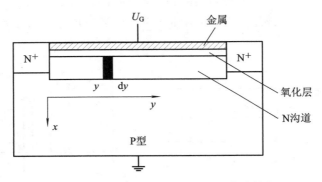

图 7.28　N 沟道的 MOS 场效应晶体管结构

利用第 3 章中电导率和电阻率的倒数关系及 N 型半导体的电导率表达式,将式(7.26)变形为

$$dU = \frac{I_{DS}dy}{e\mu_n nWd(y)} \tag{7.27}$$

利用关系

$$Q_n = end(y) \tag{7.28}$$

将式(7.28)代入到式(7.27),得到

$$dU = \frac{I_{DS}dy}{Q_n\mu_n W} \tag{7.29}$$

将式(7.29)变形为

$$I_{DS} dy = Q_n \mu_n W dU \tag{7.30}$$

利用关系

$$Q_n = [U_{GS} - U_T - U(y)]C_{ox} \tag{7.31}$$

式中，$V(y)$ 为沟道中 y 点处的电势，将式(7.31)代入式(7.30)，得到

$$I_{DS} dy = [U_{GS} - U_T - U(y)]C_{ox} \mu_n W dU \tag{7.32}$$

对式(7.32)从 $y=0$ 到 $y=L$ 进行积分（L 为沟道长度），得到

$$I_{DS} \int_0^L dy = C_{ox} \mu_n W \int_0^{U_{DS}} [U_{GS} - U_T - U(y)] dU \tag{7.33}$$

将式(7.33)积分并整理后得到

$$I_{DS} = \frac{C_{ox} \mu_n W}{L} \left[(U_{GS} - U_T)U_{DS} - \frac{1}{2}U_{DS}^2 \right] \tag{7.34}$$

式(7.34)就是 MOS 场效应晶体管的直流电流-电压特性方程。从方程中可以看出，当 U_{DS} 较小时，I_{DS} 随着 U_{DS} 的增加而线性增加；当 U_{DS} 较大时，I_{DS} 随着 U_{DS} 增加且增加速度变得缓慢，特性曲线开始弯曲，如图 7.26 所示。

习　题

1. 分别画出 N 型半导体材料 MOS 结构中多子堆积、多子耗尽和少子反型三种情况下的能带示意图。

2. 什么是阈值电压？什么是平带电压？

3. 图 7.29 为四个理想 MOS 结构的直流电容分布，对每一个图，判断：

(1) 半导体的导电类型；

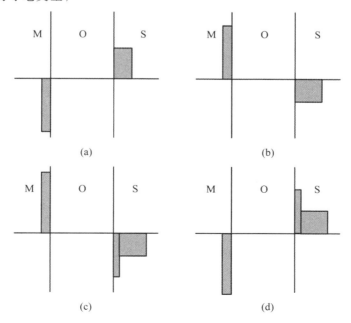

图 7.29　MOS 结构的直流电容分布图

（2）结构所处的状态；

（3）画出此时半导体的能带图。

4. 说明 N 沟道和 P 沟道 MOS 场效应管有什么不同。

5. MOS 场效应晶体管的输出特性曲线分为几个区域？每个区域对应的工作状态是什么？

第 8 章　半导体中的光器件

半导体是光电子器件研究和应用的主要固体材料。当半导体受到辐射光照射后，会产生光电效应，如电导率改变、发射电子、产生感生电动势等，这些是光电子器件工作的物理基础。在本章中，将主要讨论半导体中的光过程、光电探测器、发光二极管、激光二极管和图像传感器的基本原理。光电探测器可以将光能转换成电能，发光二极管和激光二极管可将电能转换成光能。

8.1　半导体中的光过程

在本节中将介绍半导体中的光过程，包括光吸收、光发射等。

8.1.1　光吸收

半导体中的电子可以从低能级跃迁到高能级，当电子发生跃迁时，它一定要从外界获得能量，这个能量可以从光的辐照中得到，也可以从晶格的振动中获得。根据不同的吸收机制可以分为本征吸收、激子吸收、自由载流子吸收、杂质吸收和晶格吸收等。

1. 本征吸收

当入射光能量大于半导体材料禁带宽度时，价带中的电子便会被入射光子激发，越过禁带跃迁至导带而在价带中留下空穴，形成电子空穴对。这种由于电子在价带和导带的跃迁所形成的吸收过程称为本征吸收。大量实验证明这种价带电子跃迁的本征吸收是半导体中最重要的吸收，也是光电探测器工作的理论基础。

理想半导体材料在绝对零度时，价带是完全被电子占满的，因此价带中的电子不可能被激发到更高的能级。唯一可能的是吸收足够能量的光子使电子激发，越过禁带跃迁进入空的导带，这取决于光子能量和半导体材料的禁带宽度 E_g。

爱因斯坦和普朗克理论认为光不仅具有波动性也具有粒子性，即波粒二象性。一束光就是一系列光子流。光子的能量和频率关系为 $E=h\nu$。当光子能量 $E<E_g$，光子将不能被半导体材料吸收。当光子能量 $E \geqslant E_g$ 时，价电子吸收光子后激发到导带，从而形成电子空穴对，额外的能量作为电子或空穴的动能，在半导体材料中将以焦耳热的形式散失掉。

因此，本征半导体材料的截止波长为

$$\lambda_0 = \frac{hc}{E_g} \tag{8.1}$$

式(8.1)决定了特定禁带宽度的半导体材料所能吸收的光谱极限，即只有波长小于 λ_0 的入射光才能产生本征吸收，进而改变本征半导体材料的导电特性，如图 8.1 所示。

把普朗克常数 $h=4.13 \times 10^{-15}$ eV·s 及光速 $c=3 \times 10^{14}$ μm·s^{-1} 代入式(8.1)，可以得到

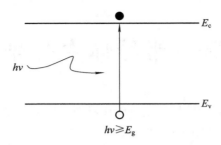

图 8.1　半导体中因吸收光子而产生的电子空穴对

$$\lambda_0 = \frac{1.24}{E_g} \tag{8.2}$$

例如，硅的禁带宽度是 1.12 eV，则由式(8.2)计算得到半导体硅的光谱吸收极限为 1.11 μm，只有波长小于该极限的光才能被硅材料所吸收。

式(8.2)表明：禁带宽度 E_g 越窄，则截止波长越长，也就是说，禁带宽度 E_g 越窄，激发出电子所需的光子能量越少。

根据半导体能带理论，光子的本征吸收除了需要满足能量守恒外，还需要满足动量守恒。如果价带电子态矢和导带电子态矢位于同一位置，电子吸收光子后直接由价带跃迁到导带，称为直接跃迁；另一种情况是间接跃迁，即价带中的电子吸收光子获得能量，不是直接进入导带，而是需要与声子交换能量和动量后再进入导带。

2. 激子吸收

在本征吸收中，所吸收的光子使满带中的电子激发，完全摆脱满带中空穴的库仑力对它的束缚，成为自由电子。但实验发现，在有些半导体材料中，价带中的电子吸收小于禁带宽度的光子能量时也能离开价带，但因能量不够大，还不能跃迁到导带成为自由电子。这时，电子实际还与空穴保持着库仑力的相互作用，形成一个电中性系统，称为激子。这种能产生激子的光吸收称为激子吸收。激子吸收的光谱多密集于本征吸收波长阈值的红外一侧。激子运动亦可以用准动量来描述，同时，吸收光子形成激子的过程必须遵循准动量守恒，因此，形成的激子的运动状态是完全确定的。

3. 自由载流子吸收

自由载流子是指导带中的电子和价带中的空穴。对于一般半导体材料，当入射光子的频率不够高时，不足以引起电子产生能带间的跃迁或形成激子时，仍然存在着吸收，这是由自由载流子在同一能带内能级间的跃迁所引起的，称为自由载流子吸收。自由载流子吸收的过程联系着同一个能带内电子状态之间的跃迁，这种吸收只能发生在能带部分填满的情况下，是由导带内电子和价带内空穴在带内跃迁所引起的。自由载流子吸收不会改变半导体的导电特性。目前，自由载流子的吸收已经被有效地利用于检验非平衡载流子的存在及其具体分布情况。

4. 杂质吸收

N 型半导体中未电离的施主原子吸收光子能量 $h\nu$，如果光子能量 $h\nu$ 大于等于施主电离能 ΔE_D，杂质原子的外层电子将从施主能级跃入导带，成为自由电子，如图 8.2 所示。

同样，P 型半导体中价带上的电子吸收光子，如果光子能量大于受主电离能 ΔE_A，价电子跃入受主能级，价带上留下空穴，相当于受主能级上的空穴吸收光子能量跃入价带。

这两种杂质半导体吸收足够能量的光子，产生电离的过程称为杂质吸收。由于禁带宽度大于施主电离能 ΔE_D 和受主电离能 ΔE_A，因此，杂质吸收的波长阈值多在红外区或远红外区。杂质吸收会改变半导体的导电特性，也会引起光电效应。

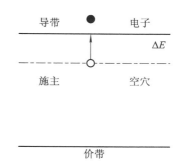

图 8.2　N 型半导体中杂质吸收示意图

5. 晶格吸收

晶格原子对远红外谱区的光子具有显著的吸收作用，在晶格吸收过程中，光子直接转变为晶格原子的振动，在宏观上表现为物体温度升高，引起物质的热敏效应。

以上五种吸收中，只有本征吸收和杂质吸收能够直接产生非平衡载流子，引起光电效应。其他吸收都不同程度地把辐射转换成热能，使器件温度升高，使热激发载流子运动速度加快，而不会改变半导体的导电特性。

8.1.2　光发射

光发射是光吸收的逆过程。开始位于较高能态 E_2 的电子可以跃迁到较低能态 E_1，并释放出多余的能量。释放出的多余能量可以是光，可以是热，或者是两者都有。光跃迁要遵循能量守恒定律和波矢的守恒。光跃迁是研究半导体光源工作原理的理论基础，利用两能级系统的能级跃迁概念，可以解释由大量原子组成的系统同时存在着光的自发辐射、受激辐射和受激吸收辐射三个基本过程，自发辐射、受激辐射和受激吸收辐射过程所发生的能级跃迁和产生光子的原理如图 8.3 所示，其中入射光子频率为 ν，且 $h\nu = E_2 - E_1$，两能级满足辐射跃迁的选择定则，两能级上的原子数密度分别是 n_2 和 n_1。

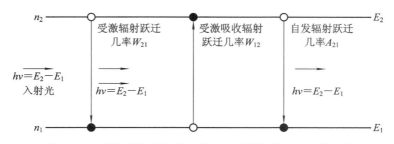

图 8.3　在两个能级之间发生的三个光跃迁基本过程示意图

1. 自发辐射

处于激发态的原子是不稳定的，电子在激发态能级 E_2 上只能停留很短的时间，即使没有任何外界光场，也会自发地跃迁到较低能级 E_1 中，同时辐射出一个光子，其能量 $h\nu = E_2 - E_1$。这种光发射称为自发辐射，且自发辐射跃迁的平均几率，即自发辐射爱因斯坦系数 A_{21} 为

$$A_{21} = \frac{1}{n_2} \left(\frac{\mathrm{d}n_{21}}{\mathrm{d}t} \right)_{\mathrm{sp}} \tag{8.3}$$

式中，$\left(\dfrac{\mathrm{d}n_{21}}{\mathrm{d}t} \right)_{\mathrm{sp}}$ 表示单位体积介质中自发辐射跃迁的速率。

自发辐射是不受外界辐射场影响的自发过程，各个原子在自发跃迁过程中是彼此无关的，不同原子产生的自发辐射光在频率、相位、偏振方向及传播方向都有一定的随机性。因此，自发辐射光是非相干的荧光，自发辐射光场的能量分布在一个很宽的频率范围内。普通光源的发光过程就是处于高能级的大量原子的自发辐射过程。

2. 受激辐射

处于高能级 E_2 上的原子还可能在能量为 $h\nu = E_2 - E_1$ 的外来光子的激励下受激地跃迁到低能级 E_1，并发出与外来激励光子完全相同的另一个光子。新发出的光子不仅频率与激励光子一样，而且发射方向、偏振态、位相和速率也都一样，或者说受激辐射光场是相干的。于是，一个光子变成两个光子，同态光子数就可以像雪崩一样得到放大和加强，从而大大提高入射光场的光子简并度。

受激辐射的跃迁几率 W_{21} 与激励外光场的单色能量密度 ρ_ν 的关系为

$$W_{21} = \frac{1}{n_2} \left(\frac{\mathrm{d}n_{21}}{\mathrm{d}t} \right)_{\mathrm{st}} = B_{21}\rho_\nu \tag{8.4}$$

式中：$\left(\dfrac{\mathrm{d}n_{21}}{\mathrm{d}t} \right)_{\mathrm{st}}$ 表示单位体积介质中受激辐射跃迁的速率；B_{21} 称为受激辐射跃迁爱因斯坦系数。

3. 受激吸收辐射

受激吸收是受激辐射的逆过程，即处于低能级 E_1 上的原子，在能量为 $h\nu = E_2 - E_1$ 的外来光子的激励下受激地跃迁到高能级 E_2。受激吸收的跃迁几率 W_{12} 与激励外光场的单色能量密度 ρ_ν 的关系为

$$W_{12} = B_{12}\rho_\nu \tag{8.5}$$

式中，B_{12} 为受激吸收跃迁爱因斯坦系数。受激吸收跃迁将入射光场的能量转换为物质原子的内能，入射光场被减弱，光子数减少。

三个爱因斯坦系数之间的关系为

$$\begin{cases} \dfrac{A_{21}}{B_{21}} = \dfrac{8\pi h\nu^3 n^3}{c^3} \\[2mm] \dfrac{B_{21}}{B_{12}} = \dfrac{g_1}{g_2} \end{cases} \tag{8.6}$$

式中：g_1、g_2 分别是 E_1、E_2 能级的统计权重；n 是介质的折射率。

光的受激吸收和受激辐射这两个过程实际上是同时存在的，但是它们发生的概率却不同。因为在热平衡状态下，物质中处于低能级的原子数总是比处于高能级的原子数多，因此光的受激吸收过程占优势，通常观察到的是原子系统的光吸收现象，而不是光的受激辐射现象。为了实现光放大，就必须向物质提供能量，使物质处于非热平衡状态并满足受激辐射跃迁速率大于受激吸收跃迁速率，即原子布局数密度必须实现反转分布。介质内实现这种反转分布的过程称为激励过程或泵浦抽运过程。

8.2　光电探测器

在当前的信息化社会中，光电技术成为获取光信息及借助光信息提取其他信息的重要手段，已经在国防和科学技术、工农业生产以及日常生活等方面得到越来越广泛的应用。而光电检测技术作为一种非接触测量技术，是光电技术的核心和重要组成部分。光电检测技术以激光、红外、光纤等现代光电器件为基础，通过对载有被探测物体信号的光辐射（发射、反射、散射、衍射、折射、投射等）进行探测，并转换成电信号，由输入电路、放大滤波等探测电路提取有用的信息，再经过 A/D 变换接口输入计算机进行运算和处理，从而识别被测目标的种类、形状、大小及目标在空间的位置、运动速度，或者获得被测目标的图像信息等。因此，光电探测器是实现光电转换的关键部件，它的性能好坏对整个光辐射探测的质量起着至关重要的作用。

8.2.1　光电探测概述

1. 光电探测器的分类

由于光与物质相互作用可以产生不同的物理效应，光电探测器件可以分为光子型探测器件和热电型探测器件两大类。光子型探测器是指入射到光探测器上的光辐射能，它以光子的形式与光子型探测器材料内的束缚电子相互作用，从而逸出表面或释放出自由电子和自由空穴来参与导电的器件。热电型探测器是根据探测元件吸收入射辐射而产生热，造成温度升高，并借助各种物理效应把温度的变化转换成电量的原理而制成的器件。

1）光电子发射探测器

当光照射金属、金属氧化物或半导体材料的表面时，会被这些材料内的电子所吸收，如果光子的能量足够大，吸收光子后的电子可以挣脱原子的束缚而逸出材料的表面，这种现象称为光电子发射，又称为外光电效应，如图 8.4 所示。光电管与光电倍增管是典型的光电子发射型探测器件。其主要特点是灵敏度高、稳定性好、响应速度快和噪声小，是一种电流放大器件。

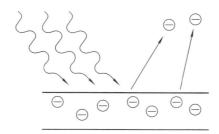

图 8.4　外光电效应示意图

2）光电导探测器

有些半导体材料受到光照射后，会使材料体内的电子和空穴从原来不导电的束缚状态转变成能导电的自由状态，从而引起半导体材料的导电性增加，这种现象称为光电导效应，又称为内光电效应，如图 8.5 所示。利用具有光电导效应的半导体材料做成的光电探测器通常称为光电导探测器或光敏电阻。光电导探测器在各个领域都有应用，在可见光或近红外波段主要用于射线测量和探测、工业自动控制和光度计量等；在红外波段主要用于导弹制导、红外热成像和红外遥感等方面。

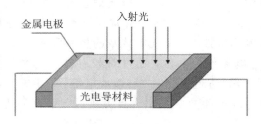

图 8.5 内光电效应示意图

3）光伏探测器

当光照射到含 PN 结的半导体材料上时，只要光子能量大于半导体材料的禁带宽度，就可能激发出电子空穴对，在 P 区产生的电子就会扩散到结区边界，并在电场作用下加速运动，穿过势垒到达 N 区，产生累积。同样，N 区产生的空穴也会以同样的方式移动到 P 区。最终，在 P 区就积累了较多的正电荷，在 N 区积累了较多的负电荷，使得结区势垒降低，相当于在 PN 结上附加了一个正向电压，这种由于光照在 PN 结两端出现的电动势称为光生电动势，这种效应称为光生伏特效应，如图 8.6 所示。利用半导体 PN 结光生伏特效应制成的光电探测器通常称为光伏探测器，如光电池、雪崩二极管、PIN 管等。

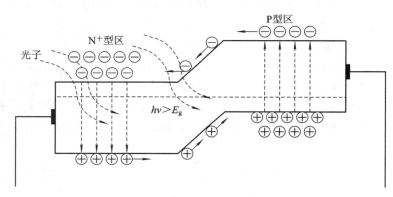

图 8.6 光生伏特效应示意图

4）热探测器

光热效应是指半导体材料接受光照射后，光子能量与晶格相互作用，振动加剧，温度升高，从而造成材料的电学特性变化。利用光热效应制成的探测器称为热探测器，如热敏电阻、热电偶、热释电探测器等。

光子型探测器件的特点是响应波长具有选择性和响应快。光子型探测器件都存在某一截止波长，超过此波长，器件无响应。光子型探测器件的响应时间一般为几纳秒到几百微秒。

热电型探测器件对波长没有选择性，它对从可见光到远红外的各种波长的辐射都敏感。而且，热电型探测器件从吸收辐射到产生信号需要的时间长，一般在几毫秒以上，即热电型探测器件响应速度较慢。

2. 光电探测器的特性参数

由于光电探测器的种类较多，且它们的工作原理和结构也不相同，因此需要有一些参数、术语和符号来分析和评价光电探测器的特性及性能参数。

1）量子效率 η

量子效率 η 是指每入射一个光子，光电探测器所释放的平均电子数，其表达式为

$$\eta = \frac{I/e}{P/h\nu} \tag{8.7}$$

式中：I 是入射光产生的平均光电流；e 是电子电荷；P 是入射到探测器上的光功率；I/e 为单位时间产生的电子数；$P/h\nu$ 为单位时间入射的光子数。

量子效率是一个微观参数，光电探测器的量子效率越高越好。对于理想的探测器，每入射一个光子，则发射一个电子，即 $\eta=1$。实际上光电探测器的量子效率一般小于 1。但对于光电倍增管、雪崩光电二极管等有内部增益机制的光电探测器，其量子效率可以大于 1。

2）响应度或灵敏度 R

响应度 R，也称为灵敏度，是光电探测器输出信号与输入辐射功率 P_i 之比，其描述的是光电探测器的光电转换效率。根据输出信号的不同，可以分为电压响应度 R_U 和电流响应度 R_I，其表达式分别为

$$R_U = \frac{U_o}{P_i} \tag{8.8}$$

$$R_I = \frac{I_o}{P_i} \tag{8.9}$$

式中，U_o、I_o 分别是光电探测器的输出电压和输出电流。

3）光谱响应度 $R(\lambda)$

由于光电探测器件的响应度随入射光的波长而变化，因此又有光谱响应度和积分响应度之分。

光谱响应度 $R(\lambda)$ 是指光电探测器在波长为 λ 的单色光照射下，探测器输出电压或输出电流与入射光功率之比。根据输出信号的不同，可以分为电压光谱响应度 $R_U(\lambda)$ 和电流光谱响应度 $R_I(\lambda)$，其表达式分别为

$$R_U(\lambda) = \frac{U_o(\lambda)}{P_i(\lambda)} \tag{8.10}$$

$$R_I(\lambda) = \frac{I_o(\lambda)}{P_i(\lambda)} \tag{8.11}$$

大多数光电探测器都具有光谱选择性，而且光电探测器的光谱响应度越大，则意味着探测器越灵敏。

4）积分响应度

积分响应度表示探测器对各种波长的辐射光连续辐射通量的反应程度。对包含有各种波长的辐射光源，总光通量为

$$P = \int_0^\infty P_i(\lambda)\mathrm{d}\lambda \tag{8.12}$$

由于光电探测器输出的光电流是由不同波长的光辐射引起的，所以输出的光电流应为

$$I_o = \int_{\lambda_1}^{\lambda_2} I_o(\lambda)\mathrm{d}\lambda = \int_{\lambda_1}^{\lambda_2} R_I(\lambda)P_i(\lambda)\mathrm{d}\lambda \tag{8.13}$$

光电探测器积分响应度定义为探测器输出的电流或电压与入射总光通量之比，即

$$R = \frac{\int_{\lambda_1}^{\lambda_2} R_I(\lambda) P_i(\lambda)\,\mathrm{d}\lambda}{\int_0^\infty P_i(\lambda)\,\mathrm{d}\lambda} \tag{8.14}$$

式中，λ_1 和 λ_2 分别是光电探测器的短波限和长波限。由于采用不同的辐射源，因此提供数据时应指明采用的辐射源的波长范围。

5）频率响应度 $R(f)$

光电探测器的频率响应度 $R(f)$ 描述的是探测器的响应度随入射光频率而变化的性能参数。当入射光照射到光电探测器或入射光停止后，光电探测器的输出上升到稳定值或下降到照射前的值所需要的时间称为响应时间 τ，也就是说光电探测器信号的产生和消失存在一个滞后过程。利用时间常数可以得到光电探测器响应度与入射调制频率的关系，其表达式为

$$R(f) = \frac{R_0}{\left[1 + (2\pi f\tau)^2\right]^{1/2}} \tag{8.15}$$

式中：$R(f)$ 为频率 f 时的响应度；R_0 为频率为零时的响应度。

光电探测器的频率响应曲线如图 8.7 所示。

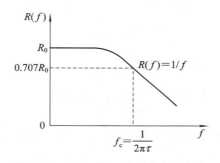

图 8.7　光电探测器的频率响应曲线

$R(f)$ 随频率 f 的升高而下降，下降的速度与响应时间 τ 的大小有关。当 $R(f) = 0.707 R_0$ 时，可以得到光电探测器的上限截止频率 f_c 为

$$f_c = \frac{1}{2\pi\tau} = \frac{1}{2\pi RC} \tag{8.16}$$

显然，时间常数决定了光电探测器频率响应的带宽。

6）线性度

光电探测器的线性度描述探测器的光电特性或光照特性曲线中输出信号与输入信号保持线性关系的程度，即在规定的范围内，探测器的输出电量精确地正比于输入光量的性能。

光电探测器的线性度是辐射功率的复杂函数，通常用非线性误差 δ 来度量，其表达式为

$$\delta = \frac{\Delta_{\max}}{I_2 - I_1} \tag{8.17}$$

式中：$\Delta_{\max}$ 为实际响应曲线与拟合直线之间的最大误差；I_1、I_2 分别是线性区中的最小和最大响应值。

光电探测器线性区的大小与探测器后的电子线路有很大关系。线性区的下限一般由器件暗电流和噪声因素决定，上限由饱和效应或过载决定。光电探测器的线性区还随偏置、辐射

调制及调制频率等条件的变化而变化。因此，在光电检测技术中，线性度应结合具体情况进行选择和控制。

7）工作温度

工作温度是指光电探测器件最佳工作状态时的温度，它是光电探测器件的重要性能参数之一。用半导体材料制作的探测器，无论是信号还是噪声，都和工作温度有密切关系，所以必须明确工作温度。通用的工作温度是：室温 295 K、干冰温度 195 K、液氮温度 77 K、液氢温度 20.4 K。

3. 光电探测器的噪声及其衡量参数

光电探测器的噪声是指在光电转换时，探测器的输出信号要受到无用信号的干扰，这些干扰称为噪声。噪声是限制探测系统性能的决定性因素，也是不可避免的。因为任何一个探测器都有一定的噪声。也就是说携带信息的信号在传输的各个环节中不可避免地受到各种因素的干扰，从而使信号发生某种程度的畸变，表现在系统的输出端总是存在一些毫无规律、事先无法预知的电压或电流起伏。这种起伏是光电转换过程中固有的，是一种不可能人为消除的起伏，是与器件密切相关的一个参量。尤其当入射辐射功率很低时，输出只是杂乱无章的变化信号，而无法肯定是否有辐射入射到探测器上，这就是探测器固有噪声引起的。实现微弱信号的探测，就是从噪声中如何提取信号的问题。

噪声是一种随机信号，它实质上就是物理量围绕其平均值的涨落现象。对于平稳随机过程，通常采用先计算噪声电压或电流的平均值，然后将其对时间做平均来求噪声电压或电流的均方值。

依据噪声产生的物理原因，光电探测器的噪声可以分为热噪声、散粒噪声、产生-复合噪声和低频噪声等。

1）热噪声

热噪声是由耗散元件中电荷载流子的随机热运动引起的。由于光电探测器有一个等效电阻 R，处于热平衡条件下的电阻即使没有外加电压，也都有一定量的噪声。

理论上给出热噪声均方电流和均方电压分别为

$$\overline{I_n^2} = \frac{4kT\Delta f}{R} \tag{8.18}$$

$$\overline{U_n^2} = 4kT\Delta fR \tag{8.19}$$

式中：k 是玻尔兹曼常数；T 是绝对温度；R 是器件的电阻值；Δf 是测量系统的工作带宽。

式(8.18)和式(8.19)说明，热噪声存在于任何电阻中，且与温度成正比，与频率无关，即噪声是由各种频率分量组成的，因此热噪声又称为白噪声。

在微弱信号探测中，热噪声是一个不可忽视的量。降低热噪声的方法，一是制冷，二是在满足信号不失真的条件下，尽量缩短工作频带。

2）散粒噪声

光电发射材料表面光电子的随机发射或半导体内光生载流子的随机产生和流动会引起探测器输出电流的起伏，这种由于光生载流子的本征扰动产生的电流起伏称为散粒噪声，又称量子噪声。光电倍增管和光电二极管中主要的噪声源就是散粒噪声，因为电子管中任一短时间内发射出来的电子决不会总是等于平均数，而是围绕这一平均数有一涨落。理论证明，这种涨落引起的均方噪声功率为

$$\overline{I_n^2} = 2eI_{DC}\Delta f \tag{8.20}$$

式中：I_{DC}是流过器件的电流直流分量或平均值；e是电子电荷；Δf是测量系统的工作带宽。

在无光照时的暗电流噪声功率为

$$\overline{I_n^2} = 2eI_d\Delta f \tag{8.21}$$

式中，I_d是暗电流强度。

对于有光场作用的光辐射散粒噪声功率为

$$\overline{I_{np}^2} = 2eI_p\Delta f \tag{8.22}$$

式中，I_p为光辐射场作用于探测器产生的平均光电流。

散粒噪声也是白噪声。虽然都属于白噪声，但热噪声起源于热平衡条件下电子的粒子性，因而依赖于kT，而散粒噪声直接起源于电子的粒子性，因而直接与e有关。

3）产生-复合噪声

半导体探测器中载流子的产生率与复合率在某个时间间隔内也会在其平均值上下起伏。这种平均载流子浓度的起伏所引起的噪声称为产生-复合噪声。理论证明，产生-复合噪声功率为

$$\overline{I_n^2} = 4e\overline{I}G\Delta f \tag{8.23}$$

式中：$G = \tau/\tau_d$是光电探测器的内增益；τ是载流子的平均寿命；τ_d是载流子在器件两电极间的平均漂移时间。产生-复合噪声也属于白噪声。

4）低频噪声（$1/f$噪声）

低频噪声主要出现在1 kHz以下的低频频域中，而且与光辐射的调制频率f成反比，故称为低频噪声或$1/f$噪声。几乎所有的探测器中都存在这种噪声。实验发现，这种噪声是由于光敏层的微粒不均匀或存在不必要的微量杂质，当电流流过时在微粒间发生微火花放电而引起的微电爆脉冲。

一般来说，只要限制低频调制频率不低于1 kHz，低频噪声就可以防止。

5）信噪比（S/N）

信噪比是指在负载电阻R_L上产生的信号功率P_S与噪声功率P_N之比值，即

$$\frac{S}{N} = \frac{P_S}{P_N} = \frac{I_S^2 R_L}{I_N^2 R_L} = \frac{I_S^2}{I_N^2} \tag{8.24}$$

若用分贝（即dB）表示，则为

$$\left(\frac{S}{N}\right)_{dB} = 10\lg\left(\frac{P_S}{P_N}\right) = 20\lg\left(\frac{I_S}{I_N}\right) \tag{8.25}$$

当利用信噪比评价两种光电探测器的性能时，有一定的局限性。例如，对于单个光电探测器，其信噪比的大小与入射信号辐射功率及接收面积有关。如果入射辐射强，接收面积大，信号比就大，但其性能不一定就好。

6）噪声等效功率（NEP）

如果投射到探测器敏感元件上的辐射功率所产生的输出电压或电流正好等于探测器本身的噪声电压或电流，即探测器的信噪比等于1，此时辐射功率就是噪声等效功率（NEP），其表达式为

$$NEP = \frac{P}{S/N} \tag{8.26}$$

噪声等效功率实际上就是光电探测器最小可探测功率。其值越小，探测器所能探测到的辐射功率越小，探测器越灵敏。

7）探测率 D 和归一化探测率 D^*

探测率 D 是噪声等效功率的倒数，即

$$D = \frac{1}{\text{NEP}} \tag{8.27}$$

显然，探测器越灵敏，其最小可探测功率越小，则其探测率越大。因此对于光电探测器而言，探测率越大越好。

为了在不同带宽内，对测得的不同光敏面积的探测器件进行比较，使用了归一化探测率 D^* 这一参数，其表达式为

$$D^* = \frac{\sqrt{A \times \Delta f}}{\text{NEP}} = D\sqrt{A \times \Delta f} \tag{8.28}$$

式中，A 是探测器光敏面面积。

对于许多红外探测器而言，其噪声等效功率 NEP 正比于 $(A \times \Delta f)^{1/2}$，因此归一化探测率与探测器的敏感元件的面积和工作带宽无关。当不同的探测器进行性能比较时，就比较方便了。一般而言，归一化探测率 D^* 越高，光电探测器的灵敏度越高。

8）暗电流 I_d

光电探测器的暗电流 I_d 是指探测器仅在加有电源、而没有光照射时所产生的电流。

8.2.2　光电池

光电池是一种不需要外加偏置电压，利用光生伏特效应就能将光能直接转换成电能的 PN 结光电器件。按照光电池的用途可以将光电池分为太阳能光电池和测量光电池两大类。光电池具有结构简单、体积小、质量轻、可靠性高、寿命长等特点，太阳能电池作为一种绿色能源，无论在日常生活还是太空探测等领域已经得到广泛应用，而测量光电池作为光电检测器件，被广泛应用在光度、色度和光学精密计量中。

光电池的基本结构就是一个 PN 结，由于制作 PN 结的材料不同，光电池可分为硅光电池、硒光电池、锗光电池和砷化镓光电池。目前应用较多的是硅光电池和硒光电池，下面主要以这两种材料为例，介绍光电池的工作原理、性能参数等。

1. 光生伏特效应

图 8.8 是半导体 PN 结示意图。在没有光照的情况下，结型半导体的 P 型区和 N 型区由于空穴和电子浓度梯度的存在，载流子扩散后形成一个不可移动的带正负电荷的离子组成的空间电荷区，也称为耗尽层，进而形成由 N 区指向 P 区的内建电场。

当光照照射到半导体材料上时，只要光子能量大于材料的禁带宽度，就可能激发出电子空穴对，打破原有的平衡状态，出现新的电荷移动。光生电子被拉向 N 区，光生空穴被拉向 P 区，它们在 PN 结的边缘被收集，相当于在 PN 结上加了一个正向电压。这种由于光照在 PN 结两端出现的电动势称为光生电动势，这种效应称为光生伏特效应，简称光伏效应。基于这一效应，如果将 PN 结的外电路构成回路，则外电路中就会出现信号电流，即由光照射激发的光电流，且光电流从 P 区经负载流至 N 区，负载中得到功率输出。这种电动势是以光照为基础的，一旦光照消失，光生电动势也不复存在。

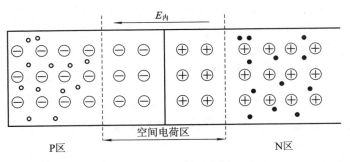

图 8.8　PN 结示意图

2. 光电池的基本结构

图 8.9 是硅光电池结构示意图，它实质上是一个大面积的半导体 PN 结。硅光电池的基体材料是一薄片 P 型单晶硅，其厚度在 0.44 mm 以下，在它的表面上利用热扩散技术生成一层 N 型受光层，基体和受光层的交接处形成 PN 结。在 N 型受光层上制作有栅状负电极，另外在受光面上还均匀覆盖有抗反射膜，它是一层很薄的 SiO_2 膜，可以使电池对有效入射光的吸收率达到 90% 以上，并使硅光电池的短路电流增加 25%～30%。

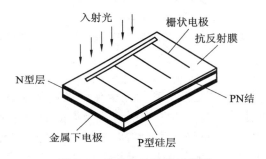

图 8.9　硅光电池结构示意图

以硅材料为基体的硅光电池可以使用单晶硅、多晶硅和非晶硅来制造。单晶硅光电池是目前应用最广的一种，它有 2CR 和 2DR 两种类型，其中 2CR 型硅光电池采用 N 型单晶硅制造，2DR 型硅光电池采用 P 型单晶硅制造。

3. 光电池的特性参数

1）伏安特性

硅光电池的伏安特性表示输出电流和输出电压随负载电阻变化的曲线。

图 8.10 是硅光电池的工作原理图，当 PN 结受光照射时，就会在 PN 结两端形成光生电动势。如果用一个理想电流表接通 PN 结，则有由 N 区流向 P 区的电流 I_p 通过，称为光电流。在有光照时，若 PN 结外电路接上负载电阻 R_L，此时 PN 结内出现两种方向相反的电流：一种是光激发产生的电子空穴对，在内建电场作用下，形成光电流 I_p，它与光照有关，其方向与 PN 结反向饱和电流 I_s 相同；另一种是光生电流 I_p 流过负载 R_L 产生电压降 U，相当于在 PN 结上施加正向偏置电压，从而产生正向电流 I_D，以 I_D 方向为正方向，流过 PN 结的净电流为

$$I_L = I_D - I_p = I_s(e^{eU/kT} - 1) - I_p \tag{8.29}$$

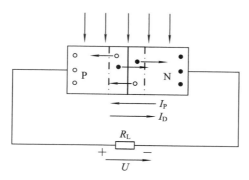

图 8.10　硅光电池的工作原理图

式中：第一项是普通二极管表达式；第二项是光电流；e 是电子电荷；k 是玻尔兹曼常数；T 是热力学温度。

硅光电池的等效电路图如图 8.11 所示，这里运用了理想二极管方程。随着二极管加正向偏置电压，空间电荷区的电场变弱，但是不可能变为零或改变方向。光电流是沿反偏方向的电流，因此，光电池的电流也总是沿反偏方向。

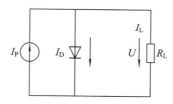

图 8.11　硅光电池的等效电路图

光电流与光照度 E(单位是勒克斯 lx)的关系为

$$I_p = S_E E \tag{8.30}$$

式中，S_E 为光电灵敏度，单位是 $\mu A/lx$。因此，式(8.29)变为

$$I_L = I_D - I_p = I_s(e^{eU/kT} - 1) - S_E E \tag{8.31}$$

光电池的伏安特性曲线如图 8.12 所示，在没有光照射时，PN 结光电池的伏安特性与普通的半导体二极管相同；在光照射时，PN 结光电池的伏安特性曲线沿电流轴向平移，平移幅

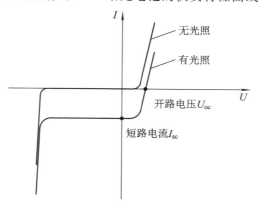

图 8.12　光电池的伏安特性曲线

度与光照度成正比。

若 PN 结短路，即电阻两端电压 $U=0$，则得到短路电流 $I_L=I_{sc}$ 为

$$I_{sc} = -S_E E \qquad (8.32)$$

若 PN 结开路，则得到开路电压 U_{oc} 为

$$U_{oc} = \frac{kT}{e} \ln\left(\frac{S_E E}{I_s} + 1\right) \qquad (8.33)$$

2）光照特性

图 8.13 是不同照度下光电池的伏安特性曲线。从式(8.32)可以看出，短路电流 I_{sc} 与光照度 E 呈线性关系，而式(8.33)表明光电池的开路电压 U_{oc}，即光生电动势与光照度的对数成正比。

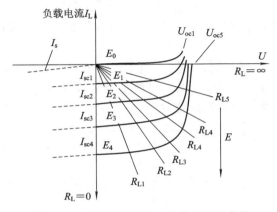

图 8.13　不同照度下光电池伏安特性曲线

实际使用光电池时都外接有负载电阻 R_L，光电池在不同负载电阻下的光电特性如图 8.14所示。负载电阻越小，线性度越好，且线性范围越宽。因此，实际使用光电池时应该选取合适的负载，以保证用做检测器时，光电流和照度保持线性关系。同时，图 8.14 还表明，光电流在弱光照射下与光照度线性关系较好，光照度增加到一定程度后，输出电流非线性缓慢地增加，直至饱和，并且负载电阻越大，越容易出现饱和，即线性范围较小。所以，如果想获得较宽的光电线性范围，负载电阻也不能取很大。

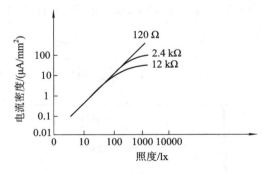

图 8.14　光电池在不同负载电阻下的光电特性

3）光谱特性

光电池的光谱特性表示在单位辐射通量的不同波长的光分别照射时，光电池所产生的短路电流大小的相对比较。在线性测量中，不仅要求光电池有较高的灵敏度和稳定性，同时还

要求与人眼视见函数有相似的光谱响应特性。

图 8.15 表明，硅光电池的光谱响应峰值在 0.8 μm 附近，波长范围为 0.4～1.2 μm。因此，硅光电池可在很宽的波长范围内应用。硒光电池的光谱响应峰值在 0.5 μm 附近，波长范围为 0.38～0.75 μm。

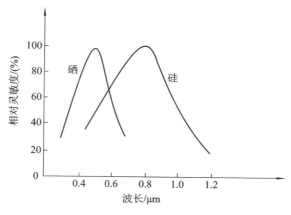

图 8.15　光电池的光谱特性

光电池光谱范围的波长阈值取决于多个因素，如半导体材料的禁带宽度、材料表面反射损失、制造工艺和使用环境温度等。

4）频率特性

光电池的频率特性是指光电池相对输出电流与光的调制频率之间的关系。硅光电池和硒光电池的频率特性不同，如图 8.16 所示，硅光电池的频率响应较好，而硒光电池的频率响应较差。所以高速计数器的转换一般采用硅光电池作为传感器元件。

光电池的频率特性还与负载有关，如图 8.17 所示，对同一种半导体材料的光电池，负载大时频率特性变差，减小负载可以减小时间常数，提高频率响应。但是负载电阻的减小会使输出电压降低，实际使用时要视具体要求而定。

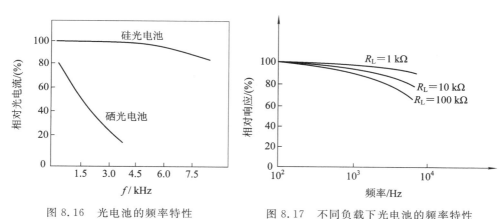

图 8.16　光电池的频率特性　　　图 8.17　不同负载下光电池的频率特性

5）温度特性

光电池的温度特性是指在光照射时光电池的开路电压 U_{oc} 和短路电流 I_{sc} 随温度变化的规律。光电池的温度曲线如图 8.18 所示，随着温度的升高，开路电压 U_{oc} 逐渐减小，减小率约为 2～3 mV/℃。短路电流 I_{sc} 随着温度的升高而增大，但增大比例很小，增大数量级为 10^{-5} ～10^{-3} mA/℃。

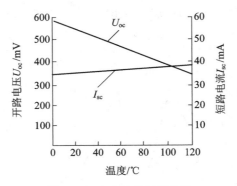

图 8.18　光电池的温度特性

当光电池用作光电检测系统的检测器件时，就应考虑这种温漂效应并进行补偿，以保证测量精度。

6）稳定性

当光电池密封良好、电极引线可靠、应用合理时，光电池的性能是相当稳定的，使用寿命也很长。硅光电池的性能比硒光电池更稳定。光电池的性能和寿命除了与光电池的材料及制造工艺有关外，在很大程度上还与使用环境条件有密切关系。如在高温和强光照射下，会使光电池的性能变坏，而且降低使用寿命，使用中要加以注意。

4. 光电池的应用

利用光电池将太阳能转变成电能是光电池的重要应用之一，并已在人造卫星和宇宙飞船中得到广泛应用。随着人类航天技术及微波输电技术的进一步发展，空间太阳能电站的设想可望得到实现。由于光电池不受天气、气候条件的制约，其发展显示出美好的前景，是人类大规模利用太阳能的一条有效途径。

利用光电池具有光敏面大、频率响应高、光电流随光照度呈线性变化等特点，作为光电检测器件，光电池已经广泛应用于光电读数、光电开关、光栅测量等领域。

8.2.3　PIN 光电探测器

PIN 管是光电二极管中的一种，它的结构特点是，采用高阻纯硅材料及离子漂移技术，在 P 型半导体材料和 N 型半导体材料之间形成一层相对较厚且没有杂质的本征层（I 层），其结构如图 8.19 所示。

PIN 是一种有源光电探测器件，该器件主要利用半导体 PN 结结区电场采集光生载流子，进而完成光信号转变为电信号。PIN 光电二极管产生光电效应的具体工作原理是：工作时 PN 结施加反向偏置形成一定范围的耗尽层，当它受光辐照时，辐照光先经 P 层，再进入 I 区，最后到

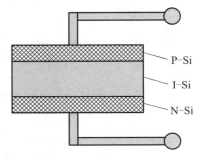

图 8.19　PIN 结构示意图

N 基片。I 区对提高整个器件的灵敏度和频率起着十分重要的作用。因为 I 区相对于 P 区和

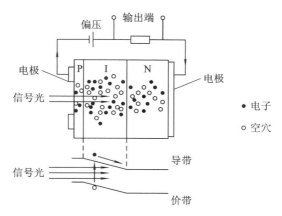

图 8.20　PIN 工作原理示意图

N 区较厚，是高阻区，反向偏压主要集中在这一区域，形成高电场区，如图 8.20 所示。高电阻使暗电流明显减少。本征层的引入使耗尽层加大，使入射光能充分被吸收产生光生载流子，提高了器件的量子效率和灵敏度。同时，由于 P 区非常薄，只能使在 I 区中的光生载流子在强电场作用下加速运动，所以载流子渡越时间非常短，这就提高了响应速度，其响应时间为纳米量级。耗尽层加宽也明显地减少了结电容 C_d，结电容一般为皮法量级，从而使时间常数 $\tau_e = C_d R_L$ 减少，有利于高频响应。这些光生载流子在向电极运动时，将在外电路中形成电流，电流的幅度受到光生载流子的调制作用，因而可以用来探测经过调制的光信号。

PIN 光电探测器的特点有：频带宽，由耗尽层宽度与外加电压的关系可知，增加反向偏压会使耗尽层宽度增加，使结电容进一步减少，从而使频带宽度变宽；因为 I 层很厚，在反向偏压下可承受较高的反向电压，故 PIN 光电探测器的线性输出范围宽；本征层电阻很大，PIN 管的输出电流小，一般多为微安量级。

由于 PIN 光电探测器的 I 层电阻很大，输出电流一般为几微安，因而需要将 PIN 管与前置运算放大器集成在同一硅片上，并封装于一个管壳内，形成 PIN 混合集成光电探测器件。

在数字光纤通信应用中，评价 PIN 光电探测器性能好坏的参数有响应光谱、量子效率、响应时间、暗电流和最小可检测功率等。表 8.1 列出了常用的不同材料 PIN 光电二极管的工作特性。

表 8.1　不同材料的 PIN 光电二极管的工作特性

特　　性	单　　位	Si	Ga	InGaAs
波长	μm	0.4～1.1	0.8～1.8	1.0～1.7
响应度	A/W	0.4～0.6	0.5～0.7	0.6～0.9
量子效率	％	75～90	50～55	60～70
暗电流	mA	1～10	50～500	1～20
上升时间	ns	0.5～1	0.1～0.5	0.02～0.5
带宽	GHz	0.3～0.6	0.5～3	1～10
偏置电压	V	50～100	6～10	5～6

8.2.4 雪崩光电二极管 APD

PIN 光电二极管工作时的反向偏置都远离击穿电压，而雪崩光敏二极管（APD）是利用 PN 结在高反向电压（略低于击穿电压）下产生的雪崩倍增效应来工作的半导体器件。

雪崩光电二极管是具有内增益的一种光伏器件。图 8.21 是 APD 的工作原理示意图，它利用光生载流子在强电场内的定向运动产生雪崩效应，以获得光电流的增益。在雪崩过程中，光生载流子在强电场的作用下高速定向运动，具有很高动能的光生电子或空穴与晶格原子碰撞，使晶格原子电离产生二次电子空穴对；二次电子和空穴在电场的作用下获得足够的动能，又使晶格原子电离产生新的电子空穴对，此过程像"雪崩"似地继续下去。电离产生的载流子数远大于光激发产生的光生载流子数，这时雪崩光电二极管的输出电流迅速增加。

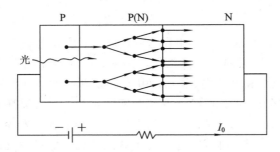

图 8.21　APD 工作原理示意图

图 8.22 是背面入光台面型 InGaAsP/InP SAGM APD 的结构示意图，有源区由光吸收层和雪崩区组成，入射光区的直径被限制在 $30\sim300\ \mu m$，用环形电极，入射面涂敷抗反射介质膜以降低入射光在输入表面的反射，用扩散或离子注入的办法围绕扩散区加一个保护环，以避免边缘击穿。和 PIN 光电二极管一样，APD 也要采用台面结构以减少结电容，提高频率响应。同时，为了实现均匀倍增，衬底材料的掺杂浓度要均匀，缺陷要少。

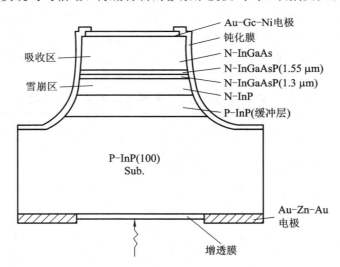

图 8.22　背面入光台面型 InGaAsP/InP SAGM APD 结构示意图

雪崩光电二极管的特点有：灵敏度高，电流增益可达 $10^2\sim10^3$；响应速度快，响应时间只有 0.5 ns，响应频率可达 100 GHz；噪声等效功率很小，约为 10^{-15} W；反向电压高，可达 200 V，接近反向击穿电压。

描述雪崩光电二极管的特性参数主要有雪崩增益、伏安特性、增益-带宽积、过剩噪声因子、响应时间等。

1. 雪崩增益

雪崩光电二极管有电流内增益，一般硅或锗材料的雪崩二极管的电流内增益可达 $10^2 \sim 10^3$，在超高频的调制光照射下仍有很显著的增益。

雪崩光电二极管光电流增益的大小用倍增因子 M 表示，M 随反向偏压 U 的变化可用下面的经验公式近似表示

$$M = \frac{1}{1 - \left(\dfrac{U}{U_{\mathrm{B}}}\right)^{n}} \tag{8.34}$$

式中：U_{B} 是反向击穿电压；U 是反向外加电压；n 是与材料、掺杂和器件有关的常数，硅材料的 $n=1.5\sim4$，锗材料的 $n=2.5\sim3$。式(8.34)表明，当反向外加电压接近击穿电压时，二极管的光电流增益趋向无穷大，PN 结发生击穿。实际雪崩过程是统计过程，并不是每一个光子都经过了同样的放大，所以，M 是一个统计平均值。PN 结在任何小的局部区域提前击穿都会使二极管的使用受到限制，因而只有当一个实际的器件在整个 PN 结面上是高度均匀时，才能获得高的、有用的平均光电流增益。从工作状态来说，雪崩光电二极管实际上是工作于接近(但没有达到)雪崩击穿状态的、高度均匀的半导体光电二极管。

2. 伏安特性

雪崩光电二极管暗电流、光电流与偏置电压的关系曲线如图 8.23 所示。从图中可知，在偏置电压较低时，A 点以左不发生雪崩过程。随着偏压的逐渐升高，倍增电流逐渐增加。从 B 点到 C 点增加很快，属于雪崩倍增区。再继续增大偏置电压，将发生雪崩击穿，同时噪声也显著增加，如图中 C 点以右的区域。因此，最佳的偏压工作区是 C 点以左，否则进入雪崩击穿区烧坏雪崩光电二极管。也就是说，当反向偏压超过 B 点后，由于暗电流增加的速度更快，使有用的光生电流减小。所以最佳工作点在接近雪崩击穿点附近，此时对偏压的稳定性要求

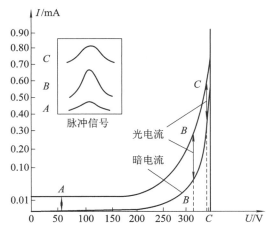

图 8.23　APD 暗电流、光电流与偏置电压的关系曲线

较高。

3. 增益-带宽积

增益-带宽积(GB)表示带宽和倍增因子的关系,是 3 dB 带宽与低频下倍增因子的乘积,其表达式为

$$GB = \frac{1}{2\pi} N_{ic} \frac{\alpha}{\beta} \frac{v_{ds}}{W} \tag{8.35}$$

式中:N_{ic}是取决于离化系数比的常数;W是雪崩区宽度;v_{ds}是饱和速度;α/β是离化系数比(注入电子时),当注入载流子是空穴时α/β换成β/α。

式(8.35)表明,当倍增因子较小时,带宽取决于渡越时间或RC时间常数。当增加倍增因子时,带宽逐渐降低,因为受增益-带宽乘积的限制,它常常影响到工作频率在 1 GHz 以上的光纤通信系统的性能。

4. 过剩噪声因子

噪声大是雪崩光电二极管的一个主要缺点,由于雪崩反应是随机的,所以它的噪声较大,特别是当工作电压接近或等于反向击穿电压时,噪声可增大到放大器的噪声水平,以至无法使用。

在雪崩倍增工作条件下,由于散粒噪声倍增,雪崩过程会引起附加的噪声,称为过剩噪声,这是在雪崩过程中由离化碰撞的无序涨落引起的。过剩噪声可用过剩噪声因子来表示,其表达式为

$$F \approx kM + 2(1-k) \tag{8.36}$$

式中:对于电子注入时,k是α/β;而对于空穴注入时,k是β/α。从式(8.36)中可以看出,k应减到最小以减小噪声。

5. 响应时间

由于雪崩光电二极管工作时加有很高的反向电压,使光生载流子在结区的渡越时间很短,其结电容也只有几皮法,因此雪崩光电二极管的响应速度特别快,如硅管的响应时间为 0.5~1 ns。

雪崩光电二极管广泛应用于光纤通信、弱信号检测、激光测距等领域。表 8.2 列出了常用的雪崩光电二极管的工作特性。

表 8.2　常用的 APD 工作特性

性能参数	单位	Si	Ge	InGaAs
波长	nm	0.4~1.1	0.8~1.8	1.0~1.7
响应度	A/W	80~130	3~30	5~20
量子效率	%	75~90	50~55	10~40
APD 增益		100~500	50~200	10~40
暗电流	nA	0.1~1	50~500	1~5
带宽	GHz	0.2~1	0.4~0.7	1~10
偏置电压	V	200~250	20~40	20~30

8.3　发光二极管

光电探测器和光电池都可以把光能转换成电能，即光子产生过剩电子和空穴，从而形成电流，也可以给 PN 结加正向电压形成电流，依次产生光子和光输出，这种反转机制称为注入电致发光，也就是发光二极管 LED。

1. 发光机制

LED 的光发射是基于所注入半导体中电子和空穴的复合而产生的光辐射，包括导带中的电子直接跃入价带与空穴复合发光，及载流子通过晶体中的杂质或缺陷所形成复合中心的复合发光等。如果按照电子跃迁方式，则复合可以分为带间复合、激子复合、通过杂质中心复合、通过电子陷阱复合等。

2. LED 结构及工作原理

图 8.24、图 8.25 和图 8.26 分别是 LED 结构示意图、发光示意图和能带示意图。LED 的核心部分是由 P 型半导体和 N 型半导体组成的晶片，在 P 型半导体和 N 型半导体之间有一个有源区，称为 PN 结。当不存在外加电压时，由于 PN 结两边载流子浓度差引起的扩散电流和自建电场引起的漂移电流相等而处于电平衡状态。当给发光二极管加上正向电压后，从 P 区注入 N 区的空穴和由 N 区注入 P 区的电子在 PN 结附近数微米内分别与 N 区的电子和 P 区的空穴复合，产生自发辐射的荧光。不同的半导体材料中电子和空穴所处的能量状态不同，因而当电子和空穴复合时释放出的能量多少也不同，释放出的能量越多，发出的光的波长越短。

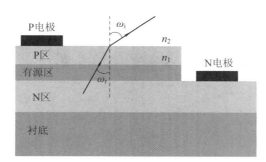

图 8.24　LED 结构示意图

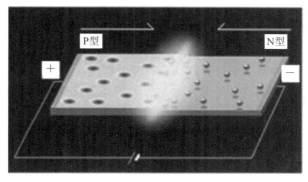

图 8.25　LED 发光示意图

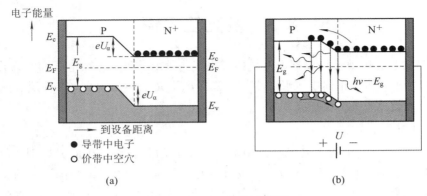

图 8.26　LED 能带示意图

　　为了提高载流子注入效率，LED 多采用双异质结结构，如 P-p-N 双异质结型半导体 $Al_xGa_{1-x}As/GaAs$（见图 8.27）。在正向偏置条件下，高浓度电子和空穴从宽带隙的 N 型和 P 型 $Al_xGa_{1-x}As$ 层注入窄带隙的 P 型 GaAs 有源层，且被异质结势垒限制在有源区内。当有源层厚度小于载流子扩散长度时，由于电中性条件要求，注入导带的电子和注入价带的空穴数是相等的，且均匀分布在有源区中。在电注入激励条件下，有源区内的电子和空穴产生复合而发光。不连续的带隙结构一方面加强了对载流子的束缚，提高了载流子的注入效率；另一方面，由于 N 区和 P 区的带隙比有源区宽，所以从有源区发出的光子不会被顶层和衬底所吸收，它们只起着窗口作用，因此双异质结构大大地提高了 LED 的发光效率。

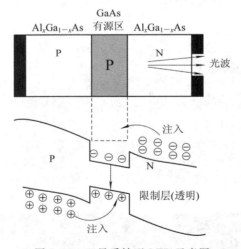

图 8.27　双异质结型 LED 示意图

　　从产生不同发光方向的结构来区分，LED 有两种结构：面发射型和边发射型。面发射型 LED（见图 8.28）发出的光垂直于 PN 结平面。为了提高光发射效率，避免衬底对光的吸收，面发射型 LED 的表面需要做成不同形状或用高折射率透明介质作为封装材料。面发射型 LED 工艺复杂，成本较高，其优点是面发射型 LED 到光纤的耦合效率高。边发射型 LED（见图 8.29）发出的光平行于 PN 结平面，内部用一个几十微米的条形结构来限制电流大小和发光区域，这种结构的 LED 使用较少。与面发射型 LED 相比，边发射型 LED 光出射方向性好。

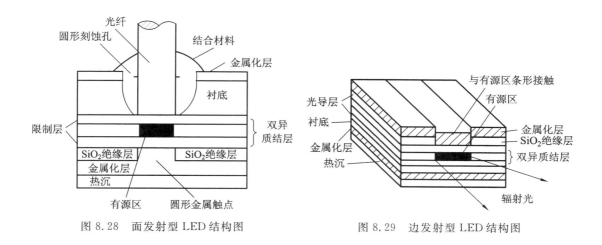

图 8.28　面发射型 LED 结构图　　　　　图 8.29　边发射型 LED 结构图

3. LED 特性参数

1）发射光谱

LED 的发射光谱是指 LED 发出的光的相对强度或能量随波长或频率变化的分布曲线。它直接决定着发光二极管的发光颜色，并影响它的发光效率。发射光谱的形成由材料的种类、性质以及发光中心的结构决定，而与器件的几何形状和封装方式无关。

LED 所发射的光一般具有连续光谱，描述光谱分布的两个主要参量是它的峰值波长和发光强度的半宽度，如图 8.30 所示。辐射跃迁所发射的光子，其波长 λ 与跃迁前后的能量差 ΔE 之间的关系为 $\lambda = hc/\Delta E$。复合跃迁前后的能量差大体就是材料的禁带宽度 E_g。因此，峰值波长由材料的禁带宽度决定。峰值光子的能量还与温度有关，它随温度的增加而减少。当结温上升时，谱带波长以 $0.2 \sim 0.3$ nm/℃ 的比例向长波方向移动。

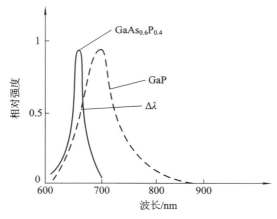

图 8.30　$GaAs_{0.6}P_{0.4}$ 和 GaP 的光谱

边发射型 LED 有源层内的光发射过程和器件特性与面发射型 LED 相似，但是发射光谱宽度不同，如图 8.31 所示。这时发射的光沿着有源层从内部传播到光发射端面，在传播过程中，发射谱内大部分波长更短的光在有源层内被吸收，因为短波长光的吸收系数比长波长的大。因此边发射型 LED 的发射光谱较窄，同一种材料制成的 LED，边发射型 LED 的谱宽只有面发射型 LED 的 70%。

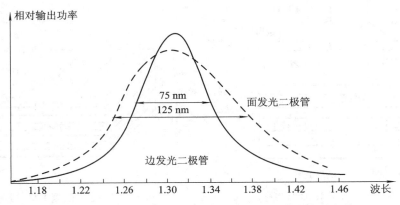

图 8.31 面发射型 LED 和边发射型 LED 的典型发射光谱

2）伏安特性

LED 的伏安特性曲线如图 8.32 所示，它与普通二极管的伏安特性大致相同。当电压小于开启点的电压值时没有电流，一旦电压超过开启点就显示出欧姆导通特性，这时正向电流与电压的关系为

$$I = I_0 \exp\left(\frac{eU}{mkT}\right) \tag{8.37}$$

式中：I_0 是开启点电流；k 是玻尔兹曼常数；m 是复合因子。在宽禁带半导体中，当电流小于 0.1 mA 时，通过结内深能级进行复合，空间复合电流起支配作用，这时 $m=2$；当 I 增大后，扩散电流占优势，这时 $m=1$。半导体材料的禁带宽度不同，开启电压略有差异。

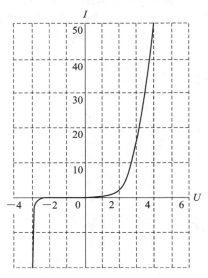

图 8.32 LED 伏安特性曲线

3）响应时间

在快速显示时，标志器件对信息反应速度的物理量称为响应时间，即器件启亮与熄灭时间的延迟。实验证明，发光二极管的上升时间随电流的增加而近似呈指数衰减。发光二极管

的时间响应快，为纳秒量级，比人眼的时间响应要快得多，但用作光信号传递时，响应时间又显得太长。发光二极管的响应时间取决于注入载流子非发光复合的寿命和跃迁的几率。

4）发光效率

LED 发光效率是指 PN 结辐射复合产生的光子射到外部的百分数，即器件内部的光如何有效地发射出来的参数。注入载流子的复合并不全是辐射复合，有一部分将参与非辐射复合，而且载流子辐射复合产生的光也不是全部能射出管外。LED 的发光效率常用单位时间内辐射到自由空间的光子数和注入的载流子数之比来表示，称为外量子效率 η_e。LED 外量子效率不仅与辐射发光效率，即内量子效率 η_i 有关，而且还与逸出器件外部的效率，即光提取率 η_o 有关，LED 外量子效率可表示为

$$\eta_e = \eta_i \eta_o \tag{8.38}$$

内量子效率 η_i 是指单位时间内从有源层辐射出来的光子数与单位时间内注入 LED 的电子数之比。电子和空穴在 PN 结有源层中复合会产生光子，然而并不是每一对电子和空穴都会产生光子。由于 LED 的 PN 结作为杂质半导体，存在着材料品质、位错因素以及工艺上的种种缺陷，会产生杂质电离、激发散射和晶格散射等问题，使电子从激发态跃迁到基态后与晶格原子或离子交换能量时发生无辐射跃迁，也就是不产生光子，这部分能量不转换成光能而转换成热能损耗在 PN 结内，于是就有一个复合载流子转换效率。一般是通过测量 LED 输出的光功率来评价这一效率，这个效率称为内量子效率，其公式为

$$\eta_i = \frac{P_{int}/(h\nu)}{I/e} \tag{8.39}$$

式中，P_{int} 是输入功率。

辐射复合所产生的光子并不是全部都能离开晶体向外发射，从有源区产生的光子通过半导体时有部分被吸收；另外，由于半导体的高折射率，光子在界面处很容易发生全反射而返回晶体内部。即使是垂直射到界面的光子，由于高折射率而产生高反射率，有相当部分被返回晶体内部。因此存在光提取率 η_o 概念，其定义为单位时间辐射到自由空间的光子数与单位时间从有源层辐射出来的光子数之比，用公式表示为

$$\eta_o = \frac{P/(h\nu)}{P_{int}/(h\nu)} \tag{8.40}$$

式中，P 是输出功率。

由于半导体材料折射率高、全反射等因素，有源层产生的光绝大部分在 LED 内部转换为热能白白损耗掉了，能够辐射到自由空间的光占很小部分，使传统 LED 的出光效率很低。为了提高光的透射率，人们想了很多措施，如用高折射率、低熔点的透明玻璃对管芯进行拱形或半球形封装，光在封装材料内几乎是垂直地入射到空气界面，所以不会产生全内反射，这样出光效率可以提高 4～7 倍。

5）寿命

LED 的寿命定义为亮度降低到原来亮度一半时所经历的时间。LED 的寿命一般都很长，在电流密度小于 1 A/cm^2 时，一般可达 10^6 h。

随着工作时间的加长，亮度下降的现象称为老化。随着电流密度的加大，老化变快，寿命变短。

6）发光亮度与电流密度的关系

LED 的发光亮度 B 是单位面积发光强度的量度，其值基本上与正向电流密度呈线性关

系。LED 的发光亮度受环境温度的影响，环境温度越高，所允许的耗散功率越小，允许的工作电流也就越小，发光亮度下降。环境温度越高，结温升高，也使亮度下降。即使环境温度不变，由于注入电流加大，引起结温升高，发光亮度随电流密度也会呈现饱和现象。

7）调制带宽

LED 的频率响应可以表示为

$$| H(\omega) | = \frac{P(\omega)}{P(0)} = \frac{1}{\sqrt{1+(\omega\tau_e)^2}} \tag{8.41}$$

式中：ω 为调制频率；$P(\omega)$ 为输出光功率；τ_e 为注入载流子寿命。

当 $\omega_c = 1/\tau_e$ 时，$P(\omega_c) = 0.707 P(0)$。在接收机中，检测电流正比于光功率。当光功率下降到 0.707 时，接收电功率下降到 $0.707^2 \approx 0.5$ 倍，即下降了 3 dB。因此 ω_c 定义为截止频率。

在光纤通信中的调制带宽既可以使用电调制带宽，又可以使用光调制带宽，两者的关系如图 8.33 所示。如果将光纤通信系统中的电路一起考虑时，采用电调制带宽是非常有用的。

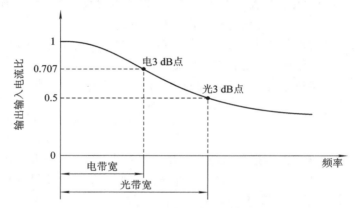

图 8.33 光纤通信中的光调制带宽和电调制带宽之间的关系

由图 8.33 可以看出，从电的角度看，光电检测器输出电功率变为原来的一半，当系统输出光生电流变为 0.707 时，所对应的频率定义为 3 dB 带宽，即电 3 dB 带宽。从光的角度看，当 LED 输出光功率变为原来的一半时，所对应的频率定义为光 3 dB 带宽，此时光电检测器输出的光电流相应地减小为原来的 1/2。

4. LED 的特点

发光二极管具有如下特点：

（1）高效率：发光效率高，一个 2 J/s 的 LED 灯相当于一个 15 J/s 的普通白炽灯灯泡的照明效果。

（2）寿命长：LED 灯的最长寿命可达 100000 h；LED 的半衰减期可达 50000 h 以上。

（3）低耗电：比同光效的白炽灯最多可节省 70%。

（4）低故障：LED 是半导体元件，与白炽灯和电子节能灯相比，没有真空器件和高压触发电路等敏感部件，故障极低，可以免维修。

（5）绿色、环保：LED 光谱集中，没有多余红外、紫外等光谱，热量、辐射很少，对被照物产生影响少，而且不含汞等有害物质，废弃物可回收，没有污染。

（6）方向性强：平面发光，方向性强，它与点光源白炽灯不同，视角度小于等于 180°。

（7）快响应：响应时间短，启动十分迅速，只有纳秒量级。白炽灯是毫秒数量级。

（8）低电压：驱动电压低，工作电压为直流，安全。

（9）小体积：利用其特点可设计又薄、又轻、又紧凑的各种式样的灯具、背光源产品。

（10）多色彩：LED 色彩鲜艳丰富，可利用不同的半导体材料得到 不同颜色的光，利用时序控制电路，更能达到丰富多彩的动态变化效果。

（11）控制方便：只要调整电流，就可以随意调光，使灯光更加清晰柔和，让人感觉更加舒服。

5．LED 的应用

在 LED 的应用中，首先介绍的是各种类型的指示灯、信号灯，LED 正在成为指示灯的主要光源。LED 的寿命在数十万小时以上，为普通白炽灯的 100 倍以上，而且具有功耗小、发光响应速度快、亮度高、小型、耐振动等特点，在各种应用中占有明显的优势。

利用 LED 进行数字显示，有点矩阵型和字段型两种方式。例如使 LED 发光元件按纵横矩阵排列，并根据数字只让相应的元件发光。除数字之外，还可显示英文字符、罗马字符、日文假名等，其视认性也很好。

LED 还可以用于平面显示，由于 LED 为固体元件，可靠性高，与采用白炽灯的显示器相比，功耗小。目前，用于室内、外显示，采用 LED 点矩阵型模块的大型显示器正在迅速推广普及。采用 LED 点矩阵型模块结构时，显示板的大小可由 LED 发光点密集排列成任意尺寸；发光颜色可以是从红到绿的任意单色、多色，甚至全色；灰度可以从十数阶到几十阶分阶调节。LED 与专用 IC 相组合，也可由电视信号驱动，进行电视画面显示。

LED 除用做显示器件外，还可用做各种装置和系统的光源。如电视机、空调等遥控器的光源。在光电检测系统及光通信系统中，也可作为发射光源来使用。当然在这两个领域中的应用有一定限制，如由于 LED 相干长度短，不适合作为大量程干涉仪的光源。在目前的数字光纤通信系统中，由于光纤存在色散特性，LED 的宽光谱将导致脉冲的展宽，限制系统的通信容量，LED 只适合于低速率、短距离光纤通信系统。

8.4 激光二极管

LED 的光子输出归因于电子从导带到价带的跃迁，这种辐射是自发的。一旦结构和工作条件发生改变，器件就可以在一个新的模式下工作，产生一致的光谱输出，这种新型器件就是激光二极管（LD）。LD 是一个借助于受激辐射发光的半导体器件。与 LED 相比，LD 所用材料和结构更为复杂，品种类别更多，工作特性更为优异，是光纤通信中使用的最重要的三大关键光器件之一。

1．LD 工作三大要素

半导体激光器产生激光的机理与气体和固体激光器是基本相同的，即受激发射材料、粒子数反转和光学谐振腔。但由于半导体材料物质结构的特异性和半导体材料中电子运动的特殊性，LD 产生激光的具体过程又有许多特殊之处。

2．注入式同质结半导体激光器的结构及工作原理

为了简述半导体激光器的工作原理，又不失典型性，以注入式同质结半导体激光器为例进行讲解。"注入式"是指激光器的泵浦方式，即直接给半导体的 PN 结加正向电压，注入电流。"同质结"是指激光器的结构，即 PN 结由同一种材料的 P 型和 N 型构成。图 8.34 是注入式 GaAs 同质结半导体激光器的结构示意图，其工作原理如下：

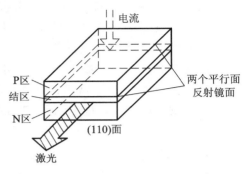

图 8.34　注入式 GaAs 同质结半导体激光器结构示意图

（1）建立起有源区内载流子的反转分布。在半导体中代表电子能量的是由一系列接近于连续的能级所组成的能带，因此在半导体中要实现粒子数反转，必须使处在高能态导带底的电子数比处在低能态价带顶的空穴数大很多，这借助于给同质结加正向偏压，向有源层内注入必要的载流子来实现，将电子从能量较低的价带激发到能量较高的导带中去。当处于粒子数反转状态的大量电子与空穴复合时，便产生受激发射作用。图 8.35 和图 8.36 分别是重掺杂同质结 GaAs 未加正向电压和加正向电压的能级示意图。由图 8.36 可以看出，在外加电压作用下，在 PN 结区附近，导带中有大量电子，而在其对应的价带中则留有大量的空穴，这部分能带范围称为有源区。在有源区中，如果导带中的电子向下跃迁到能量较低的价带，就会发生电子空穴复合，电子从高能态跃迁到低能态，其多余的能量以光子的形式辐射出去。

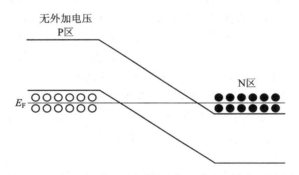

图 8.35　注入式 GaAs 同质结未加正向电压能级示意图

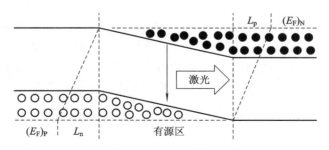

图 8.36　注入式 GaAs 同质结加正向电压后能级示意图

（2）要获得相干受激辐射，必须使受激辐射在光学谐振腔内得到多次反馈而形成激光振荡。激光器的谐振腔是由半导体的自然解理面作为反射镜形成的，用半导体解理面构成共振腔，获得的反射率一般只有 30％左右，为满足某些应用的要求，腔镜需要达到高反射率，可以在有源层两侧各交替迭加许多层折射率不同的半导体材料。

（3）为了形成稳定振荡，激光媒质必须能提供足够大的增益，以弥补谐振腔引起的光损耗及由腔面的激光输出等引起的损耗，不断增加腔内的光场。这就必须要有足够强的电流注入，有足够的粒子数反转，粒子数反转程度越高，得到的增益就越大，即必须满足一定的电流阈值条件，当激光器达到阈值时，具有特定波长的光就能在腔内谐振并被放大，最后形成激光而连续地输出。

理论分析证明，产生光受激辐射放大的条件是

$$(E_F)_N - (E_F)_P > E_2 - E_1 = E_g \tag{8.42}$$

式中：$(E_F)_N$ 和 $(E_F)_P$ 分别是 N 区和 P 区的准费米能级；E_g 是禁带宽度。也就是通过注入非平衡载流子，使非平衡的电子和空穴的准费米能级之差大于禁带宽度。

3. LD 的主要特性参数

半导体激光器是半导体二极管，它具有半导体二极管的一般特性，还具有激光器所具有的光频特性。

1）阈值条件

考虑一个半导体激光器的谐振腔，如图 8.37 所示，两端面的反射率分别为 R_1 和 R_2，腔长 L，光强为 I_0 的光从端面 $z=0$ 出发射向端面 $z=L$，然后再反射回来到达端面 $z=0$，这样一个往返路途光强的变化为

$$I = I_0 R_1 R_2 e^{2(g-\alpha)L} \tag{8.43}$$

式中：g 是增益系数；α 是损耗系数。

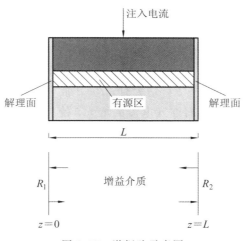

图 8.37　谐振腔示意图

实现载流子反转分布是激光器的先决条件，而要在谐振腔内形成激光振荡，还必须满足激光器的阈值条件，即光在谐振腔内来回传播一周的过程中，增益必须等于或大于腔内的各种损耗。令光子在腔内往返一周时光强保持不变，就得到形成激光振荡的阈值条件，即

$$g_{th} = \alpha + \frac{1}{2L}\ln\left(\frac{1}{R_1 R_2}\right) \tag{8.44}$$

式（8.44）表明增益系数必须等于或大于某一数值才能形成激光。

同质结 GaAs 激光器的泵浦是加正向电流，利用正向电流密度和增益系数的关系，可以得到同质结 GaAs 激光器的阈值电流密度为

$$J_{th} = \frac{1}{\beta}\left(\alpha + \frac{1}{2L}\ln\frac{1}{R_1 R_2}\right) \qquad (8.45)$$

式中，β 是增益因子。室温下，同质结 GaAs 激光器的阈值电流密度 J_{th} 为 $3\times10^4 \sim 5\times10^4$ A/cm^2。

2）伏安特性

半导体激光器的伏安特性与一般半导体二极管的相同，具有单向导电性，如图 8.38 所示。由于半导体激光器工作时加正向偏压，所以其结电阻很小。其正向电阻主要由材料的体积电阻和引线的接触电阻来决定。这些电阻虽然很小，但由于工作电流很大，其作用不可忽略。

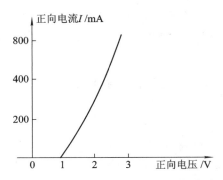

图 8.38　半导体激光器的伏安特性曲线

3）P-I 特性

激光二极管的输出功率 P 与注入电流的关系曲线称为 P-I 曲线，如图 8.39 所示。当注入电流小于阈值电流 I_{th} 时，激光器的输出功率 P 很小，为自发辐射的荧光，荧光的输出功率随注入电流的增加而缓慢增加。当注入电流大于 I_{th} 时，输出功率 P 随注入电流的增加而急剧增加，这时 P-I 曲线基本上是线性的。当 I 再增大时，P-I 曲线开始弯曲呈非线性，这是由于随着注入电流的增大，使结温上升，导致 P 增加的速度减慢。

判断阈值电流的方法为：在 P-I 特性曲线中，激光输出段曲线的向下延长线与电流轴的交点为激光二极管的阈值电流，如图 8.39 中的 I_{th}。

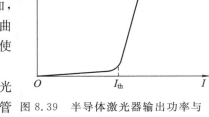

图 8.39　半导体激光器输出功率与电流关系曲线

4）功率效率

注入式半导体激光器是一种把电功率直接转换为光功率的器件，其功率效率 η_P 定义为激光器的输出功率与输入电功率之比，即

$$\eta_P = \frac{P}{IU + I^2 R_s} \qquad (8.46)$$

式中：U 是 PN 结上的电压降；R_s 为激光器的串联电阻。由于激光器的工作电流较大，电阻功耗很大，所以室温下的功率效率只有百分之几。

5）方向特性

半导体激光器在系统中使用时要与光纤耦合，因为光纤的芯径很小（微米级），为了能有较多的光能量耦合进光纤，要求输出的激光发散角很小，最好是正入射进光纤。发散角越小，表明激光的方向性越好，能量越集中。

半导体激光器的有源区是一个矩形谐振腔,其体积很小。光出射面对光的作用相当于一个狭缝,对光有衍射作用,如图 8.40 所示。光的辐射图样就是狭缝的衍射图形。光束的发散角取决于衍射角,与端面的尺寸有关,发散角的两个方向不同。光束在垂直于 PN 结方向的半功率点的张角称为垂直发散角 $\theta_{/\!/}$,一般为 $30°\sim50°$;光束在平行于 PN 结方向的半功率点的张角称为水平发散角 $\theta_{\perp}$,一般为几度。

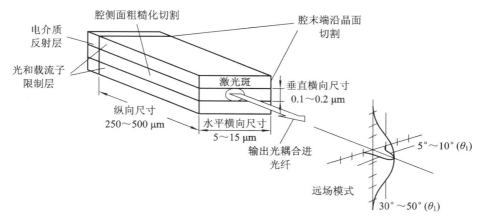

图 8.40　LD 远场光强分布示意图

6）光谱特性

由于半导体的导带、价带都有一定的宽度,所以复合发光的光子有较宽的能量范围,因而半导体激光器的发射光谱比固体激光器和气体激光器要宽。

半导体激光器的光谱随激励电流而变化,当激励电流小于阈值电流 I_{th} 时,发出的光是荧光。这时的光谱很宽,其宽度常达百分之几微米,如图 8.41(a)所示。当激励电流增大到阈值电流 I_{th} 时,发出的光谱突然变窄,谱线中心强度急剧增加。这表明出现了激光,其光谱分布如图 8.41(b)所示。由此可见发射光谱变窄、单色性增强是半导体激光器达到阈值时的一个特征,因而可通过激光器光谱的测量来确定阈值电流 I_{th}。

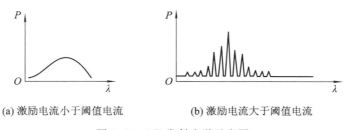

(a) 激励电流小于阈值电流　　　　(b) 激励电流大于阈值电流

图 8.41　LD 发射光谱示意图

激光二极管的发射光谱由两个因素决定:谐振腔的参数和增益介质的增益线宽。谐振腔的腔长 L 决定纵向电磁场的分布形式,即决定纵模间隔;谐振腔的宽 W 和高 H 决定横向电磁场的分布形式,即决定横模性质。如果 W 和 H 足够小,将只有单横模 $\mathrm{TEM_{00}}$ 存在。

理论证明相邻两纵模之间的波长之差约为

$$\Delta\lambda = \frac{\lambda^2}{2nL} \tag{8.47}$$

式中:n 是半导体材料的折射率;L 是腔长;λ 是波长。

图 8.42 是增益介质的增益线宽和谱线间隔示意图。由式(8.47)可知,实现单模输出的一条途径是减少谐振腔长 L,即增加模式之间的波长间隔 $\Delta\lambda$,使其大于增益线宽。

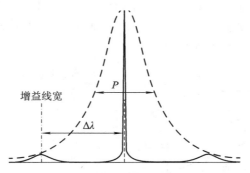

图 8.42　谐振腔中增益介质的增益线宽和纵模间隔示意图

每个纵模都存在多个横模,横模体现为垂直于结平面和平行于结平面的光场强度的稳定分布,横模的存在是工作物质的色散、散射效应及腔内光束衍射效应的综合结果。图 8.43 是半导体激光器内不同横模光强度分布图样。

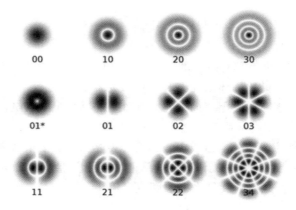

图 8.43　不同横模光强度分布示意图

抑制腔内横模的数量可以增加激光器输出光的亮度、减小激光发散角。在光纤通信中尤为重要,因为这样可以保证与光波导有高效率的耦合,获得较好的传输效果。

7) 温度特性

半导体激光器的阈值电流随温度的升高而增加,变化关系可表示为

$$I_{th}(T) = A\exp\left(\frac{T}{T_0}\right) \tag{8.48}$$

式中:A 是常数;T_0 是衡量阈值电流 I_{th} 对温度变化敏感程度的参数,称为特征温度,取决于器件的材料和结构等因素。T_0 值越大,表示 I_{th} 对温度变化越不敏感,器件的温度特性越好。

由于 I_{th} 随温度升高而增大,因此 P-I 特性曲线也随温度变化,如图 8.44 所示。由图可以看出,随着温度升高,在注入电流不变的情况下,输出光功率会变小。这也是 LD 工作一段时间后输出功率下降的原因,所以温控对于 LD 的正常使用至关重要。

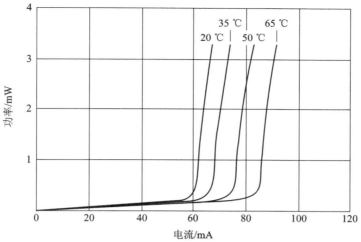

图 8.44　LD 输出功率随温度变化示意图

4. 其他典型的半导体激光器

同质结半导体激光器最大的问题是难以得到低阈值电流和实现室温连续工作。为此，人们又发展了异质结半导体激光器、分布反馈式半导体激光器、量子阱半导体激光器等设备。

1）异质结半导体激光器（DHL）

图 8.45 是双异质结半导体激光器（DHL）$Ga_{1-x}Al_xAs/GaAs$ 双异质结的结构、能带、折射率分布和光功率分布示意图。所谓异质结，是指由带隙宽度及折射率都不同的两种半导体材料构成的 PN 结。

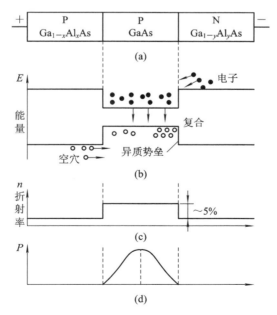

图 8.45　DHL 异质结的结构、能带、折射率分布和光功率分布示意图

异质材料的带隙差造成了载流子运动的势垒，异质材料的折射率差造就了自建的波导，当双异质结激光器施加正向偏压后，增益区内注入的电子和空穴及其复合产生的光子都被限

制在很薄的增益区内，这是双异质结半导体激光器阈值电流密度大大降低的根本原因。

2）分布反馈式半导体激光器（DFB）

除了法布里-珀罗腔以外，还有其他一些方法可以提供光反馈。图 8.46 是一个常见的分布反馈式半导体激光器结构。通过刻蚀出周期性结构，再生长不同折射率的材料来填充这些起伏，在有源层下面得到一个波浪层。有源区以外的光场跨过这些折射率周期性变化的区域，通过布拉格衍射提供分布反馈。这种反馈作用使得激活区内的前向波与后向波发生相干耦合，只有满足布拉格条件的光才能获得分布反馈。

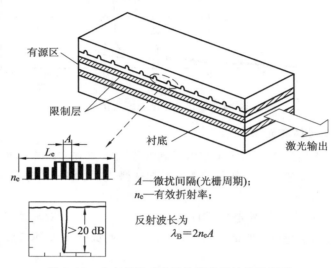

图 8.46　分布反馈式半导体激光器结构示意图

DFB 激光器的最大特点是易于获得单纵模输出，并可在高速调制下，保持单纵模工作，容易与光缆、光纤调制器耦合。

3）量子阱半导体激光器（QWLD）

一般双异质结构激光二极管有源层的最佳厚度约为 $0.15~\mu m$，这时有源层中的载流子状态按单电子近似，用布洛赫波函数描述，激光的辐射跃迁发生在两个能量之间，如果有源层厚度进一步减少，将会使 LD 的阈值电流密度明显增加。但是，当其有源层厚度减至德布罗意波长或者说减至可以和波尔半径相比拟时，半导体的性质发生根本变化，半导体的能带结构、载流子有效质量、载流子运动性质会出现量子效应，相应的势阱称为量子阱。

量子阱激光二极管是把一般双异质结激光二极管的有源层厚度做成数十纳米以下的结构。具有一个载流子势阱和两个势垒的量子阱称为单量子阱激光二极管（SQWLD），具有 n 个载流子势阱和 $(n+1)$ 个势垒的量子阱称为多量子阱激光二极管（MQWLD）。图 8.47 所示为量子阱能级结构示意图。

量子阱半导体激光器的优点有：阈值电流低、可高温工作、谱线宽度窄、调制速度高等。高温工作的 LD 备受青睐，这种 LD 无需使用帕尔贴电子制冷器，无需补偿因温度引起性能变化的自动功率控制，可以延长使用寿命。因此，人们一直追求在较高工作温度下能正常工作的激光器，量子阱 LD 的出现，使这个愿望变成了现实。同时，波长的可调谐性是量子阱激光器的另一个重要特性。

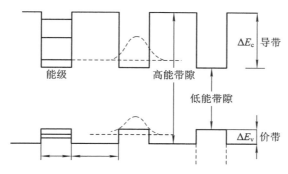

图 8.47　量子阱能级结构示意图

5. LD 的主要特点

半导体激光器具有如下特点：

（1）体积小，其产生激光的核心部件各维的线度都在微米量级；

（2）质量轻，一般在数十克；

（3）电子-光子转换效率高；

（4）工作寿命长；

（5）覆盖的波长范围广；

（6）结构简单，一般的 FP 腔半导体激光器，其腔面由晶体的自然解理面构成；

（7）价格便宜；

（8）与光纤耦合效率高；

（9）具有直接调制能力；

（10）易于集成；

（11）使用安全；

（12）可靠性高；

（13）功耗低；

（14）驱动电源简单。

6. LD 的主要应用领域

由于半导体激光器具有体积小、重量轻、可靠性高、转换效率高、功耗低、驱动电源简单、能直接调制、结构简单、价格低廉、使用安全等特点，其应用领域非常广泛，如光存储、激光打印、激光照排、激光测距、条码扫描、工业探测、测试测量仪器、激光显示、医疗仪器、军事、安防、野外探测、建筑类扫平及标线类仪器、实验室及教学演示、舞台灯光及激光表演、激光水平尺及各种标线定位等。

半导体激光器的一些独特优点使之非常适合于军事上的应用，如野外测距、枪炮等的瞄准，射击模拟系统，致盲，对潜通信制导，引信，安防等。由于 LD 可用普通电池驱动，使一些便携式武器设备配置成为可能。

8.5　固体图像传感器

图像传感器是能感受光学图像信息并转换成可用输出信号的传感器。基于半导体的固体图像传感器在数码相机和便携式摄像机等领域得到广泛应用。与真空成像器件相比，固体成像传感器具有体积小、功耗低、重量轻、价格低、寿命长等特点。根据元件不同，固体图像传感器可以分为电荷耦合器件图像传感器、采用光电二极管作为光检测的 SSPA 图像传感器和电荷注入器件等。本节主要介绍 CCD 和 SSPA 器件的工作原理。

8.5.1　电荷耦合器件图像传感器(CCD)

1. CCD 的结构及工作原理

电荷耦合器件图像传感器 CCD，它使用一种高感光度的半导体材料制成，能把光线转变成电荷，通过模数转换器芯片转换成数字信号，数字信号经过压缩以后由相机内部的闪速存储器或内置硬盘卡保存，因而可以轻而易举地把数据传输给计算机，并借助于计算机的处理手段，根据需要来修改图像。

1) MOS 的结构和工作原理

CCD 是由若干个金属-氧化物-半导体(MOS)结构组成的阵列器件(间隔为微米量级)。在 N 型或 P 型单晶硅衬底上生长一个薄 SiO_2 层，然后在 SiO_2 上按一定次序沉淀多个间距很小的金属电极。图 8.48 是 P 型硅衬底 MOS 结构示意图，在栅极 G 上施加电压 U_G 之前，P 型半导体中多数载流子空穴是均匀分布的。当栅极施加正向电压 U_G 时，P 型半导体中的空穴将被排斥，在 Si 表层内留下带负电的离子，形成耗尽区。当 U_G 继续增加时，耗尽区将继续向半导体内延伸。当 U_G 大于 P 型半导体的阈值电压 U_{th} 时，耗尽区的深度将与 U_G 的大小成正比变化。此时氧化层绝缘体 SiO_2 和半导体界面上的电势 φ_s 随之提高，以至于将 P 型半导体中的少数载流子电子吸引到表面，形成一层极薄而电荷密度很高的反型层。反型层的出现说明了栅极电压达到阈值电压，并在 SiO_2 和 P 型半导体之间建立了导电沟道。因为反型层电荷是负的，故称为 N 型沟道 CCD。

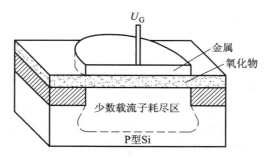

图 8.48　P 型硅衬底 MOS 结构示意图

理论证明，表面势 φ_s 的大小将随栅极电压 U_G 的增大而增大，并可以用半导体物理中势阱的概念模拟电荷存储过程。加在栅极上的电压越高，表面势越高，势阱越深。若外加电压一定，则势阱深度随势阱中电荷量的增加而线性下降。

2) CCD 的结构和工作原理

CCD 信号电荷的传输是通过控制各像素上的电极电压，使信号电荷包在半导体表面或体内做定向运动，从而实现信号的转移。下面以三相传输系统为例说明 CCD 的传输原理。

通常把 CCD 电极分为几组，每一组为一相，并施加同样的时钟脉冲。图 8.49 所示的结构需要三相时钟脉冲，故称为三相 CCD。为了理解在 CCD 中势阱及电荷如何从一个位置移动到另一个位置，取 CCD 中四个彼此靠得很近的电极来观察。若开始有一些电荷存储在偏压 10 V 的第二个电极下面的深势阱里，其他电极均加有大于阈值电压的较低电压（例如 2 V），如图 8.49（a）所示。经过 t_1 时刻后，各电极上的电压如图 8.49（b）所示，第二个电极仍保持 10 V，第三个电极上的电压由 2 V 变为 10 V。由于这两个电极靠得很近，因此它们各自的对应势阱将合并在一起。原来在第二个电极下的电荷变为这两个电极下的势阱所共有，如图 8.49（c）所示。若此后电极上的电压变为图 8.49（d）所示，第二个电极电压由 10 V 变为 2 V，第三个电极电压仍为 10 V，则共有的电荷转移到第三个电极下的势阱中，如图 8.49（e）所示。由此可见，深势阱及电荷向右移动了一个位置。

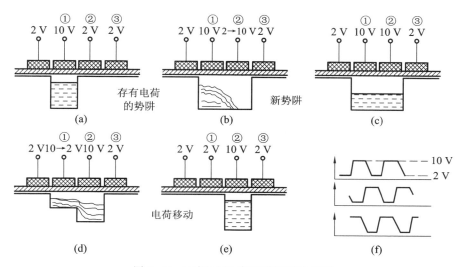

图 8.49　三相 CCD 中电荷转移示意图

三相 CCD 器件的电荷传输方式必须在三相交叠脉冲的作用下才能按照一定的方向，逐个单元转移。同时，能够产生电荷并完全耦合，CCD 电极间隙必须很小，电荷才能不受阻碍地自一个电极下转移到相邻电极下。

3）电荷的注入和检测方法

CCD 中的电荷注入分为光注入式和电注入式两类。光注入方式是指当光线从背面或正面射到 CCD 硅片光敏单元上时，在光注入电荷作用下，半导体体内产生电子空穴对，其多数载流子被栅极电压排斥，少数载流子则被收集在势阱中形成信号电荷包。电注入方式是指 CCD 通过输入机构对信号电压或电流进行采样，将信号电压或电流转换成信号电荷。电注入方式又包含电流和电压注入法。

在 CCD 中，电荷的收集和检测非常重要。目前，CCD 输出信号的方式主要有电流输出、浮置扩散放大器输出和浮置栅放大器输出。

2. CCD 的性能参数

1）转移效率及电荷转移损失率

CCD 的转移效率是指一个电荷包在一次转移中被正确转移的百分比。设转移到当前电极下的信号电荷量为 Q_1，上一电极中原有信号电荷量为 Q_0，则转移效率为

$$\eta = \frac{Q_1}{Q_0} \tag{8.49}$$

没有被转移的电荷量 $Q' = Q_0 - Q_1$ 与原有信号电荷量 Q_0 之比值，称为转移损失率，即

$$\varepsilon = \frac{Q_0 - Q_1}{Q_0} \tag{8.50}$$

2）分辨率

CCD 的分辨率是指摄像器件对物象中明暗细节的分辨能力。CCD 的分辨率与每个像元的尺寸和像元之间的间距有关，CCD 器件的像素数越多，分辨率越高。当像素数一定时，转移损失率对空间分辨率的影响也很大。另外，当光生载流子产生在离耗尽层较远的地方时，会产生横向扩散，引起像素之间的相互干扰，造成空间分辨率降低。在 CCD 像素数目相同的条件下，像素点大的 CCD 芯片可以获得更好的拍摄效果。大的像素点有更好的电荷存储能力，因此可提高动态范围及其他指标。

3）光谱响应

CCD 的光谱响应是指器件在相同能量照射下，输出的电压 U_s 与光波波长 λ 之间的关系。将最大响应值归一化为 100% 所对应的波长，即峰值波长。通常将 10%（或更低）的响应点所对应的波长称为截止波长，有长波端和短波端截止波长，两者之间包括的波长范围为光谱响应范围。CCD 器件的光谱响应范围与所用光敏材料有关，例如 Si 材料 CCD 光谱响应曲线与 Si 光电二极管相同。

4）动态范围

CCD 摄像器件的动态范围是指其输出的饱和电压与暗场下噪声峰-峰电压之比，即

$$动态范围 = \frac{U_{sat}}{U_{Np-p}} \tag{8.51}$$

式中：U_{sat} 为输出饱和电压；U_{Np-p} 为噪声的峰-峰值电压。

5）暗电流与噪声

CCD 在既无光注入又无电注入情况下的输出信号称为暗信号，即暗电流。暗电流产生的原因有：半导体衬底的热产生、耗尽区的产生复合中心的热激发载流子、耗尽区边缘的少子热扩散、界面上产生中心的热激发。暗电流会限制器件的低频响应，减小动态范围，所以应尽量缩短信号电荷的存储与转移时间。同时，暗电流还会引起固定图像噪声，暗电流在整个成像区不均匀时会使像面严重畸变。当 CCD 光敏元件处于积分工作状态时，暗电流积分形成暗信号图像并叠加到光信号图像上，引起固定图像噪声，出现个别暗电流尖峰，则一幅清晰完整的图像就会产生某些"亮条"或"亮点"。

CCD 是低噪声器件，该器件的噪声主要包括转移噪声、散粒噪声、电注入噪声、信号输入噪声等。

6）填充因子

CCD 的填充因子是指 CCD 实际感光面积占像素面积的比值，是影响灵敏度的一个因素。

7）电荷贮存容量

CCD 的电荷贮存容量是指在一定栅极电压作用下，势阱中能容纳的最大电荷量，又称做阱深。它决定 CCD 的电荷负载能力。

8）光谱灵敏度

在一定光谱范围内，单位曝光量的输出信号电压（电流）即为灵敏度。CCD 的光谱灵敏度主要由 CCD 器件响应度和各种噪声因素共同决定。

9）线性度

线性度是指在动态范围内，输出信号与曝光量的关系是否呈直线关系。弱信号下线性度较差（器件噪声影响大，信噪比低，引起一定离散性），动态范围中间区域非线性度基本为 0。

3. 电荷耦合摄像器件的分类

用 CCD 电荷耦合摄像是 CCD 的重要应用领域，电荷耦合摄像器件的功能是把二维光学图像信号转变为一维以时间为自变量的视频输出信号，按照感光单元的排列方式又可以分为线阵 CCD 和面阵 CCD。

线阵 CCD 图像传感器由一列光敏元件与一列读出寄存器并行且对应地构成一个主体，在它们之间设有一个转移控制栅，如图 8.50（a）所示。实用的线阵 CCD 图像传感器为双行结构，如图 8.50（b）所示。单、双数光敏元件中的信号电荷分别转移到上、下方的移位寄存器中，在控制脉冲的作用下，自左向右移动，在输出端交替合并输出，就形成了原来光敏信号电荷的顺序。对于线阵 CCD 器件，它可以直接将接收到的一维光信号转换成时序的电信号输出，获得一维图像信号。因为它是一维器件，不能直接将二维图像转变为视频信号输出，而必须用扫描的方法来得到整个二维图像的视频信号。线阵 CCD 器件结构简单，成本较低，可以同时储存一行电视信号。由于其单排感光单元的数目可以做得很多，在同等测量精度的前提下，其测量范围可以做得较大，并且由于线阵 CCD 实时传输光电变换信号和自扫描速度快、频率响应高，能够实现动态测量，并能在低照度下工作，所以线阵 CCD 广泛地应用在产品尺寸测量和分类、非接触尺寸测量、条形码等许多领域。

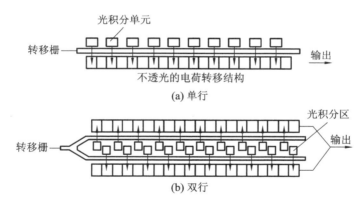

图 8.50　线阵 CCD 图像传感器结构示意图

面阵 CCD 是二维的图像传感器，它可以直接将二维图像转变为视频信号输出。面阵 CCD 有行间转移（IT）型、帧间转移（FT）型和行帧间转移（FIT）型三种。图 8.51 是帧间转移型 CCD 图像传感器结构示意图。帧间转移型面阵 CCD 成像器件由三部分组成：感光区、信号存储区和输出转移区。在正常垂直回扫周期内，具有公共水平方向电极的感光区所积累的电荷迅速下移到信息存储区。在垂直回扫结束后，感光区恢复到积光状态。在水平消隐周期内，存储区的整个电荷图像向下移动，每次总是将存储区最底部一行的电荷信号移到水平读出器，该行电荷在读出移位寄存器中向右移动以视频信号输出。当整帧视频信号从存储单元移出后，就开始下一帧信号的形成。

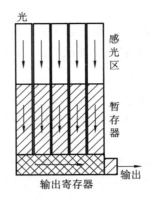

图 8.51　帧间转移型 CCD 图像传感器结构示意图

　　面阵 CCD 的优点是可以获取二维图像信息，可直观地测量图像。缺点是像元总数多，而每行的像元数一般较线阵少，帧幅率受到限制。对于面阵 CCD 来说，应用面较广，如对面积、形状、尺寸、位置甚至温度等的测量。

4. CCD 的优点

　　(1) 解析度高：像点的大小为微米级，可感测及识别精细物体，提高影像品质。

　　(2) 杂讯低，敏感度高：CCD 具有很低的读出杂讯和暗电流杂讯，因此提高了信噪比（SNR），同时又具有高敏感度，很低光度的入射光也能侦测到，其信号不会被掩盖，使 CCD 的应用不太受天气约束。

　　(3) 动态范围广：同时侦测及分辨强光和弱光，提高系统环境的使用范围，不因亮度差异大而造成信号反差现象。

　　(4) 线性特性好：入射光源强度和输出信号大小成良好的正比关系，物体资讯不致损失，降低信号补偿处理成本。

　　(5) 光子转换效率高：很微弱的入射光照射都能被记录下来，若配合影像增强管及投光器，即使在暗夜远处的景物仍然也可以侦测到。

　　(6) 光谱响应宽：能检测很宽波长范围的光，增加系统使用弹性，扩大系统应用领域。

　　(7) 体积小、重量轻：CCD 具备体积小且重量轻的特性，因此，可容易地装置在人造卫星及各式导航系统上。

　　(8) 电耗低且不受强电磁场影响。

　　(9) 电荷传输效率佳：该效率系数影响信噪比、解像率，若电荷传输效率不佳，则影像将变模糊。

　　(10) 可大批量生产，品质稳定，坚固，不易老化，使用方便及保养容易。

5. CCD 的应用领域

　　CCD 的应用范围广，应用方法多，一些典型的应用领域如下：

　　(1) 计量检测仪器：工业生产产品的尺寸、位置、表面缺陷的非接触在线检测、距离测定等。

　　(2) 光学信息处理：光学文字识别、标记识别、图形识别、传真、摄像等。

　　(3) 生产过程自动化：自动工作机械、自动售货机、自动搬运机、监视装置等。

（4）军事应用：导航、跟踪、侦查（带摄像机的无人驾驶飞机、卫星侦查）。

8.5.2　MOS 图像传感器 SSPA

自扫描光电二极管列阵（SSPA）也是目前很常用的一种固体图像传感器，它具有空间分辨率高、时间分辨率高、扫描速度高、光谱范围宽、灵敏度高、动态范围大和电路简单的特点，被广泛应用于模式识别、传真、雷达、导航、工业等领域。

1. SSPA 的像元结构

SSPA 是一种 MOS 型图像传感器，主要由光电二极管列阵、移位寄存器和 MOS 多路开关组成。图 8.52 是 SSPA 器件内部单元的结构示意图。在 N 型硅衬底上扩散 P 型硅材料层形成 PN 结，再覆盖一层很薄的 SiO_2 绝缘层，同时在其上沉积一层金属铝电极，引出栅极、漏极和源极，形成金属-氧化物-半导体结构。其中，PN 结起光电变换和存储载流子的作用。SSPA 的工作方式是电荷存储方式，这样可以获得较高的增益，并克服布线上的困难。

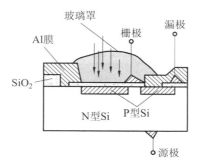

图 8.52　SSPA 像元结构示意图

2. SSPA 电荷存储工作方式的工作原理

图 8.53 是光电二极管电荷存储工作方式的原理图。其中，VD 为理想的光电二极管，C_d 是等效结电容，U_c 是二极管的反向偏置电源，R_L 是等效负载电阻，I_L 是等效负载电流，VT 是场效应管。在场效应管的栅极上加一控制信号 e，当 e 为负脉电平时，场效应管 VT 导通；当 e 为 0 电平时，场效应管 VT 截止。光电二极管电荷存储过程分为以下几个步骤：

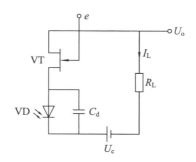

图 8.53　电荷存储光电二极管示意图

1）预充电过程

当 e 为负脉电平时，场效应管 VT 导通，电源 U_c 经负载电阻 R_L 给光电二极管的结电容 C_d 充电，充电达到稳态后，PN 结上的电压基本上为电源电压 U_c。此时，结电容上的电荷

Q 为

$$Q = C_d U_c \tag{8.52}$$

2）放电过程

当 e 为 0 电平时，场效应管 VT 截止，让光照在光电二极管上。由于光电流 I_p 和暗电流 I_d 的存在，结电容 C_d 将缓慢放电。设场效应管 VT 截止时长为 t，那么在曝光过程中，结电容 C_d 上所释放的电荷为

$$\Delta Q = (I_p + I_d)t \tag{8.53}$$

考虑到光电二极管的暗电流 I_d 远小于光电流 I_p，式(8.53)可简化为

$$\Delta Q = \bar{I}_p t = S_E \bar{E} t \tag{8.54}$$

式中：$\bar{I}_p$ 为平均光电流；S_E 是光电灵敏度；$\bar{E}$ 是平均照度。结电容 C_d 上的电压因放电而下降到 U_{cd}，其值为

$$U_{cd} = U_c - \frac{\Delta Q}{C_d} \tag{8.55}$$

3）再充电过程

当 e 重新为负脉电平时，场效应管 VT 导通，光电二极管 VD 反向截止，结电容 C_d 再次充电，直到结电容 C_d 上的电压达到电源电压 U_c。显然，结电容 C_d 上的充电量为 ΔQ，再充电电流在负载电阻 R_L 上的压降 U_L 就是输出的信号。输出的峰值电压为

$$U_{L,\,max} = U_c - U_{cd} = \frac{\Delta Q}{C_d} \tag{8.56}$$

将式(8.54)代入式(8.56)中，得

$$U_{L,\,max} = \frac{S_p \bar{E} t}{C_d} = \frac{S_p H}{C_d} \tag{8.57}$$

式中，入射光的照度 $\bar{E}$ 和积分时间 t 的乘积即为曝光量 H。

上述过程表明，MOS 场效应管周期性地通断，电路将会不断地重复"放电—充电—放电"过程，负载上定期地输出信号，反映该时间像元的光照度大小。输出信号的最大值 $U_{L,\,max}$ 与曝光量 H 成正比，与结电容 C_d 成反比。因此，增加积分时间或减少结电容均可提高器件的灵敏度。

3. SSPA 线阵

光电二极管列阵根据像元的排列形状不同，可以分为线阵、面阵等形状。线阵主要用于一维图像信号的测量，面阵能直接测量二维图像信号。

1）线阵 SSPA

图 8.54 是线阵 SSPA 电路原理图，该原理图由感光列阵、多路开关和移位寄存器三部分组成。

（1）N 位完全相同的光电二极管列阵。感光部分由 N 个光电二极管等间距直线排列组成，所有 N 端连在一起，组成公共端 COM。每个光电二极管的电气特性完全相同，包括受光面积和结电容。

（2）N 个多路开关。它由 N 个 MOS 场效应管（$VT_1 \sim VT_N$）组成，每个场效应管的源极分别与对应的光电二极管 P 端相连；而所有的漏极连接在一起，组成视频输出 U_o。

（3）N 位数字移位寄存器。它提供 N 路扫描控制信号 $e_1 \sim e_N$，每路输出信号与对应的

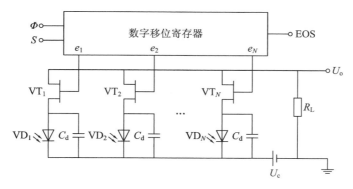

图 8.54　线阵 SSPA 电路原理图

MOS 场效应管的栅极相连。

SSPA 线阵工作过程为：当一个帧起始脉冲 S 启动后，扫描开始，时钟信号 Φ 使移位寄存器依次产生延迟一拍的采样扫描信号 $e_1 \sim e_N$，使多路开关 $VT_1 \sim VT_N$ 按顺序依次闭合、断开，从而依次把光电二极管 $VD_1 \sim VD_N$ 上的光电信号从视频线上输出，形成输出信号 U_o。光电信号幅度随不同位置上的光照度大小而改变，形成一帧反映光敏区上光学图像特性的电图像输出信号。

2）面阵 SSPA

面阵 SSPA 能直接测量二维图像信号。以图 8.55 所示的面阵图像传感器为例，面阵 SSPA 由光电二极管阵列、水平扫描电路、垂直扫描电路及多路开关四部分组成。光电二极管阵列构成光敏区；水平扫描电路输出扫描信号控制 MOS 开关，寻址列；垂直扫描电路输出信号控制每一像素内的 MOS 开关的栅极，寻址像敏列阵的行，从而使面阵上二维的光强信息转变为相应的电信号，从视频线 U_o 上串行输出。

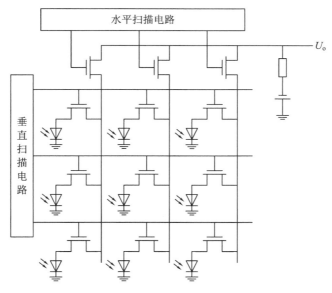

图 8.55　面阵 SSPA 电路原理图

4. SSPA 器件的信号输出及放大电路

SSPA 器件的信号输出放大电路通常分为电荷积分放大输出和电流放大输出。

1）电荷积分放大输出

电荷积分放大器输出电路如图 8.56 所示，其中 R 是复位脉冲信号，VT_1 导通时 VT_2 截止。电荷积分放大器输出信号为箱形波，其优点是信号的开关噪声小，动态范围宽，扫描频率中等（2 MHz）以下。

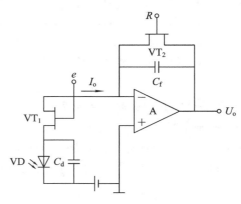

图 8.56　电荷积分放大器电路原理图

2）电流放大输出

电流放大器输出电路如图 8.57 所示，R_s 主要用于限制噪声频带，减小开关噪声。电流放大输出信号为尖脉冲，其优点是电路简单，工作速度高，可达 10 MHz。

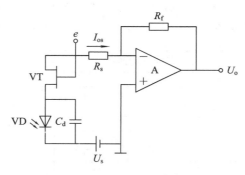

图 8.57　电流放大器电路原理图

5. SSPA 器件的性能参数

1）光电特性

由式（8.54）可知，SSPA 器件的输出电荷 ΔQ 正比于曝光量 $H = \bar{E}t$。由图 8.58 可知，当曝光量达到一定值 H_s 后，输出电荷就达到最大值 Q_s。H_s、Q_s 分别称为饱和曝光量和饱和电荷。若器件最小允许起始脉冲周期为 t_{min}，则对应的照度 $E_s = H_s/t_{min}$ 称为饱和照度。

通常，在饱和照度和最低照度这两个极端之间，SSPA 器件有 3～6 个数量级的线性工作范围。

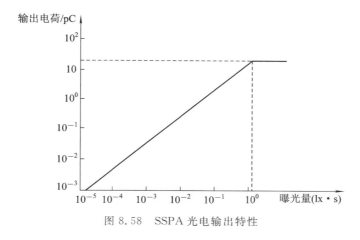

图 8.58　SSPA 光电输出特性

2) 暗电流

SSPA 器件的暗电流主要包括积分暗电流、开关噪声和热噪声。

在室温下，光电二极管的暗电流典型值小于 1 pA。与温度密切相关，温度每升高 7 ℃，暗电流约增加一倍。器件温度升高，最大允许的积分时间将缩短。如果降低器件的工作温度，例如采用液氮或半导体制冷，可使积分时间大大延长，这样便可以探测非常微弱的信号。

SSPA 器件的开关噪声比较大，但开关噪声大部分是周期性的，可以采用特殊的电荷积分和采样保持电路加以消除。对于开关噪声中的非周期性固定图形噪声，其典型值一般小于饱和电平的 1%。

SSPA 器件的热噪声是随机的、非重复性的波动，叠加在暗电平上，属于极限噪声，典型幅值为 0.1% 的饱和电平，对大多数应用影响不大。

3) 动态范围

SSPA 器件的动态范围是输出饱和信号与暗场噪声信号的比值，即

$$DR = \frac{U_{os}}{U_N} \tag{8.58}$$

式中：U_{os} 为饱和信号峰值；U_N 为噪声暗态峰值。

一般，SSPA 器件的动态范围典型值为 100:1。在要求较高的场合，通过给每个二极管附加电容器，可使 SSPA 器件的动态范围达到 1000:1。

表 8.3 是 SSPA 与 CCD 图像传感器的性能比较表。

表 8.3　SSPA 与 CCD 图像传感器的性能比较

性　能	SSPA	CCD
光敏单元	反向偏置的光电二极管	透明电极上电压感应的表面耗尽层
信号读出控制方式	数字移位寄存器	CCD 模拟移位寄存器
光谱特性	具有光电二极管特性，量子效率高，光谱响应范围宽	由于表面多层结构，反射、吸收损失大，干涉效应明显，光谱响应特性差，出现多个峰谷

续表

性　能	SSPA	CCD
短波响应	扩散型二极管具有较高的蓝光和紫外响应	蓝光响应低
输出信号噪声	开关噪声大，视频线输出电容大，信号衰减大	信号读出噪声低，输出电容小
图像质量	每位信号独立输出，相互干扰小，图像失真小	信号逐位转移输出，转移电荷损失，引起图像失真大
驱动电路	简单	对时序要求严格，比较复杂
形状	灵活，可制成环形、扇形等特殊形状的列阵	各单元要求形状、结构一致
成本	较高	易于集成，成本低

习　题

1. 简述本征吸收、激子吸收、自由载流子吸收、杂质吸收。

2. 简述自发辐射、受激辐射、受激吸收。

3. 简述辐射复合与非辐射复合的区别。

4. 简述光子型探测器和热电型探测器的区别。

5. 简述光电探测器的特性参数。

6. 简述光电探测器中的热噪声、散粒噪声、产生-复合噪声和低频噪声的含义。

7. 光电池有哪些参数？它们的含义是什么？

8. 简述 PIN 探测器的工作原理。

9. 简述雪崩光电二极管 APD 的工作原理。

10. 简述 LD 的发光原理。

11. 简述 LED 的发光原理。

12. 简述 LED 和 LD 的区别。

13. 简述三相 CCD 的工作原理。

14. 帧间转移型面阵 CCD 成像器件由哪三部分组成？

15. 简述 SSPA 电荷存储工作方式的工作原理。

16. 简述图像传感器 SSPA 与 CCD 的性能比较。

附　录

附表 1　常用的物理常数

物理量	数　值
电子电量	$e=1.6\times10^{-19}$ C
电子静止质量	$m_0=9.11\times10^{-31}$ kg
真空光速	$c=2.998\times10^8$ m/s
普朗克常数	$h=6.625\times10^{-34}$ J·s
玻尔兹曼常数	$k=1.38\times10^{-23}$ J/K
真空介电常数	$\varepsilon_0=8.85\times10^{-12}$ F/m
真空磁导率	$\mu_0=4\pi\times10^{-7}$ H/m
300 K 时的 kT	0.0259 eV

附表 2　硅、锗和砷化镓的性质

性　质	硅	锗	砷化镓
原子密度	5×10^{22} cm^{-3}	4.42×10^{22} cm^{-3}	4.42×10^{22} cm^{-3}
晶体结构	金刚石	金刚石	闪锌矿
密度	2.33 g/cm^3	5.33 g/cm^3	5.32 g/cm^3
晶格常数	5.43×10^{-10} m	5.65×10^{-10} m	5.65×10^{-10} m
介电常数	11.7	16.0	13.1
禁带宽度	1.12 eV	0.66 eV	1.42 eV
电子亲和能	4.01 eV	4.13 eV	4.07 eV
熔点	1415 ℃	937 ℃	1238 ℃
导带有效状态密度	2.8×10^{19} cm^{-3}	1.04×10^{19} cm^{-3}	4.7×10^{17} cm^{-3}
价带有效状态密度	1.04×10^{19} cm^{-3}	6×10^{18} cm^{-3}	7.0×10^{18} cm^{-3}
本征载流子浓度	1.5×10^{10} cm^{-3}	2.4×10^{13} cm^{-3}	1.8×10^6 cm^{-3}
电子迁移率	1350 cm^2/(V·s)	3900 cm^2/(V·s)	8500 cm^2/(V·s)
空穴迁移率	480 cm^2/(V·s)	1900 cm^2/(V·s)	400 cm^2/(V·s)
电子有效质量	$m_l=0.98m_0$ $m_t=0.19m_0$	$m_l=1.64m_0$ $m_t=0.082m_0$	$0.067m_0$
空穴有效质量	$m_{lh}=0.16m_0$ $m_{hh}=0.49m_0$	$m_{lh}=0.044m_0$ $m_{hh}=0.28m_0$	$m_{lh}=0.082m_0$ $m_{hh}=0.45m_0$
电子状态密度有效质量	$1.08m_0$	$0.55m_0$	$0.067m_0$
空穴状态密度有效质量	$0.56m_0$	$0.37m_0$	$0.48m_0$

参 考 文 献

[1] 雷玉堂. 光电检测技术. 2 版. 北京：中国计量出版社，2009.

[2] 江剑平，孙成城. 异质结原理与器件. 北京：电子工业出版社，2010.

[3] Anderson B L，Anderson R L. 半导体器件基础. 邓宁，田立林，任敏，译. 北京：清华大学出版社，2008.

[4] 庄顺连. 光子器件物理. 贾东方，桑梅，译. 北京：电子工业出版社，2013.

[5] B J Baliga. 功率半导体器件基础. 韩郑生，陆江，宋李梅，等译. 北京：电子工业出版社，2013.

[6] 黄昆，谢希德. 半导体物理学. 北京：科学出版社，2012.

[7] 卢俊，王丹，陈亚孚. 光电子器件物理学. 北京：电子工业出版社，2009.

[8] 郭培源，梁丽. 光电子技术基础教程. 北京：北京航空航天大学出版社，2005.

[9] 曾光宇，张志伟，张存林. 光电检测技术. 北京：清华大学出版社，2009.

[10] 胡先念. 光器件及其应用. 北京：电子工业出版社，2010.

[11] 马养武，王静环，包成芳，等. 光电子学. 2 版. 杭州：浙江大学出版社，2002.

[12] 郭培源，付扬. 光电检测技术与应用. 北京：北京航空航天大学出版社，2011.

[13] D A Neamen. 半导体物理与器件. 赵毅强，姚素英，史再峰，译. 4 版. 北京：电子工业出版社，2013.

[14] 石顺祥，刘继芳. 光电子技术及其应用. 北京：科学出版社，2010.